HEINZ-RICHARD HALDER · WERNER HEISE

EINFÜHRUNG IN DIE KOMBINATORIK

EINFÜHRUNG IN DIE KOMBINATORIK

MIT EINEM ANHANG ÜBER FORMALE POTENZEN

von

HEINZ-RICHARD HALDER

und

WERNER HEISE

INSTITUT FÜR MATHEMATIK DER TECHNISCHEN UNIVERSITÄT MÜNCHEN

THEORIA CUM PRAXI

AKADEMIE-VERLAG · BERLIN

1977

Erschienen im Akademie-Verlag, 108 Berlin, Leipziger Straße 3-4

Lizenznummer: 202 · 100/556/77
Bestellnummer: 762 435 5 (6422) · LSV 1025
Druck: Georg Wagner, Nördlingen
Buchbinderische Verarbeitung: VEB Druckhaus „Maxim Gorki", DDR-74 Altenburg
DDR 32,– M

Und merk dir ein für allemal
Den wichtigsten von allen Sprüchen:
Es liegt dir kein Geheimnis in der Zahl,
Allein ein großes in den Brüchen.

(J. W. v. GOETHE, Faust I, Paralipomena 32)

VORWORT

Welche Stellung nimmt die Kombinatorik im Gebäude der Mathematik ein,und wie ist sie von anderen mathematischen Teilgebieten abzugrenzen? Zu dieser Frage gibt es eine Reihe kompetenter Aussagen. Wenn wir MEPHISTOPHELES folgen, gehört die Kombinatorik ebenso wie die Zahlentheorie nicht zu den geheimnisvollen mathematischen Disziplinen. P. A. MACMAHON siedelt die Kombinatorik auf dem Grenzgebiet zwischen Algebra und Zahlentheorie an. Nach E. NETTO bestehen ihre Grundlagen in den Operationen des Kombinierens und Permutierens.
J. RIORDAN erweitert die Begriffsbestimmung von A. DE MORGAN, Kombinatorik beschäftige sich mit Reihen, deren Koeffizienten Werte von Anzahlfunktionen sind, durch die Bemerkung, daß auch das Lösen von Abzählproblemen durch erzeugende Funktionen zur Kombinatorik gehöre. Vorsichtig sagt J. RIORDAN schließlich "... anything enumerative is combinatorial". Für H. J. RYSER gibt es zwei Hauptprobleme in der Kombinatorik, die Frage nach der Existenz gewisser Konfigurationen und Anzahlprobleme. Nach W. OBERSCHELP befaßt sich die Kombinatorik mit der Aufgabe, einen Überblick über den Gesamtverlauf zahlentheoretischer Funktionen zu gewinnen. Die kombinatorisch interessanten Funktionen schränkt er durch die Bedingung ein, daß ein Berechnungsverfahren für sie bekannt sein müsse.
G. C. ROTA sieht im Zentrum der Kombinatorik die Inversions-

formeln. Für ihn bilden die MOEBIUS-Funktionen das vereinheitlichende Prinzip der abzählenden Kombinatorik. Nach C. BERGE hat die Kombinatorik folgende Aspekte: Untersuchen bekannter und unbekannter Konfigurationen, Abzählen von Konfigurationen, Auflisten von Konfigurationen, Optimierungsprobleme. Den Gebrauch erzeugender Funktionen will C. BERGE auf ein Mindestmaß beschränkt wissen. L. COMTET, dessen Meisterschaft in der kombinatorischen Interpretation von Zahlenfolgen M. P. SCHÜTZENBERGER zur Prägung des Begriffs der COMTETisierung von Potenzreihen veranlasste, gibt eine sehr weite Definition: Außer der Abzählung von Anordnungsmöglichkeiten verschiedener Objekte unter bestimmten Bedingungen gehören auch Existenz-, Abschätzungs- und Strukturierungsprobleme endlicher Mengen zur Kombinatorik. Eine ähnliche Auffassung vertritt P. DEMBOWSKI: "Kombinatorik ist die Theorie der endlichen Mengen." Für H. LÜNEBURG sind die vielen Beschreibungsversuche ein Beweis dafür, daß niemand so recht zu sagen wisse, was Kombinatorik sei. Wir gehen pragmatisch vor und erklären: Kombinatorik ist, was Kombinatoriker machen. Damit geben wir allen erwähnten Autoren recht [1]. Dieser Begriffsbestimmung entsprechend unternehmen wir nicht den Versuch, die Kombinatorik als Theorie im Sinne eines einheitlichen Kalküls darzustellen. Wir sehen die Begriffe und Sätze der Kombinatorik nicht als Teilaspekte eines integralen Prinzips. Ohne möglichen Entwicklungen vorzugreifen, erscheint es uns wenig sinnvoll, einen Zusammenhang etwa zwischen dem Satz von R. H. BRUCK und H. J. RYSER über die Existenz endlicher projektiver Ebenen und der Lösung der Rekursion für die FIBONACCI-Zahlen herzustellen. Bei der Organisation und Gliederung dieses Buches haben wir uns vielmehr von den verschiedenen kombinatorischen Problemen und Methoden leiten lassen.

In der Einleitung stellen wir die grundlegenden Begriffe der Inzidenzstruktur und der erzeugenden Funktion vor. Für den rechnerischen Umgang mit den erzeugenden Funktionen findet

---

[1] insbesondere in den Punkten, in denen sie gegensätzlicher Auffassung sind.

sich im Anhang ein Abriß des Kalküls der formalen Potenzreihen.

Die beiden ersten Kapitel behandeln die elementare Kombinatorik der Kombinationen und Permutationen.

In Kapitel 3 wenden wir das Prinzip von Inklusion und Exklusion auf Permutationsprobleme an. Wir ziehen dabei diese einfache und natürliche Abzählmethode dem moderneren, in Kapitel 1 beschriebenen MOEBIUSschen Inversionskalkül vor.

Die Anzahlbestimmung der Partitionen einer Menge in eine vorgeschriebene Anzahl von Klassen führt in Kapitel 4 zu den STIRLING-Zahlen 2. Art.

Die Beträge der dazu inversen Zahlenfolge, die vorzeichenlosen STIRLING-Zahlen 1. Art werden in Kapitel 5 kombinatorisch als Anzahl gewisser Permutationen interpretiert. In diesem Zusammenhang führen wir zur späteren Verwendung für die PÓLYA-sche Abzählungstheorie den Begriff des Zyklenzeigers einer Permutationsgruppe ein.

Kapitel 6 beschäftigt sich mit den Partitionen natürlicher Zahlen. Hier zeigen wir, wie man mit kombinatorischen Methoden Identitäten zwischen formalen Potenzreihen einfacher als durch direkte Berechnung erhält.

Unterwirft man zwei endliche Mengen P und F jeweils der Wirkung einer Permutationsgruppe, so wird auf der Menge F^P aller Abbildungen von F nach P auf natürliche Weise eine Äquivalenzrelation induziert. Mit der von N. G. DE BRUIJN weiterentwickelten PÓLYAschen Abzählmethode bestimmen wir in Kapitel 7 die Anzahl der Äquivalenzklassen.

Kapitel 8 behandelt endliche Graphen. In einer einführenden Auswahl von Problemen zählen wir unter anderem mit Hilfe der Ergebnisse aus Kapitel 7 die Wurzelbäume einer vorgeschriebenen Eckenanzahl.

Kapitel 9 bringt mit den Sätzen von P. TURAN und F. P. RAMSEY die Lösung zweier graphentheoretischer Extremalprobleme.

Kapitel 1o hat die von P. HALL vor 4o Jahren begründete Theorie der Vertretersysteme zum Inhalt. Viele kombinatorische Probleme, etwa über (0,1)-Matrizen, Graphen und lateinische Rechtecke lassen sich damit lösen. Das GALE-RYSER-Kriterium für die Existenz von Inzidenzstrukturen mit vorgegebenen Parametern wird mit einem Ergebnis von P. J. HIGGINS über disjunkte Teilvertretersysteme bewiesen.

In Kapitel 11 stellen wir einige Fakten über lateinische Quadrate zusammen. Die Orthogonalitätsrelation lateinischer Quadrate ersetzen wir weitgehend durch den leicht modifizierten Begriff "paarweise verflochten sein". Für die Übersetzung von Ergebnissen über lateinische Quadrate in die Sprache der Permutationen oder der Gewebe ist diese Relation anschaulicher.

In Kapitel 12 beschränken wir uns in der Stoffauswahl auf einige wesentliche Themen aus dem umfangreichen Gebiet der endlichen Geometrie, wie Existenzprobleme für projektive Ebenen, BENZ-Ebenen und STEINERsche Systeme.

Kapitel 13 bringt eine einführende Auswahl kombinatorischer Probleme der Codierungstheorie. Auf die Theorie der zyklischen Codes, die mehr von algebraischen als von kombinatorischen Methoden bestimmt ist, gehen wir nicht ein.

Dieses Buch ist aus einer zweisemestrigen Vorlesung des älteren der beiden Autoren an der Technischen Universität München 1974-1975 hervorgegangen. Der Hörerkreis bestand aus Mathematik- und Informatik-Studenten mittlerer und höherer Semester.

Die Kombinatorik eignet sich hervorragend für die Behandlung in der Kollegstufe, da die meisten kombinatorischen Probleme entweder anwendungsorientiert und damit eo ipso interessant sind oder einen spielerischen, leicht verständlichen Charakter besitzen. Die Methoden zur Lösung der Probleme sind hingegen vielfältig und ihr Studium läßt in besonderem Maße die Querverbindungen zwischen den mathematischen Disziplinen Analysis, Zahlentheorie, lineare Algebra, Algebra und Geometrie erkennen. Mit einer Auswahl aus diesem Buch, die der Lehrer vor allem in Hinblick auf die Vorkenntnisse der Schüler treffen sollte, läßt sich ein Kurs in der Kollegstufe durchführen.

Der Leser wird beim Durchblättern dieses Buches vielleicht Übungsaufgaben vermissen. Einige nicht weiter benutze Sätze und Formeln werden nicht bewiesen; dies nachzuholen sei dem Leser anempfohlen. Ansonsten legen wir ihm nahe, zur Kontrolle seines Verständnisses und zur Übung kürzere Beweise selbst durchzuführen. Mathematik kann nicht konsumiert, sie muß produziert werden; außerdem ist es häufig einfacher, selbst einen Beweis zu finden, als fremde Gedankengänge nachzuvollziehen.

Wir danken dem Herausgeber der Reihe Mathematische Grundlagen für Mathematiker, Physiker und Ingenieure, Herrn Professor Dr. J. HEINHOLD, sowie dem CARL HANSER Verlag für die gute Zusammenarbeit bei der Vorbereitung dieses Buches.

Beim Korrekturlesen haben uns Frau U. HEISE, Fräulein C. FRANZ, B. KIRCHMEYER, O. LORENZ sowie Herr G. ANDERER, R. DÜRRE, U. GSCHREI, Dr. H.-J. KROLL und H. KUNDE geholfen. Sie, verehrter Leser, bitten wir, uns von Ihnen entdeckte Fehler mitzuteilen.

Last not least danken wir unseren Frauen Ulrike und Angelika für ihr Verständnis und ihre Hilfe, ohne die dieses Buch nie hätte enstehen können.

Freising und Bichl, im Frühjahr 1976

Werner Richard Heise
Heinz - Richard Halder

INHALTSVERZEICHNIS

EINLEITUNG

Wir stellen hier einige Grundbegriffe und Hilfsmittel bereit.

DIRICHLETSCHES TAUBENSCHLAGPRINZIP

Dieses Buch gliedert sich in zwei Teile. Der erste Teil befaßt sich hauptsächlich mit Abzählungen, der zweite mit Existenzproblemen, wobei inhaltlich die Grenze zwischen diesen beiden Problemkreisen fließend ist. Wir veranschaulichen diese Einteilung mit Hilfe des *DIRICHLETschen Taubenschlagprinzips* (oder *Schubfachprinzips*):

Halten sich $v+1$ Tauben in v Taubenschlägen auf, so gibt es mindestens einen Taubenschlag, in dem sich wenigstens zwei Tauben befinden.

Nach diesem Prinzip gibt es in diesem Buch mindestens zwei Seiten mit gleichvielen Druckfehlern. Dabei ist die Voraussetzung, daß dieses Buch mindestens zwei Seiten mehr enthält als maximal eine Seite an Druckfehlern aufweist, durch Abzählen nachzuprüfen. Das Taubenschlagprinzip garantiert nun die Existenz von zwei Seiten mit gleichvielen Druckfehlern ohne auf die betreffenden Seitenzahlen hinzuweisen.

INZIDENZSTRUKTUREN

Es seien P und $\mathcal{B}$ zwei disjunkte Mengen und $I \subset P \times \mathcal{B}$ eine binäre Relation. Die Elemente aus P heißen *Punkte*, die aus $\mathcal{B}$ *Blöcke*, *Geraden*, *Kreise* o.ä. und die aus I *Fahnen*. Das Tripel $J=(P,\mathcal{B},I)$ nennen wir eine *Inzidenzstruktur*. Für $(p,B) \in I$ schreiben wir pIB und sagen "p liegt auf B", "p inzidiert mit B", "B geht durch p" o.ä. . Ist $J=(P,\mathcal{B},I)$ eine endliche Inzidenzstruktur mit $P=\{p_1,p_2,\dots,p_v\}$ und $\mathcal{B}=\{B_1,B_2,\dots,B_b\}$, so heißt jede b×v-Matrix $(a_{i,j})$ mit

$$a_{i,j} = \begin{cases} 1 & \text{für } p_j I B_i \\ 0 & \text{sonst} \end{cases}$$

eine *Inzidenzmatrix von* J. Die Inzidenzmatrix einer endlichen Inzidenzstruktur ist bis auf Zeilen- und Spaltenvertauschungen, die sich durch Umindizieren der Blöcke bzw. Punkte ergeben, eindeutig bestimmt. Umgekehrt ist jede (0,1)-*Matrix*, d.i. eine Matrix, deren Koeffizienten nur die Werte 0 und 1 annehmen, eine Inzidenzmatrix einer eindeutig bestimmten Inzidenzstruktur.

Zu jeder Inzidenzstruktur $J=(P,\mathcal{B},I)$ ist das Tripel $\bar{J}:=(\mathcal{B},P,\bar{I})$, wobei die Relation $\bar{I}\subset\mathcal{B}\times P$ durch

$$B\bar{I}p :\Longleftrightarrow pIB$$

definiert sei, wiederum eine Inzidenzstruktur, die zu J *duale Inzidenzstruktur*. Offenbar ist J mit $\bar{\bar{J}}$, der aus J durch zweimaliges Dualisieren hervorgegangenen Inzidenzstruktur, identisch. Dem Dualisieren einer endlichen Inzidenzstruktur entspricht das Transponieren ihrer Inzidenzmatrix.

Eine Klasse K von Inzidenzstrukturen heißt *selbstdual*, wenn mit jeder Inzidenzstruktur J aus K auch $\bar{J}$ in K liegt. Dabei gilt das *Dualitätsprinzip*:

Gilt eine Aussage A für alle Inzidenzstrukturen einer selbstdualen Klasse, so gilt auch die zu A *duale Aussage* $\bar{A}$ in den Inzidenzstrukturen dieser Klasse; die Aussage $\bar{A}$ entsteht aus A, indem man die Begriffe "Punkt" und "Block" gegeneinander austauscht und die Relation I durch die konverse Relation $\bar{I}$ ersetzt.

Es sei p ein Punkt einer Inzidenzstruktur $J=(P,\mathcal{B},I)$. Wir setzen

$$\mathcal{B}(p) := \{B\in\mathcal{B};\ pIB\}.$$

Gilt $\mathcal{B}(p)\neq\mathcal{B}(q)$ für je zwei verschiedene Punkte p und q einer endlichen Inzidenzstruktur $J=(P,\mathcal{B},I)$, so sind die

Spalten einer Inzidenzmatrix von J alle paarweise verschieden. Sind außerdem für je zwei verschiedene Blöcke $A,B\in\mathcal{B}$ die Mengen $\{p\in P;\ pIA\}$ und $\{p\in P;\ pIB\}$ verschieden, sind also auch alle Zeilen einer Inzidenzmatrix von J paarweise verschieden, so können wir jeden Block mit der Menge der mit ihm inzidenten Punkte identifizieren. Dann gilt $\mathcal{B}\subset\mathcal{P}(P)$ und die Inzidenzrelation I ist die Enthaltenseinsrelation $\in$, also $I=\in$.

Wenn diese genannten Voraussetzungen für eine Inzidenzstruktur $J = (P,\mathcal{B},I)$ erfüllt sind, so werden wir in diesem Buch meist diese Identifikation vornehmen und schreiben dann auch einfach $J=(P,\mathcal{B})$.

Für die Parameter einer endlichen Inzidenzstruktur $J=(P,\mathcal{B},I)$ sind folgende Buchstaben gebräuchlich [1]:

$$|P| =: v \qquad |\mathcal{B}| =: b$$

$$|B| =: k_B \quad \text{für } B\in\mathcal{B}$$

$$|\mathcal{B}(p)| =: r_p \quad \text{für } p\in P$$

In einer endlichen Inzidenzstruktur $J=(P,\mathcal{B},I)$ gilt

$$\sum_{p\in P} r_p = |I| = \sum_{B\in\mathcal{B}} k_B$$

Im Fall einer *taktischen Konfiguration* $J=(P,\mathcal{B},I)$, das ist eine endliche Inzidenzstruktur mit $r_p=r_q=:r$ für je zwei verschiedene Punkte p und q und $k_B=k_C=:k$ für je zwei verschiedene Blöcke B und C ergibt sich aus der oben angeführten Gleichung die *Parametergleichung für taktische Konfigurationen*:

$$vr = bk$$

[1] Diese Buchstaben stammen von den Begriffen der Statistik: Varietät, Block, Replikation

Erzeugende Funktionen

Es sei $(a_i)_{i\in N_o}$ eine Folge komplexer Zahlen und $(f_i)_{i\in N_o}$ eine summierbare Folge von Polynomen aus $C[z]$ mit $\mathrm{grad}(f_i)=i$ für alle $i\in N_o$. Wir nennen die formale Potenzreihe

$$\sum_{i=o}^{\infty} a_i f_i(z) \in C[[z]]$$

eine ***erzeugende Funktion*** für die Zahlen a_i. Für $f_i(z)=z^i$ sprechen wir auch von der ***gewöhnlichen***, für $f_i(z)=\frac{z^i}{i!}$ auch von der *HURWITZschen* oder *exponentiellen* erzeugenden Funktion.

In der Kombinatorik wird der im Anhang dargestellte Kalkül der formalen Potenzreihen zur Untersuchung von Zahlenfolgen $(a_i)_{i\in N_o}$ benutzt. Im allgemeinen wird dabei vom Koeffizientenvergleich Gebrauch gemacht, d.h. von dem Umstand, daß zwei formale Potenzreihen $\sum_{i\in N_o} a_i f_i(z)$ und $\sum_{i\in N_o} b_i f_i(z)$ genau dann identisch sind, wenn $a_i=b_i$ für alle $i\in N_o$ gilt. Da wir im wesentlichen Folgen ganzer Zahlen betrachten, könnten wir statt C jeden anderen Körper der Charakteristik 0, wie etwa Q oder R wählen.

In entsprechender Weise benutzen wir für n-fach-Folgen

$$(a_{i_1,i_2,\ldots,i_n})_{i_1,i_2,\ldots,i_n\in N_o}$$

komplexer Zahlen den Begriff der erzeugenden Funktion, das sind in diesem Zusammenhang formale Potenzreihen

$$\sum_{i_1,i_2,\ldots,i_n=o}^{\infty} a_{i_1,i_2,\ldots,i_n} f_{i_1}(z_1) f_{i_2}(z_2)\ldots f_{i_n}(z_n)$$

aus $C[[z_1,z_2,\ldots,z_n]]$, wobei für alle $k\in Z_n$ die Folge $(f_{i_k})_{i_k\in N_o}$ von Polynomen $f_{i_k}\in C[z_k]$ mit $\mathrm{grad}(f_{i_k})=i_k$ summierbar ist.

REKURSIONEN

Die in der abzählenden Kombinatorik auftretenden Zahlenfolgen ergeben sich häufig durch *Rekursionsformeln*, das sind solche Beziehungen zwischen den Folgengliedern, die aus gegebenen Anfangsbedingungen die Berechnung jedes Folgenwerts ermöglichen. Präzise wird der Begriff der Rekursion in der logischen Theorie der berechenbaren Funktionen definiert. Wir begnügen uns hier mit zwei charakteristischen Beispielen:

Wir wollen die Anzahl $a(v)$ der Teilmengen einer Menge P mit $v \in N_o$ Elementen berechnen. Zuerst stellen wir $a(0)=1$ fest. Ist nun $v \geq 1$ und $p \in P$ gegeben, so ordnen wir jeder der $a(v-1)$ Teilmengen T von $P \setminus \{p\}$ die beiden Teilmengen T und $T \cup \{p\}$ von P zu. Damit erhält man

$$a(v) = 2 \cdot a(v-1).$$

Mit Hilfe dieser Rekursionsformel berechnen wir von der Anfangsbedingung $a(0)=1$ ausgehend die ersten Werte der Folge

$$(a(v))_{v \in N_o} = (1,2,4,8,16,32,64,128,\ldots).$$

Die Funktion

$$a : \begin{cases} N_o \longrightarrow N \\ v \longrightarrow a(v)=2^v \end{cases}$$

liefert uns, wie man mit vollständiger Induktion sieht, rekursionsfrei die Mächtigkeit von $\mathcal{P}(P)$.

Nicht immer erhält man die *Lösung einer Rekursion*, d.i. eine rekursionsfreie Darstellung einer zunächst rekursiv definierten Folge, so einfach. So wird beispielsweise die Rekursion

$$F(n+2) = F(n+1) + F(n)$$

mit der Anfangsbedingung $F(0)=F(1)=1$ durch

$$F(n) = \frac{1}{\sqrt{5}}\left(\left(\frac{1+\sqrt{5}}{2}\right)^{n+1} - \left(\frac{1-\sqrt{5}}{2}\right)^{n+1}\right)$$

gelöst. Diese Rekursion geht auf LEONARDO DI PISA, genannt

FIBONACCI, zurück, der anno 12o2 in seinem Buch *LIBER ABACI* folgende Aufgabe stellte:

Das Weibchen eines jeden Kaninchenpaares gebiert von Vollendung des zweiten Lebensmonats an allmonatlich ein neues Kaninchenpaar. Man berechne die Anzahl $F(n)$ der Kaninchenpaare im Monat n, wenn im Monat 0 ein neugeborenes Kaninchenpaar vorhanden ist.

Offensichtlich genügen die Zahlen $F(n)$ der oben angegebenen Rekursion. Zur Ermittlung ihrer Lösung bedienen wir uns der erzeugenden Funktion

$$\Phi(z) = \sum_{n=o}^{\infty} F(n)z^n \qquad \text{(i)}$$

für die Zahlen $F(n)$. Wegen der Rekursionsformel und der Anfangsbedingung gilt

$$\begin{aligned}\Phi(z) &= 1 + z + \sum_{n=o}^{\infty} F(n+2)z^{n+2} \\ &= 1 + z + \sum_{n=o}^{\infty} F(n+1)z^{n+2} + \sum_{n=o}^{\infty} F(n)z^{n+2} \\ &= 1 + z(1 + \sum_{n=1}^{\infty} F(n)z^n) + z^2 \cdot \sum_{n=o}^{\infty} F(n)z^n \\ &= 1 + z\Phi(z) + z^2\Phi(z).\end{aligned}$$

Damit erhält man

$$\Phi(z) = (1-z-z^2)^{-1}.$$

Für diesen Ausdruck führen wir die Partialbruchzerlegung durch und es ergibt sich

$$\Phi(z) = \frac{1}{\sqrt{5}}\left(\frac{\alpha_1}{1-\alpha_1 z} - \frac{\alpha_2}{1-\alpha_2 z}\right)$$

mit

$$\alpha_1 = \frac{1+\sqrt{5}}{2} \qquad \text{und} \qquad \alpha_2 = \frac{1-\sqrt{5}}{2} .$$

Die formale Reihenentwicklung ergibt nun

$$\Phi(z) = \sum_{n=o}^{\infty} \frac{1}{\sqrt{5}}(\alpha_1{}^{n+1} - \alpha_2{}^{n+1})z^n .$$

Durch Koeffizientenvergleich mit (i) erhalten wir die angegebene Lösung. Die Zahlen $F(n)$ heißen *FIBONACCI-Zahlen.*

Tabelle 1. FIBONACCI-Zahlen

n	0	1	2	3	4	5	6	7	8	9	10	11	12	13	14	15	16	17
F(n)	1	1	2	3	5	8	13	21	34	55	89	144	233	377	610	987	1597	2584

ERSTER TEIL. ABZÄHLENDE KOMBINATORIK

KAPITEL 1. KOMBINATIONEN

1.1 BINOMIALKOEFFIZIENTEN

Es sei P eine v-*Menge*, d.h. $|P|=v\in\mathbb{N}_0$, weiter $k\in\mathbb{N}_0$ und

$$\mathcal{P}_k(P) := \{B\in\mathcal{P}(P);\ |B|=k\}$$

die Menge aller k-*Kombinationen* (d.h. k-Teilmengen) von P. Offensichtlich bildet das Paar $(P,\mathcal{P}_k(P))$ eine taktische Konfiguration.

• <u>(1.1)</u> <u>Satz</u>. Es seien $v,k\in\mathbb{N}_0$ und P eine v-Menge. Dann gilt

$$|\mathcal{P}_k(P)| = \binom{v}{k} := \begin{cases} \frac{v!}{k!(v-k)!} & \text{für } k\le v \\ 0 & \text{für } k>v \end{cases}.$$

Beweis. Für jede v-Menge P gilt $\mathcal{P}_0(P)=\{\emptyset\}$, also $|\mathcal{P}_0(P)|=1$. Es sei nun $k\in\mathbb{N}_0$. Wir nehmen an, (1.1) sei für alle $v\in\mathbb{N}_0$ erfüllt. Nach dieser Induktionsvoraussetzung genügt der Parameter r (d.i. die Anzahl der Blöcke durch einen Punkt) der taktischen Konfiguration $(P,\mathcal{P}_{k+1}(P))$ für jede v-Menge P mit $v\ge 1$ der Bedingung $r=\binom{v-1}{k}$. Nach der Parametergleichung für taktische Konfigurationen folgt

$$|\mathcal{P}_{k+1}(P)| = \frac{v}{k+1}\binom{v-1}{k} = \binom{v}{k+1}.$$

Für $v=0$ ist $|\mathcal{P}_{k+1}(P)|=|\mathcal{P}_{k+1}(\emptyset)|=0=\binom{0}{k+1}$. □

Die Zahlen $\binom{v}{k}$ heißen *Binomialkoeffizienten*.

• <u>(1.2)</u> <u>Satz</u>. Die Binomialkoeffizienten genügen der Rekursionsformel

$$\binom{v+1}{k+1} = \binom{v}{k+1} + \binom{v}{k}$$

mit den Anfangsbedingungen $\binom{v}{0}=1$ und $\binom{0}{k}=0$ für $k\ge 1$.

Beweis. Für $k>v$ gilt $\binom{v+1}{k+1}=\binom{v}{k+1}=\binom{v}{k}=0$. Für $k\le v$ gilt

$$\binom{v}{k+1} + \binom{v}{k} = \frac{v!(v-k)}{(k+1)!(v-k)!} + \frac{v!(k+1)}{(k+1)!(v-k)!} = \binom{v+1}{k+1}$$

und damit die Behauptung. □

Tabelle 2. Binomialkoeffizienten $\binom{v}{k}$
(PASCALsches Dreieck)

k \ v	0	1	2	3	4	5	6	7	8	9	10	11	12	13	14	15
0	1	1	1	1	1	1	1	1	1	1	1	1	1	1	1	1
1	0	1	2	3	4	5	6	7	8	9	10	11	12	13	14	15
2	0	0	1	3	6	10	15	21	28	36	45	55	66	78	91	105
3	0	0	0	1	4	10	20	35	56	84	120	165	220	286	364	455
4	0	0	0	0	1	5	15	35	70	126	210	330	495	715	1001	1365
5	0	0	0	0	0	1	6	21	56	126	252	462	792	1287	2002	3003
6	0	0	0	0	0	0	1	7	28	84	210	462	924	1716	3003	5005
7	0	0	0	0	0	0	0	1	8	36	120	330	792	1716	3432	6435
8	0	0	0	0	0	0	0	0	1	9	45	165	495	1287	3003	6435

In der Spalte v des PASCALschen Dreiecks wachsen die Zahlen $\binom{v}{k}$ anfangs; anschließend wiederholen sie sich in umgekehrter Reihenfolge. Dabei gilt:

• <u>(1.3)</u> <u>Satz</u>. $\binom{v}{k-1} \le \binom{v}{k}$ für $0<k\le\frac{v+1}{2}$

Beweis. Aus $k\le\frac{v+1}{2}$ folgt $k\le v+1-k$ oder $\frac{1}{k}\ge\frac{1}{v-k+1}$ und damit

$$\binom{v}{k} = \frac{1}{k}\cdot\frac{v!}{(k-1)!(v-k)!}$$
$$\ge \frac{1}{v-k+1}\cdot\frac{v!}{(k-1)!(v-k)!} = \binom{v}{k-1}. \quad □$$

Aus der Definition der Binomialkoeffizienten ergibt sich:

• <u>(1.4)</u> <u>Satz</u>. $\binom{v}{k} = \binom{v}{v-k}$ für $0\le k\le v$. □

• <u>(1.5)</u> <u>Binomischer</u> <u>Lehrsatz</u> [1]. Für je zwei Elemente z,w eines kommutativen Rings R und $v\in N_o$ gilt:

$$(z+w)^v = \sum_{k=o}^{v} \binom{v}{k} z^k w^{v-k}$$

[1] Die wiederholt kolportierte Ansicht, die venezianische Sopranistin GIOVANNA BINOMI (1587-1621) hätte diesen Lehrsatz entdeckt, ist unwahrscheinlich.

Beweis. Durch Ausmultiplizieren von $(z+w)^v$ erhält man

$$(z+w)^v = \sum_{k=o}^{v} a_k z^k w^{v-k},$$

wobei der Koeffizient a_k die Anzahl der Möglichkeiten angibt, aus den v Faktoren $(z+w)$ genau k-mal den Summanden z auszuwählen. Nach (1.1) folgt $a_k = \binom{v}{k}$. □

Wir wählen nun für R den Ring $C[z,w]$ der Polynome in zwei Unbekannten über dem Körper C der komplexen Zahlen. Setzen wir $w=1$, so folgt aus (1.5):

• (1.6) Satz. Das Polynom

$$(1+z)^v = \sum_{k=o}^{\infty} \binom{v}{k} z^k$$

ist die (gewöhnliche) erzeugende Funktion der Binomialkoeffizienten der Spalte v des PASCALschen Dreiecks $(v \geq 0)$. □

Substituieren wir in (1.6) $z=1$, so erhalten wir mit (1.1)

• (1.7) Satz. $|P(P)| = 2^v$ für jede v-Menge P. □

Bezeichnen wir mit

$$\delta_{i,j} := \begin{cases} 0 & \text{für } i \neq j \\ 1 & \text{für } i = j \end{cases}$$

das *KRONECKER-Symbol*, so ergibt die Substitution von $z=-1$ in (1.6)

• (1.8) Satz. $\sum_{k=o}^{v} (-1)^k \binom{v}{k} = \delta_{v,o}$ für $v \in N_o$. □

Mit $(z)_k$ bezeichnen wir für $k \in N_o$ das Polynom

• (1.9) $$(z)_k := \prod_{i=o}^{k-1} (z-i)$$

aus $C[z]$; wir bemerken: $(z)_o \equiv 1$. Substituieren wir $z=v \in N_o$ in (1.9), so gilt:

• <u>(1.10)</u> <u>Satz</u>. $(v)_k = k!\cdot\binom{v}{k}$ für $k,v\in N_o$. □

• <u>(1.11)</u> <u>Satz</u>. $\sum_{i=k}^{v} (-1)^{i-k}\binom{v}{i}\binom{i}{k} = 0$ für $0\le k<v$.

Beweis. Mit Hilfe des im Anhang beschriebenen formalen Derivationskalküls folgt

$$\binom{v}{k}(1+z)^{v-k} = \frac{1}{k!}\cdot\frac{d^k}{dz^k}(1+z)^v$$

$$= \frac{1}{k!}\cdot\frac{d^k}{dz^k}\sum_{i=o}^{v}\binom{v}{i}z^i \qquad \text{nach (1.6)}$$

$$= \sum_{i=k}^{v}\binom{i}{k}\binom{v}{i}z^{i-k}.$$

Durch Einsetzen von $z=-1$ erhält man (1.11). □

Die folgende Identität ist unter dem Namen *VANDERMONDEsche Konvolution* bekannt.

• <u>(1.12)</u> <u>Satz</u>. $\sum_{i=o}^{k}\binom{v-n}{i}\binom{n}{k-i} = \binom{v}{k}$ für $0\le n\le v$.

Beweis. Es gilt

$$\sum_{k=o}^{v}\binom{v}{k}z^k = (1+z)^{v-n}(1+z)^n \qquad \text{nach (1.6)}$$

$$= \left(\sum_{i=o}^{v-n}\binom{v-n}{i}z^i\right)\left(\sum_{j=o}^{n}\binom{n}{j}z^j\right) \qquad \text{nach (1.6)}$$

$$= \sum_{k=o}^{v}\left(\sum_{i+j=k}\binom{v-n}{i}\binom{n}{j}\right)z^k$$

$$= \sum_{k=o}^{v}\left(\sum_{i=o}^{k}\binom{v-n}{i}\binom{n}{k-i}\right)z^k.$$

Das Ergebnis folgt durch Koeffizientenvergleich. □

Setzen wir $n=k$ und $v=2k$ in (1.12), so ergibt sich:

• <u>(1.13)</u> <u>Satz</u>. $\sum_{i=o}^{k}\binom{k}{i}^2 = \binom{2k}{k}$ für $k\in N_o$.

• <u>(1.14)</u> <u>Satz</u>. Für die Doppelfolge $(\binom{v}{k})_{v,k\in N_o}$ ist

$$\sum_{v,k=o}^{\infty} \binom{v}{k} z^v w^k = (1-z-zw)^{-1}$$

die gewöhnliche erzeugende Funktion.

Beweis. Es gilt

$$\begin{aligned}\sum_{v,k=o}^{\infty} \binom{v}{k} z^v w^k &= \sum_{v=o}^{\infty} z^v\Big(\sum_{k=o}^{\infty} \binom{v}{k} w^k\Big)\\ &= \sum_{v=o}^{\infty} z^v(1+w)^v \qquad \text{nach (1.6)}\\ &= \sum_{v=o}^{\infty} (z+zw)^v = (1-z-zw)^{-1}. \qquad \square\end{aligned}$$

Grundlegende Bedeutung in kombinatorischen Anwendungen hat die folgende *binomische Inversionsformel*.

• <u>(1.15)</u> <u>Satz</u>. Es seien $(x_i)_{i\in N_o}$ und $(y_i)_{i\in N_o}$ zwei Folgen komplexer Zahlen mit

$$x_v = \sum_{k=o}^{v} \binom{v}{k} y_k = \sum_{k=o}^{v} \binom{v}{k} y_{v-k} \quad \text{für alle } v\in N_o.$$

Dann gilt

$$y_v = \sum_{k=o}^{v} (-1)^{v-k}\binom{v}{k} x_k = \sum_{k=o}^{v} (-1)^k\binom{v}{k} x_{v-k}$$

für alle $v\in N_o$.

Beweis. Wir setzen $X(z) := \sum_{v=o}^{\infty} \frac{x_v}{v!} z^v$ und $Y(z) := \sum_{v=o}^{\infty} \frac{y_v}{v!} z^v$.

Dann gilt

$$\begin{aligned}\exp(z)\cdot Y(z) &= \sum_{k=o}^{\infty} \frac{z^k}{k!} \sum_{i=o}^{\infty} \frac{y_i}{i!} z^i\\ &= \sum_{v=o}^{\infty} \sum_{k+i=v} \frac{y_i}{k!\,i!} z^v\\ &= \sum_{v=o}^{\infty} \sum_{k=o}^{v} \frac{y_{v-k}}{k!(v-k)!} z^v\\ &= \sum_{v=o}^{\infty} \frac{1}{v!} \sum_{k=o}^{v} \binom{v}{k} y_{v-k} z^v = X(z).\end{aligned}$$

Damit folgt

$$Y(z) = X(z)\cdot\exp(-z)$$
$$= \sum_{v=o}^{\infty}\sum_{k=o}^{v}\frac{x_k}{k!}\cdot\frac{(-1)^{v-k}}{(v-k)!}z^v$$
$$= \sum_{v=o}^{\infty}\frac{1}{v!}\sum_{k=o}^{v}(-1)^{v-k}\binom{v}{k}x_k z^v .$$

Durch Koeffizientenvergleich zwischen dieser Darstellung von $Y(z)$ mit der ursprünglichen folgt die Behauptung. □

1.2 Multinomialkoeffizienten

Es sei P eine v-Menge und $\mathcal{B}$ die Menge der Äquivalenzklassen einer Äquivalenzrelation auf P. Wir nennen $\mathcal{B}$ eine *Partition* von P und eine b-*Partition*, falls $|\mathcal{B}|=b$ gilt; enthält dabei $\mathcal{B}$ für $i\in Z_v$ jeweils λ_i i-Mengen, so kennzeichne das Symbol $(1\lambda_1+2\lambda_2+\ldots+v\lambda_v)$ den "Typ" der Partition $\mathcal{B}$. Demnach gilt

$$\lambda_1+\lambda_2+\ldots+\lambda_v = b \quad \text{und} \quad 1\lambda_1+2\lambda_2+\ldots+v\lambda_v = v .$$

Jede surjektive Abbildung $f: P \longrightarrow Z_b$ induziert auf P die b-Partition $\{f^{-1}(i);\ i\in Z_b\}$. Offensichtlich gilt:

• <u>(1.16)</u> <u>Satz</u>. Für $v=k_1+k_2+\ldots+k_b$ mit $k_1,k_2,\ldots,k_b\in N_o$ ist

$$\binom{v}{k_1,k_2,\ldots,k_b} := \frac{v!}{k_1!k_2!\ldots k_b!}$$
$$= \binom{v}{k_1}\binom{v-k_1}{k_2}\binom{v-k_1-k_2}{k_3}\ldots\binom{k_b}{k_b}$$

die Anzahl aller Abbildungen $f:Z_v \longrightarrow Z_b$ mit $|f^{-1}(i)|=k_i$. □

Die Zahlen $\binom{v}{k_1,k_2,\ldots,k_b}$ heißen *Multinomialkoeffizienten*.
Für $b=2$ erhalten wir die Binomialkoeffizienten

$$\binom{v}{k_1,k_2} = \binom{v}{k_1}\binom{v-k_1}{k_2} = \binom{v}{k_1}.$$

Die Multinomialkoeffizienten lassen sich als die Anzahlen der Wörter der Länge v deuten, die genau k_i-mal den Buchstaben

α_i enthalten, wobei α_i ein Alphabet durchläuft. So lassen sich beispielsweise die $v=11$ Buchstaben des Wortes "OUAGADOUGOU" zu 277.2oo verschiedenen Wörtern umstellen [2]. Setzen wir $b=v$ und $k_i=1$ für alle $i\in Z_b$ in (1.16), so ergibt sich:

• (1.17) Satz. Es gibt genau $v!$ Bijektionen einer v-Menge auf sich. □

Aus (1.16) folgt ebenso:

• (1.18) Satz. Für jede v-Menge P gibt es genau $\frac{v!}{1!^{\lambda_1}2!^{\lambda_2}\cdots v!^{\lambda_v}\cdot\lambda_1!\lambda_2!\cdots\lambda_v!}$ Partitionen vom Typ $(1\lambda_1+2\lambda_2+\ldots+v\lambda_v)$. □

Als Verallgemeinerung von (1.5) gilt der

• (1.19) Multinomialsatz. Für je b Elemente $x_1,x_2,\ldots,x_b$ eines kommutativen Rings und $v\in N_o$ gilt

$$\left(\sum_{i=1}^{b} x_i\right)^v = \sum_{k_1+k_2+\ldots+k_b=v} \left(\binom{v}{k_1,k_2,\ldots,k_b} \prod_{i=1}^{b} x_i^{k_i}\right).$$

Beweis. Wir indizieren zunächst die v Faktoren f_j des Produkts $\left(\sum_{i=1}^{b} x_i\right)^v$. Bei der Ausmultiplikation von $\prod_{j=1}^{v} f_j$ erhalten wir den Term $x_1^{k_1}\cdot x_2^{k_2}\cdot\ldots\cdot x_b^{k_b}$ so oft, wie es möglich ist, die Menge $\{f_1,f_2,\ldots,f_v\}$ vermöge einer Abbildung φ, die aus jedem Faktor f_j einen Summanden x_m auswählt, in die Menge $\{x_1,x_2,\ldots,x_b\}$ abzubilden, wobei $k_i=|\varphi^{-1}(x_i)|$ vorgeschrieben ist. Mit (1.16) folgt die Behauptung. □

1.3 Auswahlen

Die k-Kombinationen lassen sich als Ziehungen von k Objekten (ohne Zurücklegen) aus einer Urne mit v Objekten deuten.

---

[2] OUAGADOUGOU ist die Hauptstadt von Obervolta.

Den Ziehungen von k Objekten mit Zurücklegen entsprechen die "k-Auswahlen" oder (veraltet) die "k-Kombinationen mit Wiederholungen". Formal definieren wir eine *k-Auswahl* einer Menge P als eine Abbildung w von P nach N_0 mit $\sum_{p\in P} w(p) = k$. $w(p)$ gibt also an, wie oft p in der Auswahl w vorkommt. Die Anzahl der k-Auswahlen einer v-Menge werden wir aus dem nachfolgenden Satz als Spezialfall erhalten.

• <u>(1.2o)</u> <u>Satz</u>. Es seien $v,k\in N$ und $n\in N\cup\{0,-1\}$. Die Anzahl aller k-Tupel $(i_1,i_2,\ldots,i_k)$ mit Komponenten aus Z_v und $i_{j+1}-i_j>n$ für alle $j\in Z_{k-1}$ ist

$$f_n(v,k) := \binom{v-(k-1)n}{k} \quad \text{für} \quad v\geq(k-1)n.$$

Beweis. Es sei K die Menge aller k-Tupel $(i_1,i_2,\ldots,i_k)$ mit Komponenten aus Z_v und $i_{j+1}-i_j>n$ für alle $j\in Z_{k-1}$. Die Menge K bilden wir vermöge der Zuordnung

$$(i_1,i_2,\ldots,i_k) \longrightarrow \{i_1,i_2-n,\ldots,i_j-(j-1)n,\ldots,i_k-(k-1)n\}$$

bijektiv auf die Menge aller k-Teilmengen von $Z_{v-(k-1)n}$ ab. Mit (1.1) folgt die Behauptung. □

Die k-Auswahlen von Z_v lassen sich bijektiv auf die Menge der k-Tupel $(i_1,i_2,\ldots,i_k)$ mit $i_j\leq i_{j+1}$, d.h. mit $i_{j+1}-i_j>-1$ abbilden. Aus (1.2o) folgt daher für $n=-1$:

• <u>(1.21)</u> <u>Satz</u>. Für $v,k\in N$ ist

$$f_{-1}(v,k) = \binom{v+k-1}{k}$$

die Anzahl aller k-Auswahlen einer v-Menge. □

Für $n\in N_0$ gibt $f_n(v,k)$ die Anzahl der verschiedenen Möglichkeiten an, k Pfähle eines Zauns mit insgesamt v Pfählen so auszuwählen und durch neue zu ersetzen, daß zwischen zwei erneuerten Pfählen mindestens n alte Pfähle stehen. (1.22) behandelt diesen Fall. (1.23) gibt die entsprechende Anzahl im Falle eines "kreisförmigen" Zauns an.

• <u>(1.22)</u> <u>Satz</u>. Es seien $v,k,n\in N_o$ mit $v\geq(k-1)n$. Die Anzahl der k-Teilmengen K von Z_v mit $|r-s|>n$ für je zwei verschiedene Zahlen $r,s\in K$ ist

$$f_n(v,k) = \binom{v-(k-1)n}{k}.$$

Beweis. Wir ordnen die Elemente einer k-Teilmenge K der Größe nach und betrachten K als k-Tupel. Mit (1.2o) folgt nun die Behauptung. □

• <u>(1.23)</u> <u>Satz</u>. Es seien $v,k,n\in N_o$ mit $v\geq kn$. Die Anzahl der k-Teilmengen K von Z_v mit $v-n>|r-s|>n$ für je zwei verschiedene Zahlen $r,s\in K$ ist

$$g_n(v,k) := \frac{v}{v-kn}\binom{v-kn}{k} .$$

Beweis. Es sei $\mathcal{K}$ die Menge der k-Teilmengen K von Z_v mit $n<|r-s|<v-n$ für je zwei verschiedene Zahlen $r,s\in K$. Ein Element $K\in\mathcal{K}$ schreiben wir als k-Tupel $(i_1,i_2,\ldots,i_k)$ mit $i_j<i_{j+1}$ für $j\in Z_{k-1}$. Weiter sei $\mathcal{K}_o:=\{K\in\mathcal{K};\ K\cap Z_n=\emptyset\}$ und $\mathcal{K}_i:=\{K\in\mathcal{K};\ K\cap Z_n=\{i\}\}$. Die Menge $\{\mathcal{K}_o,\mathcal{K}_1,\mathcal{K}_2,\ldots,\mathcal{K}_n\}$ ist eine (n+1)-Partition von $\mathcal{K}$ und es gilt somit

$$|\mathcal{K}| = \sum_{m=o}^{n} |\mathcal{K}_m| .$$

Die Menge $\mathcal{K}_m$ können wir für $m\neq o$ vermöge der Zuordnung

$$(m,i_2,i_3,\ldots,i_k) \longrightarrow \{i_2-n-m,i_3-n-m,\ldots,i_k-n-m\}$$

wegen $i_2\geq m+n+1$ und $i_k\leq v+m-n-1$ bijektiv auf die Menge derjenigen (k-1)-Teilmengen L von Z_{v-2n-1} abbilden, für die $|r-s|>n$ gilt für alle $r,s\in L$ mit $r\neq s$. Nach (1.22) folgt $|\mathcal{K}_m|=f_n(v-2n-1,k-1)$.

Analog ergibt sich $|\mathcal{K}_o|=f_n(v-n,k)$.

Zusammenfassend erhalten wir also

$$\begin{aligned} g_n(v,k) &= f_n(v-n,k) + n\cdot f_n(v-2n-1,k-1) \\ &= \binom{v-n-(k-1)n}{k} + n\binom{v-2n-1-(k-2)n}{k-1} \\ &= \binom{v-kn}{k} + n\binom{v-kn-1}{k-1} \\ &= \left(1+\frac{kn}{v-kn}\right)\binom{v-kn}{k} = \frac{v}{v-kn}\binom{v-kn}{k}. \end{aligned}$$ □

• <u>(1.24)</u> <u>Satz</u>. Es sei $v\in\mathbb{N}$ gegeben. Für die Folge $(\binom{v+k-1}{k})_{k\in\mathbb{N}_o}$ der Auswahlzahlen ist

$$\sum_{k=o}^{\infty}\binom{v+k-1}{k}z^k = (1-z)^{-v}$$

die gewöhnliche erzeugende Funktion.

Beweis. Es ist

$$(1-z)^{-v} = (\sum_{i=o}^{\infty} z^i)^v .$$

Beim Ausmultiplizieren der rechten Seite dieser Identität erhält man den Term z^k so oft, wie es auf verschiedene Weisen möglich ist, aus den v Faktoren $\sum_{i=o}^{\infty} z^i$ Summanden $z^{w(1)},z^{w(2)},\dots,z^{w(v)}$ mit $\sum_{i=1}^{v} w(i)=k$ auszuwählen. Es gibt nach (1.21) aber $\binom{v+k-1}{k}$ Abbildungen $w\colon Z_v \longrightarrow \mathbb{N}_o$ mit $\sum_{i=o}^{v} w(i)=k$. □

Definieren wir für $v\in\mathbb{N}$ und $k\in\mathbb{N}_o$

$$\binom{-v}{k} := (-1)^k\binom{v+k-1}{k} = \frac{(-v)_k}{k!} ,$$

so gelten (1.6), (1.10) und (1.24) für alle $v\in\mathbb{Z}$. Damit gilt:

• <u>(1.25)</u> <u>Satz</u>. Es seien $m,n,v\in\mathbb{N}_o$ mit $n\leq m$. Dann gilt

$$\sum_{k=o}^{v}(-1)^k\binom{v}{k}\binom{m-k}{n} = \binom{m-v}{m-n}.$$

Beweis. Es gilt

$$\begin{aligned}
\sum_{i=o}^{\infty}\binom{n-v+i}{i}z^i &= (1-z)^{v-n-1} && \text{nach (1.24)}\\
&= (1-z)^{-n-1}(1-z)^v\\
&= \sum_{j=o}^{\infty}\binom{n+j}{j}z^j\Big(\sum_{k=o}^{\infty}(-1)^k\binom{v}{k}z^k\Big) && \text{nach (1.24) und (1.5)}\\
&= \sum_{i=o}^{\infty}\Big(\sum_{k+j=i}(-1)^k\binom{v}{k}\binom{n+j}{j}z^{k+j}\Big)\\
&= \sum_{i=o}^{\infty}\Big(\sum_{k=o}^{\infty}(-1)^k\binom{v}{k}\binom{n+i-k}{i-k}\Big)z^i .
\end{aligned}$$

Durch Koeffizientenvergleich erhält man

$$\binom{n+i-\nu}{i} = \sum_{k=0}^{\nu} (-1)^k \binom{\nu}{k}\binom{n+i-k}{n}.$$

Mit $m:=n+i$ folgt die Behauptung. □

1.4 Inversionsformeln

F sei die Menge aller Doppelfolgen $f=(f_{\nu,k})_{\nu,k\in\mathbb{N}_0}$ komplexer Zahlen mit $f_{\nu,k}=0$ für $\nu<k$. Jede Folge $f\in F$ läßt sich als Endomorphismus des $\mathbb{C}$-Vektorraums V aller komplexwertigen Zahlenfolgen $x=(x_i)_{i\in\mathbb{N}_0}$ (d.h. als lineare Abbildung von V in sich) darstellen, wobei

$$f(x) = y = (y_i)_{i\in\mathbb{N}_0}$$

und

$$y_\nu = \sum_{k=0}^{\infty} f_{\nu,k}x_k = \sum_{k=0}^{\nu} f_{\nu,k}x_k$$

für alle $\nu\in\mathbb{N}_0$ gilt. Die Folgen aus F lassen sich als unendliche Dreiecksmatrizen schreiben. Das Produkt $h=fg$ zweier Folgen $f,g\in F$ berechnet sich als

$$h = (h_{\nu,k})_{\nu,k\in\mathbb{N}_0}$$

mit

$$h_{\nu,k} = \sum_{i=0}^{\infty} f_{\nu,i}g_{i,k} = \sum_{i=k}^{\nu} f_{\nu,i}g_{i,k},$$

also als 'Matrizenprodukt'.

In der Kombinatorik heißen zwei Doppelfolgen $f=(f_{\nu,k})_{\nu,k\in\mathbb{N}_0}$ und $g=(g_{\nu,k})_{\nu,k\in\mathbb{N}_0}$ aus F ein *inverses Paar*, wenn für alle $\nu,k\in\mathbb{N}_0$ stets

$$\sum_{i=k}^{\nu} f_{\nu,i}g_{i,k} = \delta_{\nu,k}$$

gilt, d.h., wenn für die Endomorphismen f und g von V gilt $fg=\mathrm{id}_V$.

• <u>(1.26)</u> <u>Satz</u>. Für jede Folge $f=(f_{v,k})_{v,k\in N_o}$ aus F sind folgende drei Aussagen äquivalent:

(i) Für alle $k\in N_o$ ist $f_{k,k}\neq 0$.

(ii) f ist ein Automorphismus von V.

(iii) Es gibt ein $g\in F$, so daß f,g ein inverses Paar ist.

Beweis. (i)⇒(ii) : Für alle $k\in N_o$ setzen wir

$$g_{v,k} := 0 \quad \text{für} \quad v<k,$$

$$g_{k,k} := f_{k,k}^{-1}$$

und

$$g_{k+m,k} := -f_{k+m,k+m}^{-1} \sum_{i=o}^{m-1} f_{k+m,k+i}g_{k+i,k}$$

rekursiv für $m=1,2,3,\ldots$ Durch leichtes Nachrechnen im Matrizenkalkül bestätigt man, daß f,g ein inverses Paar ist. In der Sprache der linearen Algebra besagt dies, daß es zu dem Endomorphismus f von V einen Endomorphismus g von V mit $fg=id$ gibt. Damit ist f surjektiv. Mit derselben Argumentation können wir auf die Surjektivität von g schließen, es ist nämlich $g_{k,k}\neq 0$ für alle $k\in N_o$. Aus $fg=id_V$ folgt außerdem, daß g injektiv ist. f ist damit die zur Bijektion g inverse Abbildung, also ein Automorphismus.

(ii)⇒(iii) : Es sei g der zu f inverse Automorphismus, dann ist f,g ein inverses Paar.

(iii)⇒(i) : Wenn f,g ein inverses Paar ist, so gilt für alle $v,k\in N_o$ stets

$$\sum_{i=k}^{v} f_{v,i}g_{i,k} = \delta_{v,k}.$$

Damit gilt $f_{k,k}g_{k,k}\neq 0$ für alle $k\in N_o$ also $f_{k,k}\neq 0$. □

Zwei als Endomorphismen betrachtete Doppelfolgen $f,g\in F$ sind genau dann ein inverses Paar, wenn für je zwei Vektoren $x,y\in V$ aus $x=f(y)$ stets $y=f(x)$ folgt

• <u>(1.27)</u> <u>*Allgemeine*</u> <u>*Inversionsformel*</u>. Zwei Folgen $(f_{v,k})_{v,k\in N_o}$ und $(g_{v,k})_{v,k\in N_o}$ aus F bilden genau dann ein inverses Paar, wenn für je zwei Folgen $(x_k)_{k\in N_o}$ und $(y_k)_{k\in N_o}$ aus V

aus

$$x_v = \sum_{k=o}^{v} f_{v,k} y_k \quad \text{für alle } v \in N_o$$

stets

$$y_v = \sum_{k=o}^{v} g_{v,k} x_k \quad \text{für alle } v \in N_o \text{ folgt.} \quad \square$$

In (1.11) haben wir das inverse Paar $((\binom{v}{k}))_{v,k\in N_o}$, $((-1)^{v-k}\binom{v}{k}))_{v,k\in N_o}$ kennengelernt. Wir zeigen nun im Rahmen eines allgemeinen Satzes eine neue Möglichkeit auf, die binomische Inversionsformel (1.15) zu beweisen.

• <u>(1.28)</u> <u>Satz</u>. Es seien $(f_{v,k})_{v,k\in N_o}$, $(g_{v,k})_{v,k\in N_o}$ zwei Doppelfolgen aus F und $(P_i(z))_{i\in N_o}$, $(Q_i(z))_{i\in N_o}$ zwei Folgen von Polynomen über dem Körper C der komplexen Zahlen, wobei die Polynome $P_i(z)$ und $Q_i(z)$ jeweils den Grad i besitzen. Wenn nun für alle $v\in N_o$

$$P_v(z) = \sum_{k=o}^{v} f_{v,k} Q_k(z)$$

und

$$Q_v(z) = \sum_{k=o}^{v} g_{v,k} P_k(z)$$

gilt, so ist $(f_{v,k})_{v,k\in N_o}$, $(g_{v,k})_{v,k\in N_o}$ ein inverses Paar.

Beweis. Unter den Voraussetzungen des Satzes gilt

$$\begin{aligned} P_v(z) &= \sum_{i=o}^{v} f_{v,i} \sum_{k=o}^{i} g_{i,k} P_k(z) \\ &= \sum_{i=o}^{v} \sum_{k=o}^{i} f_{v,i} g_{i,k} P_k(z) \\ &= \sum_{k=o}^{v} \sum_{i=k}^{v} f_{v,i} g_{i,k} P_k(z). \end{aligned}$$

Durch Koeffizientenvergleich folgt

$$\sum_{i=k}^{v} f_{v,i} g_{i,k} = \delta_{v,k} ,$$

denn die Menge der Polynome $P_k(z)$ bildet eine Basis des Vektorraums $C[z]$ aller Polynome über C. $\square$

Setzen wir in (1.28) $P_\nu(z):=z^\nu$ und $Q_\nu(z):=(z-1)^\nu$ sowie $z:=w+1$, so erhalten wir mit (1.6)

$$z^\nu = (w+1)^\nu = \sum_{k=0}^{\nu} \binom{\nu}{k} w^k = \sum_{k=0}^{\nu} \binom{\nu}{k} (z-1)^k .$$

Nach (1.5) ist

$$(z-1)^\nu = \sum_{k=0}^{\nu} (-1)^{\nu-k} \binom{\nu}{k} z^k ,$$

und so folgt mit (1.27) abermals die binomische Inversionsformel (1.15) : $\left(\binom{\nu}{k}\right)_{\nu,k\in\mathbb{N}_0}$, $\left((-1)^{\nu-k}\binom{\nu}{k}\right)_{\nu,k\in\mathbb{N}_0}$ ist ein inverses Paar. Mit

• <u>(1.29)</u> <u>Satz</u>. $\sum_{i=k}^{\nu} (-1)^{i-k} \binom{\nu}{i}\binom{i}{k} = \delta_{\nu,k}$

erhalten wir eine Bestätigung von (1.11).

Der Nutzen der allgemeinen Inversionsformel (1.27) liegt in ihrer Bedeutung für das Auffinden kombinatorischer Identitäten. So kann durch eine einfache Substitution einem inversen Paar eine neue Gestalt gegeben werden. Ersetzen wir beispielsweise in (1.27) die Folgen $(y_k)_{k\in\mathbb{N}_0}$ jeweils durch $((-1)^k y_k)_{k\in\mathbb{N}_0}$, so erhalten wir aus dem inversen Paar

$$(f_{\nu,k})_{\nu,k\in\mathbb{N}_0} , (g_{\nu,k})_{\nu,k\in\mathbb{N}_0}$$

das inverse Paar

$$((-1)^k f_{\nu,k})_{\nu,k\in\mathbb{N}_0} , ((-1)^\nu g_{\nu,k})_{\nu,k\in\mathbb{N}_0} .$$

Angewandt auf das inverse Paar

$$\left(\binom{\nu}{k}\right)_{\nu,k\in\mathbb{N}_0} , \left((-1)^{\nu-k}\binom{\nu}{k}\right)_{\nu,k\in\mathbb{N}_0}$$

ergibt dies das inverse Paar

$$\left((-1)^k\binom{\nu}{k}\right)_{\nu,k\in\mathbb{N}_0} , \left((-1)^k\binom{\nu}{k}\right)_{\nu,k\in\mathbb{N}_0}$$

involutorischer Doppelfolgen aus F.

Setzen wir in (1.27) speziell

$$y_k = \binom{m-k}{n} \quad \text{mit} \quad 0 \le n \le m \quad \text{für alle} \quad k\in\mathbb{N}_0 ,$$

so ergibt sich vermöge (1.27) und (1.25) aus diesem inversen Paar mit

• <u>(1.30)</u> <u>Satz.</u> $\binom{m-v}{n} = \sum_{k=0}^{v} (-1)^k \binom{v}{k}\binom{m-k}{m-n}$ für $0 \le n$ und $v \in N_0$. □

eine neue Version der VANDERMONDEschen Konvolution (1.12).

Für weitergehende Untersuchungen in dieser Richtung verweisen wir auf J. RIORDAN, *Combinatorial Identities*, Wiley, New York 1968.

G. C. ROTA [3] verallgemeinerte die Betrachtungen dieses Abschnitts in folgender Richtung:

Statt der natürlichen Zahlen N lege man eine teilweise geordnete, *lokal endliche* Menge P, d.h. eine teilweise geordnete Menge, deren Intervalle endlich sind, zugrunde. $\le$ bezeichne die Ordnungsrelation von P und $\not\le$ deren Verneinung. Es sei T die Menge aller Abbildungen τ von $P\times P$ in die reellen Zahlen R mit $\tau(a,b)=0$ für $a \not\le b$. Durch

$$\varphi\psi(a,b) := \sum_{a\le x\le b} \varphi(a,x)\psi(x,b) = \sum_{x=a}^{b} \varphi(a,x)\psi(x,b)$$

wird eine Verknüpfung definiert, die T die Struktur einer Halbgruppe mit Eins aufprägt. Die Eins dieser Halbgruppe ist die Abbildung $\delta: (a,b) \longrightarrow \delta_{a,b}$ (KRONECKER-Symbol); die invertierbaren Elemente dieser Halbgruppe sind die Abbildungen θ mit $\theta(a,a) \ne 0$ für alle $a \in P$. Die *MÖBIUS-Funktion* $\mu \in T$ (bezüglich P) wird als die zur *Zeta-Abbildung* $\zeta \in T$, die ihrerseits durch $\zeta(a,b)=1$ für $a \le b$ (und $\zeta(a,b)=0$ sonst) bestimmt ist, inverse Abbildung definiert.

• <u>(1.31)</u> <u>*MÖBIUSsche*</u> <u>*Inversionsformel*</u>. Besitzt die teilweise geordnete, lokal endliche Menge P ein kleinstes Element o, ist f eine reellwertige Abbildung von P, sowie $a \in P$ und μ die MÖBIUS-Funktion (bezüglich P), so gilt

$$f(a) = \sum_{x=o}^{a} \sum_{y=o}^{x} f(y)\mu(x,a). \quad \Box$$

---

[3] *On the foundations of combinatorial theory, I. Theory of Möbius functions*, Z. Wahrscheinlichkeitstheorie und Verw. Gebiete, <u>2</u> (1964) 340-368.

Wählen wir für P die durch die Teilbarkeitsrelation teilweise geordnete Menge der natürlichen Zahlen, so erhalten wir den bekannten Satz über die klassische zahlentheoretische MÖBIUS-Funktion μ:

• (1.32) Satz. Für alle reellwertigen Zahlenfolgen $f: \mathbb{N} \longrightarrow \mathbb{R}$ und alle $n \in \mathbb{N}$ gilt

$$f(n) = \sum_{t|n} \sum_{d|t} f(d)\mu(t,n). \qquad \square$$

Für die zahlentheoretische MÖBIUS-Funktion, also für die MÖBIUS-Funktion der durch die Teilbarkeitsbedingung teilweise geordneten Menge $\mathbb{N}$ der natürlichen Zahlen wird wegen $\mu(t,n)=\mu(st,sn)$ meist $\mu(\frac{n}{t})$ statt $\mu(t,n)$ geschrieben. Dabei gilt: Ist r die Anzahl der Primfaktoren in der Primfaktorenzerlegung von $\frac{n}{t}$, so erhält man

$$\mu(\tfrac{n}{t}) = \begin{cases} 0, & \text{falls } \frac{n}{t} \text{ nicht quadratfrei ist und} \\ (-1)^r & \text{sonst.} \end{cases}$$

Kapitel 2. Permutationen und Permutationsmengen

In diesem Kapitel erinnern wir an einige Grundbegriffe und Sätze über Permutationen. Eine ausführlichere Darstellung des Inhalts von Abschnitt 2.1 findet der Leser in einschlägigen Lehrbüchern der Algebra [1].

2.1 Permutationen und Anordnungen

Die Bijektionen einer v-Menge P auf sich heißen *Permutationen* von P [2]. Die Menge S_P aller Permutationen von P bildet bezüglich der Hintereinanderausführung $\varphi\psi(x):=\varphi(\psi(x))$ eine Gruppe, die *symmetrische Gruppe* von P. Für $P=Z_v$ wird diese auch mit S_v bezeichnet. Wir kennzeichnen Permutationen durch ihre Wertetabelle:

$$\varphi = \begin{pmatrix} x_1 & x_2 & \ldots & x_v \\ \varphi(x_1) & \varphi(x_2) & \ldots & \varphi(x_v) \end{pmatrix}$$

Es sei nun Γ eine Untergruppe von S_P (in Zeichen: $\Gamma<S_P$). Auf P wird, wie aus den Gruppeneigenschaften von Γ folgt, durch

$$p\sim q :\Longleftrightarrow \exists\gamma\in\Gamma \text{ mit } \gamma(p)=q$$

eine Äquivalenzrelation definiert. Die Äquivalenzklasse

$$\Gamma(p) := \{x\in P;\ x\sim p\}$$

heißt *Bahn* von p unter Γ. Die Kardinalzahl $|\Gamma(p)|$ heißt *Länge der Bahn* $\Gamma(p)$. Unter den *Bahnen einer Permutation* $\gamma\in\Gamma$ verstehen wir die Bahnen der von γ erzeugten Untergruppe $\langle\gamma\rangle$ von S_P. Eine Permutation $\zeta\in S_P$ heißt *Zyklus* oder *Zykel*, wenn es eine Zahl $k\in Z_v$ gibt, so daß ζ eine Bahn der Länge k und v-k Bahnen der Länge 1 (*Fixpunkte*) besitzt; die Zahl k

---

[1] etwa K. MEYBERG, *ALGEBRA I*, Carl Hanser, München-Wien 1975

[2] Von der leeren Menge $\emptyset$ gibt es in jede Menge M nur die leere Abbildung $\emptyset: \emptyset \longrightarrow M$. Es gilt also $|S_\emptyset|=1=0!$. Auf die trivialen Ausnahmefälle, die sich aus der Einbeziehung der leeren Menge ergeben, gehen wir meist nicht ein.

heißt dabei *Länge des Zyklus* ζ. Jede Permutation $\gamma \in S_P$ läßt sich bis auf die Reihenfolge eindeutig als Produkt von solchen Zyklen schreiben, deren mindestens 2-elementige Bahnen paarweise disjunkt sind. Wir sagen, eine Permutation $\gamma \in S_P$ *zerfalle in* b *Zyklen*, wenn die Bahnen von γ eine b-Partition von P bilden. Unter dem *Zykeltyp einer Permutation* $\gamma \in S_P$ verstehen wir den Typ der Partition von P, die durch die Bahnen von γ gegeben ist. Für einen Zyklus $\zeta \in S_P$ der Länge $k>1$ verwenden wir auch die gegenüber der Wertetabelle kürzere Schreibweise

$$\zeta = (x\ \zeta(x)\ \zeta^2(x)\ \dots\ \zeta^{k-1}(x)),$$

wobei x aus der k-elementigen Bahn von ζ sei. Für $P=Z_v$ wählt man für x i.a. die kleinste Ziffer der k-elementigen Bahn. Die Identität ist der einzige Zyklus der Länge 1; sie kann durch das Symbol () gekennzeichnet werden. Unter der *Zyklenschreibweise* verstehen wir die Darstellung einer Permutation als Produkt von solchen Zyklen, deren mindestens 2-elementige Bahnen paarweise disjunkt sind. Beispielsweise stellt sich die Permutation

$$\begin{pmatrix} 1 & 2 & 3 & 4 & 5 & 6 & 7 & 8 & 9 \\ 1 & 4 & 2 & 7 & 8 & 6 & 3 & 9 & 5 \end{pmatrix}$$

in der Zyklenschreibweise als

$$(2\ 4\ 7\ 3)(5\ 8\ 9)$$

dar. Zyklen der Länge 2 heißen *Transpositionen.*

• <u>(2.1)</u> <u>Satz</u>. Jeder Zyklus $\zeta=(p_1\ p_2\ \dots\ p_k)$ der Länge k läßt sich als Produkt

$$\zeta = (p_1\ p_2)(p_2\ p_3)\dots(p_{k-1}\ p_k)$$

von k-1 Transpositionen darstellen. □

Da für $v>1$ die Identität das Quadrat einer Transposition ist und sich jede Transposition $(i\ j) \in S_v$ mit $i<j$ als Produkt

$$(i\ i{+}1\ i{+}2\ \dots\ j{-}1\ j)(i\ i{+}1\ i{+}2\ \dots\ j{-}2\ j{-}1)^{-1}$$

schreiben läßt, so erhält man mit (2.1) folgenden Satz:

• <u>(2.2)</u> <u>Satz</u>. Die symmetrische Gruppe S_v wird von ihren Transpositionen der Form $(i\ i{+}1)$ mit $i \in Z_{v-1}$ erzeugt. □

Aufgabe: Bringen Sie Ihre Mathematikbücher durch sukzessives Vertauschen nebeneinanderstehender Bücher in die Anordnung, die a) durch die Größe b) durch den Wert Ihrer Bücher gegeben ist.

Die als k-Tupel $(\varphi(1),\varphi(2),\ldots,\varphi(k))$ geschriebenen Injektionen $\varphi\colon Z_k \longrightarrow P$ von Z_k in die v-Menge P nennen wir k-*Anordnungen von* P. Die Menge aller k-Anordnungen von P bezeichnen wir mit $S_k(P)$ bzw. $S_k(v)$ für $P=Z_v$. Die v-Anordnungen von P sind gerade die Permutationen von P, also $S_v(P)=S_P$ bzw. $S_v(v)=S_v$.

• <u>(2.3)</u> <u>Satz</u>. Es seien $v,k \in N_o$ und P eine v-Menge. Dann gibt es

$$|S_k(P)| = \binom{v}{k}k! = (v)_k$$

k-Anordnungen von P. □

Es sei Γ eine Teilmenge der symmetrischen Gruppe S_P und $M \subset P$. Die Menge $\Gamma_M := \{\gamma \in \Gamma;\ \gamma(p)=p \text{ für alle } p \in M\}$ heißt *Stabilisator der Menge* M *von* Γ. Für $M=\{p\}$ schreiben wir $\Gamma_p := \Gamma_{\{p\}}$. Gilt $1 \le k \le v$, so nennen wir Γ [*scharf*] k-*fach transitiv*, wenn es zu je zwei k-Anordnungen $(p_1,p_2,\ldots,p_k)$ und $(q_1,q_2,\ldots,q_k)$ von P [genau] eine Permutation $\gamma \in \Gamma$ mit $\gamma(p_i)=q_i$ für alle $i \in Z_k$ gibt. Statt "scharf 1-fach transitiv" sagen wir auch *regulär*. Für $k \ge 2$ ist der Stabilisator Γ_p einer [scharf] k-fach transitiven Permutationsmenge Γ für jeden Punkt $p \in P$ auf $P\setminus\{p\}$ [scharf] (k-1)-fach transitiv. Als *Grad einer Permutationsmenge* $\Gamma \subset S_P$ bezeichnen wir die Mächtigkeit von P. Aus (2.3) folgt nun:

• <u>(2.4)</u> <u>Satz</u>. Jede scharf k-fach transitive Permutationsmenge Γ vom Grad v hat die Mächtigkeit $|\Gamma|=(v)_k$. □

• <u>(2.5)</u> <u>Satz</u>. Mit $\Gamma \subset S_P$ ist auch die Nebenklasse $\varphi\Gamma$ [scharf] k-fach transitiv für alle $\varphi \in S_P$.

Beweis. Es seien $(p_1,p_2,\ldots,p_k)$ und $(q_1,q_2,\ldots,q_k)$ zwei k-Anordnungen von P. Damit ist auch

$$(\varphi^{-1}(q_1),\varphi^{-1}(q_2),\ldots,\varphi^{-1}(q_k))$$

für $\varphi\in S_P$ eine k-Anordnung von P. Also gibt es [genau] ein $\psi\in\Gamma$ mit $\psi(p_i)=\varphi^{-1}(q_i)$. Folglich ist $\varphi\psi$ eine [die einzige] Permutation aus $\varphi\Gamma$, die p_i in q_i überführt für alle $i\in Z_k$. □

Eine Permutationsmenge bezeichnen wir als *unitär*, wenn sie die Identität enthält. Wegen (2.5) gibt es mit jeder [scharf] k-fach transitiven Permutationsmenge Γ auch unitäre [scharf] k-fach transitive Permutationsmengen, nämlich $\gamma^{-1}\Gamma$ für $\gamma\in\Gamma$.

2.2 Permutationsdarstellungen abstrakter Gruppen

Unter einer *Darstellung* einer (abstrakten) Gruppe G als Permutationsgruppe einer Menge P versteht man einen Homomorphismus von G nach S_P. Das Bild einer Darstellung bezeichnen wir schlammigerweise ebenfalls als *Darstellung*. Ist eine Darstellung injektiv, so nennen wir sie *treu*. So ist z.B. die Abbildung, die dem Element $x\in G$ die Linksmultiplikation

$$\lambda_x : \begin{cases} G \longrightarrow G \\ g \longrightarrow \lambda_x(g) := xg \end{cases}$$

zuordnet, für jede (abstrakte, multiplikativ geschriebene) Gruppe G eine treue Darstellung. Sie wird *linksreguläre* Darstellung genannt.

Es sei nun P eine v-Menge, F eine k-Menge und $\Pi < S_P$ sowie $\Phi < S_F$ zwei Permutationsgruppen. Wir konstruieren aus Π und Φ weitere Permutationsgruppen:

Die Menge $\Pi\times\Phi = \{(\pi,\varphi);\ \pi\in\Pi,\ \varphi\in\Phi\}$ operiert auf $P\times F$ vermöge

$$(\pi,\varphi)(x,y) := (\pi(x),\varphi(y))$$

als Permutationsgruppe, die wir *direktes Produkt* von Π und Φ nennen.

Sind P und F disjunkt, so operiert die Menge $\Pi \oplus \Phi = \{(\pi,\varphi); \pi \in \Pi, \varphi \in \Phi\}$ auf $P \cup F$ vermöge

$$(\pi,\varphi)(x) := \begin{cases} \pi(x) & \text{falls } x \in P \\ \varphi(x) & \text{falls } x \in F \end{cases}$$

als Permutationsgruppe, die wir *direkte Summe* von Π und Φ nennen.

Die Menge $\Phi^{\Pi} = \{(\pi,\varphi); \pi \in \Pi, \varphi \in \Phi\}$ operiert auf der Menge F^P aller Abbildungen von P in F vermöge

$$(\pi,\varphi)(f) := \varphi \cdot f \cdot \pi^{-1}$$

als Permutationsgruppe, die wir *Exponentiationsgruppe* von Π und Φ nennen.

Die Permutationsgruppen $\Pi \times \Phi$, $\Pi \oplus \Phi$ und Φ^{Π} sind treue Darstellungen des direkten Produkts der abstrakten Gruppen, die man erhält, wenn man die Elemente von Π bzw. Φ nicht mehr als Bijektionen, sondern nurmehr als Elemente einer Gruppe betrachtet.

2.3 Gruppen gebrochener semilinearer Abbildungen

Es sei p eine Primzahl, $\alpha, d \in \mathbb{N}$ und $n := p^{\alpha}$ sowie $m := n^d = p^{\alpha d}$. In der Algebra wird gezeigt, daß es bis auf Isomorphie genau einen Körper $L = GF(m)$ mit $|L| = m$ gibt. L enthält genau einen zu $GF(n)$ isomorphen Unterkörper K. Die Gruppe $Aut_K(L)$ derjenigen Automorphismen von L, die K elementweise festlassen, besteht aus den Abbildungen, die $x \in L$ in x^{n^k} mit $k \in \{0,1,2,...,d-1\}$ überführen. $Aut_K(L)$ ist also zur zyklischen Gruppe Z_d der Ordnung d isomorph. [3]

Wir erweitern L um ein neues Element ∞, setzen $M := L \cup \{\infty\}$ und definieren $\frac{a}{\infty} := 0$ und $a + \infty := \infty + a := \infty$ für alle $a \in L$, sowie $\frac{a}{0} := \infty$ und $a\infty := \infty a := \infty$ für alle $a \in M \setminus \{0\}$. Es sei nun Γ die Gruppe aller gebrochenen semilinearen Transformationen

[3] vgl. etwa K. MEYBERG, *Algebra II*, Carl Hanser, München-Wien 1976.

$$f:\begin{cases} M \longrightarrow M \\ x \longrightarrow \frac{a\sigma(x)+b}{c\sigma(x)+d} \end{cases}$$

mit $\sigma\in\mathrm{Aut}_K(L)$ und $a,b,c,d\in L$, wobei $ad\neq bc$ gelte und $f(\infty):=\frac{a}{c}$ sowie $\sigma(\infty):=\infty$ gesetzt ist. Die Untergruppe $LF(2,m)$ von Γ (oft auch $PGL(2,m)$ geschrieben), die aus den gebrochenen linearen Transformationen

$$x \longrightarrow \frac{ax+b}{cx+d}$$

besteht, ist scharf 3-fach transitiv: Es sei (x_2,x_3,x_4) eine 3-Anordnung von M und $f\in LF(2,m)$ die Abbildung, die $x\in M$ in den Quotienten $\frac{x-x_3}{x-x_4}:\frac{x_2-x_3}{x_2-x_4}$ überführt. (Für x_2, x_3 oder $x_4=\infty$ sei $f(x):=\frac{x-x_3}{x-x_4}$, $\frac{x_2-x_4}{x-x_4}$ oder $\frac{x-x_3}{x_2-x_3}$ gesetzt.) Es ist nun $f(x_2)=1$, $f(x_3)=0$ und $f(x_4)=\infty$. Da nur die Identität aus $LF(2,m)$ die Punkte 1, 0 und ∞ festhält, folgt die scharf 3-fache Transitivität aus den Gruppeneigenschaften. Damit ist Γ eine 3-fach transitive Permutationsgruppe auf M. Die Untergruppe von Γ, die 1, 0 und ∞ festhält, läßt sich als die Gruppe $\mathrm{Aut}_K(L)$ auffassen. Der Stabilisator Γ_∞ operiert auf L 2-fach transitiv. Die Untergruppe von Γ, deren Elemente f die Gestalt

$$f:\ x \longrightarrow ax+b \quad \text{mit } a,b\in L \text{ und } a\neq 0$$

haben, ist scharf 2-fach transitiv auf L; wir nennen diese Untergruppe die *affine Gruppe* von L. Der Stabilisator des Punktes $0\in L$ in der affinen Gruppe von L ist die scharf einfach transitive linksreguläre Darstellung der multiplikativen Gruppe von L als Permutationsgruppe der Menge $L\setminus\{0\}$.

2.4 Die symmetrische und die alternierende Gruppe

• (2.6) Satz. Für $v\geq 2$ operiert die symmetrische Gruppe S_v scharf $(v-1)$-fach und scharf v-fach transitiv auf Z_v. □

Ein Paar $(i,j)\in Z_v\times Z_v$ mit $i<j$ heißt *Fehlstand von* $\varphi\in S_v$, wenn $\varphi(i)>\varphi(j)$ ist. Für diesen Abschnitt sei $F\varphi$ die Menge der Fehlstände von φ, sowie $\Pi(\varphi):=\prod_{1\le i<j\le v}(\varphi(i)-\varphi(j))$, $\Pi:=\Pi(\mathrm{id})$ und $\mathrm{sign}(\varphi):=\frac{\Pi(\varphi)}{\Pi}$ das *Signum von* φ. Offensichtlich gilt:

• (2.7) $\qquad \mathrm{sign}(\varphi) = (-1)^{|F\varphi|}$. □

• (2.8) Satz. Ist $(m\ n)\in S_v$ eine Transposition mit $m<n$, so gilt $F(m\ n) = \{(m,m+1),(m,m+2),\dots,(m,n),(m+1,n),\dots,(n-1,n)\}$, also $|F(m\ n)|=2(n-m)-1$, und -1 ist das Signum von $(m\ n)$. □

Wir nennen eine Permutation $\varphi\in S_v$ *gerade* für $\mathrm{sign}(\varphi)=1$ und *ungerade* sonst. Die Abbildung

$$\mathrm{sign}:\begin{cases} S_v \longrightarrow \{1,-1\} \\ \varphi \longrightarrow \mathrm{sign}(\varphi)\end{cases}$$

ist für $v>1$ ein Epimorphismus von S_v auf die (multiplikative) Gruppe $\{1,-1\}$, denn für $\varphi,\psi\in S_v$ gilt:

$$\begin{aligned}\mathrm{sign}(\varphi\psi) &= \frac{\Pi(\varphi\psi)}{\Pi} = \frac{\Pi(\varphi\psi)}{\Pi(\psi)}\cdot\mathrm{sign}(\psi)\\ &= \prod_{1\le i<j\le v}\frac{\varphi\psi(i)-\varphi\psi(j)}{\psi(i)-\psi(j)}\cdot\mathrm{sign}(\psi)\\ &= \prod_{1\le s<t\le v}\frac{\varphi(s)-\varphi(t)}{s-t}\cdot\mathrm{sign}(\psi)\\ &= \mathrm{sign}(\varphi)\cdot\mathrm{sign}(\psi)\end{aligned}$$

Der Kern A_v dieses Epimorphismus ist ein Normalteiler vom Index 2 in S_v und besteht aus allen geraden Permutationen. A_v heißt die *alternierende Gruppe* vom Grad v. Nach (2.1), (2.2) und (2.8) besteht A_v aus allen Produkten von Transpositionen, deren Faktorenanzahl gerade ist. Ebenso folgt aus (2.1):

• (2.9) Satz. Ein Zyklus $\zeta\in S_v$ gerader [ungerader] Länge ist eine ungerade [gerade] Permutation. □

Entsprechend (2.6) gilt für die alternierende Gruppe:

• (2.1o) Satz. Für $v\ge3$ operiert die alternierende Gruppe A_v scharf $(v-2)$-fach transitiv auf Z_v.

Beweis. Es seien $(p_1,p_2,\dots,p_v)$ und $(q_1,q_2,\dots,q_v)$ zwei v-Anordnungen von Z_v und

$$\varphi = \begin{pmatrix} p_1 & p_2 & \dots & p_{v-2} & p_{v-1} & p_v \\ q_1 & q_2 & \dots & q_{v-2} & q_{v-1} & q_v \end{pmatrix}$$

sowie

$$\psi = \begin{pmatrix} p_1 & p_2 & \dots & p_{v-2} & p_{v-1} & p_v \\ q_1 & q_2 & \dots & q_{v-2} & q_v & q_{v-1} \end{pmatrix}.$$

Nun gilt $\psi=(q_{v-1}\ q_v)\varphi$; folglich unterscheiden sich φ und ψ um eine Transposition. Somit haben φ und ψ nicht das gleiche Signum. Also liegt genau eine der beiden Permutationen, die beide die vorgegebene (v-2)-Anordnung $(p_1,p_2,\dots,p_{v-2})$ in die (v-2)-Anordnung $(q_1,q_2,\dots,q_{v-2})$ überführen, in A_v. □

Als Umkehrung von (2.1o) gilt:

• <u>(2.11)</u> <u>Satz</u>. Jede unitäre scharf (v-2)-fach transitive Permutationsmenge Γ vom Grad $v\geq 3$ ist die alternierende Gruppe A_v.

Beweis. Wir dürfen annehmen, daß Γ auf Z_v operiert. Für $v=3$ ist Γ regulär; somit haben die beiden von $id=()\in\Gamma$ verschiedenen Permutationen $\begin{pmatrix}1&2&3\\2&a&b\end{pmatrix}$ und $\begin{pmatrix}1&2&3\\3&c&d\end{pmatrix}$ aus Γ keine Fixpunkte. Damit folgt a=3, b=1, c=1 und d=2. Also gilt $\Gamma=A_3$ (als Induktionsanfang). Wir setzen nun voraus, daß die Behauptung (2.11) für $v-1\geq 3$ bereits bewiesen ist. Weiter sei Γ eine unitäre scharf (v-2)-fach transitive Permutationsmenge vom Grad v. Nach (2.4) gilt $|\Gamma|=\frac{v!}{2}=\frac{1}{2}\cdot|S_v|$. Wir brauchen also nur zu zeigen, daß Γ keine ungerade Permutation enthält: Es sei $\varphi\in S_v$ eine ungerade Permutation, die sich in der Zyklenschreibweise als $\varphi=\zeta_1\zeta_2\dots\zeta_n$ schreiben läßt, wobei wegen (2.9) eine ungerade Anzahl von Zyklen ζ_i eine gerade Länge hat; o.B.d.A. sei darunter auch $\zeta_1=(a_1\ a_2\ \dots\ a_{2k-1}\ a_{2k})$. Die Permutation $\tilde\varphi:=\tilde\zeta_1\zeta_2\zeta_3\dots\zeta_n$ mit $\tilde\zeta_1:=(a_1\ a_2\ \dots\ a_{2k-1})$ ist dann gerade und hat den Fixpunkt a_{2k}. Damit liegt $\tilde\varphi$ im (nach Induktionsvoraussetzung zu A_{v-1} isomorphen) Stabilisator $\Gamma_{a_{2k}}$ und damit in Γ. Da nun $\tilde\varphi$ auf den v-2 Ziffern aus $\{a_1,a_2,\dots,a_{2k-2}\}$ genau so operiert wie φ, liegt φ also nicht in Γ. □

Wir erwähnen im folgenden einen wichtigen Satz von C. JORDAN [4], dessen langwierigen Beweis wir wegen seiner gruppentheoretischen Natur nicht bringen: [5]

• <u>(2.12)</u> <u>Satz</u>. Ist Γ eine scharf k-fach transitive Permutationsgruppe vom Grad v, so ist für $k \geq 6$ die Gruppe Γ zu S_k, S_{k+1} oder zu A_{k+2} isomorph. Für $k=5$ ist Γ zu S_5, S_6, A_7 oder M_{12} isomorph. Für $k=4$ ist Γ zu S_4, S_5, A_6 oder M_{11} isomorph. Dabei werden mit M_{11} und M_{12} die von E. MATHIEU 1861 entdeckten Gruppen der Ordnung 792o bzw. 95o4o bezeichnet. Diese Permutationsgruppen haben den Grad 11 bzw. 12. □

2.5 Permutationscharaktere

Im folgenden sei P eine Menge, $\Gamma < S_P$ eine Untergruppe der symmetrischen Gruppe von P und $\mathcal{B}$ die Menge der Bahnen von Γ.

• <u>(2.13)</u> <u>Satz</u>. Für je zwei Elemente $p,q \in P$ mit $\Gamma(p)=\Gamma(q)$ sind die Stabilisatoren Γ_p und Γ_q in Γ konjugiert.

Beweis. Da p und q in der gleichen Bahn liegen, gibt es ein $\varphi \in \Gamma$ mit $\varphi(p)=q$. Damit gilt $\Gamma_q = \varphi \cdot \Gamma_p \cdot \varphi^{-1}$. □

Insbesondere folgt damit:

• <u>(2.14)</u> <u>Satz</u>. Für $p,q \in P$ mit $\Gamma(p)=\Gamma(q)$ gilt $|\Gamma_p|=|\Gamma_q|$. □

---

[4] *Recherches sur les substitutions*, J. Math. Pures Appl.(2) <u>17</u> (1872) 351-363.

[5] Verschiedene Beweise dieses Satzes findet der geneigte Leser in den Büchern: M. HALL, *The Theory of Groups*, Macmillan, New York 1959; H. LÜNEBURG, *Transitive Erweiterungen endlicher Permutationsgruppen*, Springer Lecture Notes in Math. 84, Berlin 1969.

• <u>(2.15)</u> <u>Satz</u>. Für jedes $p \in P$ gilt $|\Gamma_p| \cdot |\Gamma(p)| = |\Gamma|$.

Beweis. Die Abbildung

$$\begin{cases} \Gamma/\Gamma_p \longrightarrow \Gamma(p) \\ \gamma\Gamma_p \longrightarrow \gamma(p) \end{cases}$$

ist wohldefiniert und bijektiv. Es folgt $|\Gamma/\Gamma_p| = |\Gamma(p)|$ und damit die Behauptung. □

Die Abbildung

$$\chi : \begin{cases} \Gamma \longrightarrow \mathbb{N} \\ \varphi \longrightarrow \chi(\varphi) := |\{p \in P;\ \varphi(p) = p\}| \end{cases},$$

die jeder Permutation die Anzahl ihrer Fixpunkte zuordnet, heißt *Permutationscharakter von* Γ.

Der folgende Satz wird W. BURNSIDE und G. FROBENIUS zugeschrieben und ist bekannt als

<u>(2.16)</u> <u>*Lemma von BURNSIDE*</u>. Die Anzahl $|\mathcal{B}|$ der Bahnen einer Permutationsgruppe Γ ist gleich der durchschnittlichen Anzahl von Fixpunkten einer Permutation aus Γ, d.h.

$$|\mathcal{B}| = |\Gamma|^{-1} \sum_{\varphi \in \Gamma} \chi(\varphi) .$$

Beweis. Mit (2.14) und (2.15) ergibt sich

$$\sum_{\varphi \in \Gamma} \chi(\varphi) = \sum_{p \in P} |\Gamma_p| = \sum_{B \in \mathcal{B}} \sum_{p \in B} |\Gamma_p| = \sum_{B \in \mathcal{B}} |B| \frac{|\Gamma|}{|B|} = |\mathcal{B}| \cdot |\Gamma| . \quad \square$$

Operiert beispielsweise Γ transitiv auf P, so hat eine Permutation aus Γ durchschnittlich genau einen Fixpunkt. Für eine beliebige Permutationsmenge $\Gamma \subset S_P$ ist $\sum_{\varphi \in \Gamma} \chi(\varphi)$ im allgemeinen von $\sum_{\varphi \in \Gamma} \chi(\psi\varphi)$ mit $\psi \in S_P$ verschieden, wie das Beispiel $\Gamma = \{id\}$ belegt.

Durch einen einfachen Induktionsbeweis und mit Hilfe von (2.4) erhält man:

• <u>(2.17)</u> <u>Satz</u>. Es sei P eine v-Menge. Für jede scharf k-fach transitive Permutationsmenge $\Gamma \subset S_P$ gilt

$$\sum_{\varphi\in\Gamma} \chi(\varphi) = \sum_{p\in P} |\Gamma_p| = (v)_k = |\Gamma| . \qquad \square$$

Mit (2.17) und (2.5) folgt:

• <u>(2.18)</u> <u>Satz</u>. Ist Γ eine scharf k-fach transitive Permutationsmenge und Ψ eine Nebenklasse von Γ, so gilt

$$\sum_{\gamma\in\Gamma} \chi(\gamma) = \sum_{\psi\in\Psi} \chi(\psi) . \qquad \square$$

Bei C. L. LIU finden wir folgende Anwendung von (2.16):

Für eine Lotterie sollen Lose mit allen 5-stelligen Zahlen von 00000 bis 99999 bedruckt werden. Besteht nun eine Zahl nur aus den Ziffern 0, 6, 8 und 9, so können wir diese im Kopfstand im allgemeinen als eine andere Zahl lesen. Stellen wir beispielsweise entweder die Zahl 60986 oder uns selbst auf den Kopf, so lesen wir 98609, während wir für 69869 hingegen wiederum 69869 lesen. Wieviele Lose können maximal bedruckt werden, sodaß die Verlierer immer eindeutig feststehen, selbst wenn sie sich auf den Kopf stellen?

Es sei P die 10^5-Menge der Zahlen von 00000 bis 99999 und $\Gamma=\{id,\sigma\}<S_P$ die Gruppe, in der σ alle eindeutig lesbaren Zahlen festhält und die zweideutig lesbaren auf die jeweils andere Deutung abbildet. Es gilt $\chi(id)=10^5$. Aus den zweideutig lesbaren Ziffern 0, 6, 8 und 9 lassen sich $4^5=1024$ 5-stellige Zahlen herstellen. Davon sind $2\cdot4^2$ eindeutig lesbar, denn an der dritten Stelle muß der eindeutigen Lesbarkeit wegen die Ziffer 0 oder 8 stehen und die vierte und fünfte Stelle ist durch die erste und zweite eindeutig bestimmt. Demnach gilt $\chi(\sigma)=10^5-(4^5-2\cdot4^2)=99008$. Nach (2.16) ist nun $|\mathcal{B}|=\frac{199008}{2}=99504$ die Anzahl der Bahnen von Γ und somit auch die größtmögliche Anzahl von Losen, die in unserem Fall ausgegeben werden kann, ohne daß die Gefahr besteht, daß zwei Lotterieteilnehmer Anspruch auf den als Gewinn ausgesetzten elektrischen Eierkocher erheben.

KAPITEL 3. DAS PRINZIP VON INKLUSION UND EXKLUSION

Wenn wir die Anzahl derjenigen Zahlen zwischen 1 und 100 bestimmen wollen, die weder durch 2 noch durch 3 teilbar sind, so können wir folgendermaßen vorgehen:
Es gibt 50 durch 2 teilbare und 33 durch 3 teilbare Zahlen in Z_{100}. Ziehen wir von 100 die Zahl 50+33 ab, so haben wir zur Ermittlung unserer Anzahl die 16 durch 2 und 3 teilbaren Zahlen einmal zu oft abgezogen. Es gibt also $100-(50+33)+16 = 33$ weder durch 2 noch durch 3 teilbare Zahlen in Z_{100}.

3.1 SIEBFORMELN

Es sei $(P,\mathcal{B})$ eine Inzidenzstruktur mit $|\mathcal{B}|=b$. Die Blöcke werden verschiedentlich *Eigenschaften* genannt; liegt ein Punkt $p\in P$ im Block $B\in\mathcal{B}$, so sagt man auch, p habe die Eigenschaft B. Für $i\in\{0,1,2,\ldots,b\}$ sei $P_i:=\{p\in P;\ r_p=i\}$ die Menge der Punkte aus P, die genau i Eigenschaften besitzen, die also in genau i Blöcken liegen. Weiter sei G eine (additiv geschriebene) abelsche Gruppe und $w\colon P \longrightarrow G$ eine Abbildung; für $p\in P$ wird $w(p)$ als *Gewicht von* p bezeichnet. Mit diesen Bezeichnungen erhält man das

• (3.1) *Prinzip von Inklusion und Exklusion.* Für $k\in\{0,1,\ldots,b\}$ gilt

$$\sum_{p\in P_k} w(p) = \sum_{i=k}^{b} (-1)^{i-k}\binom{i}{k} \sum_{T\in P_i(\mathcal{B})} \sum_{p\in\cap T} w(p)$$

Beweis. Da jeder Punkt $p\in P_n$ in genau $\binom{n}{i}$ i-Teilmengen aus $\mathcal{B}$ liegt, gilt:

$$\sum_{T\in P_i(\mathcal{B})} \sum_{p\in\cap T} w(p) = \sum_{n=o}^{b} \sum_{p\in P_n} w(p)$$

Damit folgt

$$\sum_{i=k}^{b} \sum_{T\in P_i(B)} \sum_{p\in\cap T} (-1)^{i-k}\binom{i}{k} w(p)$$

$$= \sum_{i=k}^{b} \sum_{n=o}^{b} \sum_{p\in P_n} \binom{n}{i}(-1)^{i-k}\binom{i}{k} w(p)$$

$$= \sum_{i=k}^{b} \sum_{n=i}^{b} \sum_{p\in P_n} (-1)^{i-k}\binom{n}{i}\binom{i}{k} w(p) \qquad \text{wegen } \binom{n}{i}=0 \text{ für } i>n$$

$$= \sum_{n=k}^{b} \sum_{p\in P_n} \sum_{i=k}^{n} (-1)^{i-k}\binom{n}{i}\binom{i}{k} w(p)$$

$$= \sum_{p\in P_k} w(p) + \sum_{n=k+1}^{b} \sum_{p\in P_n} \sum_{i=k}^{n} (-1)^{i-k}\binom{n}{i}\binom{i}{k} w(p)$$

$$= \sum_{p\in P_k} w(p) \qquad \text{nach (1.11).} \qquad \square$$

Im Fall $k=0$, $w(p)=1$ für alle $p\in P$ und $\mathcal{B}=\{B_1,B_2,\ldots,B_b\}$ erhält man aus (3.1) unter Beachtung von $\cap\emptyset=P$ die

• (3.2) *Siebformel.*

$$|P_o| = \sum_{i=o}^{b} (-1)^i \sum_{T\in P_i(B)} |\cap T|$$

$$= \sum_{i=o}^{b} (-1)^i \sum_{1\le j_1<j_2<\ldots<j_i\le b} \left|\bigcap_{s=1}^{i} B_{j_s}\right| \qquad \square$$

Es sei nun P eine endliche Menge und $P(P)$ die durch die Inklusion $\subset$ teilweise geordnete Potenzmenge von P. In Abschnitt 1.4 wurde für teilweise geordnete, lokal endliche Mengen die MÖBIUS-Funktion eingeführt. In unserem Fall berechnet sie sich als

• (3.3) $$\mu(X,Y) = \begin{cases} (-1)^{|Y|-|X|} & \text{für } X\subset Y \\ 0 & \text{sonst} \end{cases}$$

Den Beweis überlassen wir dem Leser. Setzt man (3.3) in die MÖBIUSsche Inversionsformel (1.31) ein, so erhält man wiederum die Siebformel (3.2).

Im folgenden bringen wir einige Anwendungen des Prinzips von Inklusion und Exklusion.

3.2 Die EULERsche φ-Funktion

Die *EULERsche φ-Funktion* $\varphi(v)$ gibt die Anzahl der zu $v\in N$ teilerfremden Zahlen, die nicht größer als v sind, an.
Es sei nun $v=p_1^{\alpha_1}\, p_2^{\alpha_2} \dots p_b^{\alpha_b}$ die Primzahlzerlegung von $v\in N$, $P=Z_v$ und für $i\in Z_b$ sei B_i die Menge der ganzzahligen Vielfachen von p_i in P. Somit gilt $|B_i|=\frac{v}{p_i}$. Mit (3.2) folgt:

• (3.4) Satz. Sind $p_1,p_2,\dots,p_b$ die sämtlichen Primteiler von $v\in N$, so gilt

$$\varphi(v) = v - \sum_{1\le j\le b} \frac{v}{p_j} + \sum_{1\le j<k\le b} \frac{v}{p_j p_k} - \dots + \frac{v\cdot(-1)^b}{p_1 p_2 \cdots p_b}$$

$$= v(1-\frac{1}{p_1})(1-\frac{1}{p_2})\dots(1-\frac{1}{p_b}). \quad \square$$

Tabelle 3. Die EULERsche φ-Funktion

v	1	2	3	4	5	6	7	8	9	1o	11	12	13	14	15	16	17	18	19	2o	21	22
φ(v)	1	1	2	2	4	2	6	4	6	4	1o	4	12	6	8	8	16	6	18	8	12	1o

3.3 Le problème des rencontres

Wir definieren für $v,k\in N_o$

• (3.5)
$$D(v,k) := \sum_{i=o}^{k} (-1)^i\left(\binom{v}{k}\frac{k!}{i!} - \binom{v}{i}\right) + \delta_{v,o}$$

$$= \sum_{i=o}^{k-1} (-1)^i\left(\binom{v}{k}\frac{k!}{i!} - \binom{v}{i}\right) + \delta_{v,o}$$

und bemerken:

• (3.6)
$$D(v,0) = \delta_{v,o}$$

$$D(v,k) = 0 \quad \text{für} \quad v<k \quad \text{nach (1.8)}$$

$$D(v,1) = D(v,2) = v-1 \quad \text{für} \quad v>0 \quad \square$$

Für gewisse Zahlenpaare (v,k) können wir die Zahlen $D(v,k)$ kombinatorisch deuten:

• (3.7) Satz. Es sei P eine v-Menge, $k\in Z_v$ und $\Gamma\subset S_P$ eine scharf k-fach transitive unitäre Permutationsmenge. Die Anzahl der fixpunktfreien Permutationen aus Γ ist $D(v,k)$.

Beweis. Um die Siebformel (3.2) anzuwenden, betrachten wir die Inzidenzstruktur $(\Gamma,\mathcal{B})$, wobei $\mathcal{B}$ die Menge der Stabilisatoren Γ_p mit $p\in P$ ist. Nach (3.2) ist nun

$$\tilde{D}(v,k) := \sum_{i=0}^{v} (-1)^i \sum_{\mathcal{T}\in \mathcal{P}_i(\mathcal{B})} |\cap\mathcal{T}|$$

die Anzahl der fixpunktfreien Permutationen aus Γ. Für $i\in\{0,1,\ldots,k-1\}$ ist $\cap\mathcal{T}$ als Menge derjenigen Permutationen aus Γ, die eine i-Teilmenge von P punktweise festlassen, auf den restlichen $v-i$ Punkten scharf (k-i)-fach transitiv; nach (2.4) folgt damit

$$|\cap\mathcal{T}| = \frac{(v-i)!}{(v-k)!},$$

während für $i=k$ hier $\cap\mathcal{T}=\{id\}$ und daher ebenfalls

$$|\cap\mathcal{T}| = 1 = \frac{(v-i)!}{(v-k)!}$$

gilt. Auch für $i\in\{k+1,k+2,\ldots,v\}$ ist die Identität die einzige Permutation mit i Fixpunkten; folglich gilt hier ebenfalls $\cap\mathcal{T}=\{id\}$.
Wegen $|\mathcal{P}_i(\mathcal{B})|=\binom{v}{i}$ ergibt sich unter Benutzung von (1.8):

$$\begin{aligned}\tilde{D}(v,k) &= \sum_{i=0}^{k} (-1)^i\binom{v}{i}\frac{(v-i)!}{(v-k)!} + \sum_{i=k+1}^{v} (-1)^i\binom{v}{i}\\ &= \sum_{i=0}^{k} (-1)^i\binom{v}{i}\frac{(v-i)!}{(v-k)!} - \sum_{i=0}^{k} (-1)^i\binom{v}{i} + \delta_{v,0}\\ &= \sum_{i=0}^{k} (-1)^i\binom{v}{i}\left(\frac{(v-i)!}{(v-k)!} - 1\right) + \delta_{v,0}\\ &= D(v,k). \quad\square\end{aligned}$$

Die Voraussetzung, Γ sei unitär, ist wesentlich, denn für eine reguläre unitäre Permutationsmenge vom Grad v ist $D(v,1)=v-1$ die Anzahl der fixpunktfreien Permutationen, während die nicht unitäre Nebenklasse $\{(1\ 2),(1\ 3),(2\ 3)\}$ von A_3 in S_3 beispielsweise keine fixpunktfreien Permutationen enthält, obwohl sie regulär auf Z_3 operiert.

• <u>(3.8)</u> <u>Satz</u>. Die symmetrische Gruppe S_P besitzt für $|P|=v$ genau

$$D(v) := D(v,v) = \sum_{i=o}^{v} (-1)^i \binom{v}{i} (v-i)!$$

$$= v! \sum_{i=o}^{v} \frac{(-1)^i}{i!}$$

fixpunktfreie Permutationen.

Beweis. Die Behauptung folgt aus (2.6), (3.7) und (1.8). □

Die Zahl $D(v)$ gibt die Anzahl der von P. R. MONTMORT [1] untersuchten 'dérangements' bei Ziehungen in einer Lotterie an. Dabei ist ein *dérangement* eine geordnete Ziehung von v Kugeln, die von 1 bis v durchnumeriert sind, aus einer Urne, wobei die n-te gezogene Kugel nicht die Zahl n tragen darf, wobei also kein sogenanntes *rencontre* auftritt. Die Zahlen $D(v)$ werden daher auch *Rencontre-Zahlen* genannt.

• <u>(3.9)</u> <u>Satz</u>. Die Rencontre-Zahlen $D(v)$ genügen für $v \in \mathbb{N}$ der Rekursionsformel

$$D(v) = v \cdot D(v-1) + (-1)^v$$

mit der Anfangsbedingung $D(0)=1$.

Beweis. Nach (3.8) folgt

$$D(v) = \sum_{i=o}^{v} (-1)^i \cdot \frac{v!}{i!} = \sum_{i=o}^{v-1} (-1)^i \cdot v \frac{(v-1)!}{i!} + (-1)^v$$

$$= v \cdot D(v-1) + (-1)^v . \quad □$$

• <u>(3.1o)</u> $$\lim_{v\to\infty} \frac{D(v)}{v!} = \sum_{i=o}^{\infty} \frac{(-1)^i}{i!} = \exp(-1). \quad □$$

Dies besagt u.a., daß die Wahrscheinlichkeit dafür, daß keiner von v Leuten einer Versammlung, die in einer völlig verdunkelten Garderobe sich irgendeinen Hut greifen, seinen eigenen Hut erhält, mit wachsendem v gegen e^{-1} konvergiert.

---

[1] *Essai d'analyse sur les jeux de hazard*, Paris 17o8

Diese Wahrscheinlichkeit ist von der Anzahl v weitgehend unabhängig, wie nachfolgende Abschätzung zeigt:

• <u>(3.11)</u>
$$\left|\exp(-1) - \frac{D(v)}{v!}\right| = \left|\sum_{i=v+1}^{\infty} \frac{(-1)^i}{i!}\right| \le \frac{1}{(v+1)!} .$$

Beweis. Der Wert der Partialsumme $a_o+a_1+\ldots+a_v$ einer alternierenden Reihe $\sum_{i=o}^{\infty} a_i$, deren Summanden dem Betrage nach eine monoton fallende Nullfolge bilden, weicht vom Wert der Reihe um weniger als $|a_{i+1}|$ ab. □

• <u>(3.12)</u> <u>Satz</u>. Für die Folge der Rencontre-Zahlen $D(v)$ ist
$$\sum_{v=o}^{\infty} \frac{D(v)}{v!}\cdot z^v = \frac{\exp(-z)}{1-z}$$
die exponentielle erzeugende Funktion.

Beweis. Nach (3.8) gilt
$$\begin{aligned}\sum_{v=o}^{\infty} \frac{D(v)}{v!}\cdot z^v &= \sum_{v=o}^{\infty} z^v \sum_{i=o}^{v} \frac{(-1)^i}{i!}\\ &= \sum_{o\le i\le v<\infty} \frac{z^v(-1)^i}{i!}\\ &= \sum_{k=o}^{\infty}\sum_{i=o}^{\infty} \frac{z^{k+i}(-1)^i}{i!}\\ &= \sum_{k=o}^{\infty} z^k \sum_{i=o}^{\infty} \frac{(-1)^i z^i}{i!} = \frac{1}{1-z}\cdot\exp(-z).\end{aligned}$$ □

Mit Hilfe dieser erzeugenden Funktion erhalten wir eine weitere Rekursionsformel:

• <u>(3.13)</u> <u>Satz</u>. Die Rencontre-Zahlen $D(v)$ genügen für $v\in\mathbb{N}$ der Rekursionsformel
$$D(v+1) = v\cdot(D(v) + D(v-1))$$
mit den Anfangsbedingungen $D(0)=1$ und $D(1)=0$.

Beweis. Es sei $F(z):=\frac{\exp(-z)}{1-z}$ die erzeugende Funktion aus (3.12). Dann gilt

$$-F(z) + \sum_{v=0}^{\infty} \left(\frac{(v+1)D(v+1)}{(v+1)!}\cdot z^v - \frac{(v+1)D(v+1)}{(v+1)!}\cdot z^{v+1}\right)$$

$$= -F(z) + (1-z)\sum_{v=1}^{\infty} \frac{vD(v)}{v!}\cdot z^{v-1}$$

$$= -F(z) + (1-z)\cdot\frac{d}{dz}F(z)$$

$$= \frac{d}{dz}((1-z)F(z)) = \frac{d}{dz}\exp(-z)$$

$$= -\exp(-z) = -(1-z)F(z)$$

$$= -F(z) + \sum_{v=0}^{\infty} \frac{D(v)}{v!}\cdot z^{v+1}$$

Vergleichen wir die Koeffizienten des ersten und letzten Ausdrucks dieser Identität, so folgt für $v \in \mathbb{N}$

$$\frac{D(v+1)}{v!} - \frac{vD(v)}{v!} = \frac{D(v-1)}{(v-1)!}$$

und damit die Behauptung. □

Zum Kontrast geben wir hier einen auf L. EULER zurückgehenden kombinatorischen Beweis für (3.13):

Es sei $v \in \mathbb{N}$ gegeben. Wir berechnen die Anzahl der Möglichkeiten, die Variablen $a_1, a_2, \ldots, a_{v+1}$ in

$$\pi = \begin{pmatrix} 1 & 2 & \ldots & v+1 \\ a_1 & a_2 & \ldots & a_{v+1} \end{pmatrix}$$

so mit Werten aus Z_{v+1} zu belegen, daß π eine fixpunktfreie Permutation aus S_{v+1} wird.

Zunächst gibt es v Möglichkeiten, a_{v+1} mit einem Wert $k \in Z_v$ zu belegen. Ist nun a_{v+1} mit dem Wert $k \in Z_v$ belegt worden, so unterscheiden wir zwei Fälle:

Schreiben wir nun $a_k := v+1$ vor, so können die $v-1$ noch nicht belegten Variablen auf genau $D(v-1)$ verschiedene Weisen so belegt werden, daß $a_i \neq i$ für alle $i \in Z_{v+1}$ gilt.

Schreiben wir $a_k \neq v+1$ vor, so ist für alle Variablen a_i mit $i \in Z_v$ jeweils genau ein Wert aus $Z_{v+1}\setminus\{k\}$ verboten. In diesem Fall haben wir also genau $D(v)$ Möglichkeiten, die Variablen $a_1, a_2, \ldots, a_v$ mit Werten aus $Z_{v+1}\setminus\{k\}$ zu belegen. Insgesamt haben wir für π also $vD(v-1)+vD(v)$ Möglichkeiten. □

• (3.14) Satz. Es sei $2 \le v \in \mathbb{N}$. Die Anzahl der fixpunktfreien Permutationen der alternierenden Gruppe A_v ist

$$D(v,v-2) = D(v) - \binom{v}{2}\cdot D(v-2).$$

Beweis. Nach (2.1o) und (3.7) ist $D(v,v-2)$ die Anzahl der fixpunktfreien Permutationen von A_v. Weiter gilt

$$\begin{aligned} D(v,v-2) &= \sum_{i=o}^{v-2} (-1)^i\left(\binom{v}{v-2}\frac{(v-2)!}{i!} - \binom{v}{i}\right) && \text{nach } (3.5)\\ &= \frac{v!}{2}\sum_{i=o}^{v-2}\frac{(-1)^i}{i!} + v!\sum_{i=v-1}^{v}\frac{(-1)^i}{i!(v-i)!} && \text{nach } (1.8)\\ &= \left(v! - \frac{v!}{2!}\right)\sum_{i=o}^{v-2}\frac{(-1)^i}{i!} + v!\sum_{i=v-1}^{v}\frac{(-1)^i}{i!}\\ &= v!\sum_{i=o}^{v}\frac{(-1)^i}{i!} - \binom{v}{2}(v-2)!\sum_{i=o}^{v-2}\frac{(-1)^i}{i!}\\ &= D(v) - \binom{v}{2}D(v-2) && \text{nach } (3.8). \quad \square \end{aligned}$$

W. HEISE und H. KUNDE [2] entdeckten folgende Rekursionsformel für die Zahlen $D(v,k)$:

• (3.15) Satz. Für $0 \le v \le m$ gilt

$$\sum_{k=o}^{v} (-1)^k\binom{v}{k}D(m-k,v) = D(v) - (-1)^v(1-\delta_{m,v}).$$

Beweis. Es gilt

$$\begin{aligned} &\sum_{k=o}^{v} (-1)^k\binom{v}{k}D(m-k,v)\\ &= \sum_{k=o}^{v}(-1)^k\binom{v}{k}\left(\sum_{n=o}^{v}(-1)^n\left(\binom{m-k}{v}\frac{v!}{n!} - \binom{m-k}{n}\right) + \delta_{m,k}\right)\\ &= \sum_{n=o}^{v}(-1)^n\left(\frac{v!}{n!}\sum_{k=o}^{v}(-1)^k\binom{v}{k}\binom{m-k}{v} - \sum_{k=o}^{v}(-1)^k\binom{v}{k}\binom{m-k}{n}\right) +\\ &\qquad + \sum_{k=o}^{v}(-1)^k\binom{v}{k}\delta_{m,k} \end{aligned}$$

[2] *On the number of derangements of a sharply* k-*ply transitive set of permutations*. Aequationes Math.

$$= \sum_{n=o}^{v} (-1)^n\left(\frac{v!}{n!} - \binom{m-v}{m-n}\right) + (-1)^v\delta_{m,v} \qquad \text{nach (1.25)}$$

$$= D(v) - \sum_{n=o}^{v} (-1)^n\binom{m-v}{m-n} + (-1)^v\delta_{m,v} \qquad \text{nach (3.8)}$$

$$= D(v) - (-1)^v(1-\delta_{m,v}). \quad \square$$

Ersetzen wir v in (3.15) durch $v-1$ und m durch v, so erhalten wir eine Bestätigung von (3.9):

$$\begin{aligned} D(v) &= D(v,v-1) \\ &= D(v-1) + (-1)^v - \sum_{k=1}^{v-1} (-1)^k\binom{v-1}{k}D(v-k,v-1) \\ &= D(v-1) + (-1)^v + (v-1)D(v-1) \\ &= v\cdot D(v-1) + (-1)^v . \end{aligned}$$

L. COMTET [3] charakterisierte 1975 die Zahlen $D(v,k)$ wie folgt:

• (3.16) Satz. Die Zahlen $D(v,k)$ genügen für $v,k\in N$ mit $k\geq 2$ der Rekursionsformel

$$D(v,k) = D(v,k-1) + v\cdot D(v-1,k-1) - v\cdot D(v-1,k-2) + + (-1)^{k-1}(v-k)\binom{v}{k-1}$$

mit den Anfangsbedingungen aus (3.6).

Beweis. Für $v\geq 1$ und $k\geq 2$ gilt

$$D(v,k) - D(v,k-1) - vD(v-1,k-1) + vD(v-1,k-2)$$

$$\begin{aligned} &= \sum_{i=o}^{k-2} (-1)^i\left(\binom{v}{k}\frac{k!}{i!} - \binom{v}{i}\right) + (-1)^{k-1}\binom{v}{k-1}(v-k) \\ &\quad - \sum_{i=o}^{k-2} (-1)^i\left(\binom{v}{k-1}\frac{(k-1)!}{i!} - \binom{v}{i}\right) \\ &\quad - v\sum_{i=o}^{k-2} (-1)^i\left(\binom{v-1}{k-1}\frac{(k-1)!}{i!} - \binom{v-1}{i}\right) \\ &\quad + v\sum_{i=o}^{k-2} (-1)^i\left(\binom{v-1}{k-2}\frac{(k-2)!}{i!} - \binom{v-1}{i}\right) \\ &= (-1)^{k-1}\binom{v}{k-1}(v-k). \quad \square \end{aligned}$$

---

[3] private Mitteilung

Tabelle 4. Die Anzahlen D(v,k) der fixpunktfreien Permutationen in einer unitären scharf k-fach transitiven Permutationsmenge vom Grad v.

k \ v	0	1	2	3	4	5	6	7	8	9	10	11	12
0	1	0	0	0	0	0	0	0	0	0	0	0	0
1	0	0	1	2	3	4	5	6	7	8	9	10	11
2	0	0	1	2	3	4	5	6	7	8	9	10	11
3	0	0	0	2	9	24	50	90	147	224	324	450	605
4	0	0	0	0	9	44	130	300	595	1064	1764	2760	4125
5	0	0	0	0	0	44	265	930	2485	5600	11214	20580	35310
6	0	0	0	0	0	0	265	1854	7413	22232	55566	122220	244398
7	0	0	0	0	0	0	0	1854	14833	66752	222516	611940	1468698
8	0	0	0	0	0	0	0	0	14833	133496	667476	2447400	7342170

• <u>(3.17)</u> <u>Satz</u>. Es sei P eine v-Menge. Für $n \le k \le v$ ist

$$D(v,k,n) := \binom{v}{n} \cdot D(v-n,k-n)$$

die Anzahl der Permutationen einer scharf k-fach transitiven unitären Permutationsmenge $\Gamma \subset S_P$ mit genau n Fixpunkten.

Beweis. Die Menge derjenigen Permutationen aus Γ, die alle Punkte einer n-Teilmenge T von P festlassen, ist scharf (k-n)-fach transitiv auf P\T. Sie enthält D(v-n,k-n) auf P\T fixpunktfreie Permutationen. Die Summation über alle n-Teilmengen von P liefert das Ergebnis. □

Damit erhält man folgende Identität:

• <u>(3.18)</u>
$$v! = \sum_{i=0}^{v} \binom{v}{i} D(i).$$

Beweis.
$$\begin{aligned} v! = |S_v| &= \sum_{i=0}^{v} D(v,v,i) \\ &= \sum_{i=0}^{v} \binom{v}{i} D(v-i,v-i) && \text{nach (3.17)} \\ &= \sum_{i=0}^{v} \binom{v}{i} D(v-i) \\ &= \sum_{i=0}^{v} \binom{v}{i} D(i) && \text{nach (1.4).} \quad \square \end{aligned}$$

Wendet man die binomische Inversionsformel (1.15) auf (3.18) an, so findet man eine Bestätigung für (3.8). (Übungsaufgabe!)

Tabelle 5. Die Anzahlen D(v,v,n) der Permutationen aus S_v mit genau n Fixpunkten.

n \ v	0	1	2	3	4	5	6	7	8	9	10	11
0	1	0	1	2	9	44	265	1854	14833	133496	1334961	14684570
1	0	1	0	3	8	45	264	1855	14832	133497	1334960	14684571
2	0	0	1	0	6	20	135	924	7420	66744	667485	7342280
3	0	0	0	1	0	10	40	315	2464	22260	222480	2447445
4	0	0	0	0	1	0	15	70	630	5544	55650	611820
5	0	0	0	0	0	1	0	21	112	1134	11088	122430
6	0	0	0	0	0	0	1	0	28	168	1890	20328
7	0	0	0	0	0	0	0	1	0	36	240	2970
8	0	0	0	0	0	0	0	0	1	0	45	330

3.4 LE PROBLÈME DES MÉNAGES

E. LUCAS [4] stellte und löste das folgende *problème des ménages*: Bestimme die Anzahl M(v) der möglichen Sitzordnungen von v Ehepaaren an einem runden Tisch, so daß keine Frau neben ihrem Mann zu sitzen kommt, jedoch zwischen zwei Männern sitzt. Die Zahlen M(v) heißen auch *Ménage-Zahlen*.

Wir betrachten dieses Problem für $v \geq 2$: Aus Höflichkeit lassen wir zunächst die Damen Platz nehmen. Dafür gibt es offensichtlich $2v!$ Möglichkeiten. Nun numerieren wir die Damen mit den Zahlen aus Z_v durch, wobei wir bei der ältesten Dame beginnen und gegen den Uhrzeigersinn fortfahren. Wir bezeichnen den leeren Stuhl links neben der Dame i mit s_i. Ist nun M_i der Ehegatte der Dame i, so lassen wir nicht zu, daß sich Herr M_i auf s_i oder $s_{i+1(\text{mod } v)}$ setzt. Es sei weiter U(v) die Anzahl der Permutationen $\sigma \in S_v$ mit $\sigma(i) \neq i$ und $\sigma(i) \neq i+1(\text{mod } v)$. Es ist also U(v) gerade die Anzahl der Möglichkeiten, daß sich kein Mann neben seine Frau setzt.

• (3.19) Satz. Es gilt für $v \geq 2$

$$U(v) = \sum_{i=0}^{v} (-1)^i \cdot \frac{2v}{2v-i} \binom{2v-i}{i} (v-i)!$$

[4] *Theorie des nombres*, Paris 1891.

Beweis. Für $k \in Z_v$ definieren wir

$$B_k := \{\sigma \in S_v;\ \sigma(k)=k\}$$

und

$$B_k' := \{\sigma \in S_v;\ \sigma(k) \equiv k+1 \pmod v\}.$$

B_k ist also der Stabilisator von k und B_k' eine seiner Nebenklassen. Auf die Inzidenzstruktur $(S_v, \mathcal{B})$ mit

$$\mathcal{B} := \{B_1, B_1', B_2, B_2', \ldots, B_v, B_v'\}$$

wenden wir die Siebformel (3.2) an und erhalten

$$(*) \qquad U(v) = \sum_{i=0}^{2v} (-1)^i \sum_{T \in P_i(\mathcal{B})} |\cap T| \ .$$

Wir reihen nun die 2v-Menge $\mathcal{B}$ an einer Kreislinie so auf, daß B_k als linken Nachbarn die Menge $B'_{k-1 \pmod v}$ und als rechten Nachbarn die Menge B_k' erhält für **alle** $k \in Z_v$. Eine i-Teilmenge T von $\mathcal{B}$ enthält nach dem Taubenschlagprinzip mit Sicherheit dann zwei benachbarte Elemente von $\mathcal{B}$, wenn i größer als v ist. Da jeweils benachbarte Elemente aus $\mathcal{B}$ disjunkt sind, gilt also $\cap T = \emptyset$ für $i>v$ und $T \in P_i(\mathcal{B})$; es genügt also in (*) nur bis v zu summieren.

Für $i \le v$ gibt es nach (1.23) genau $g_1(2v,i) = \frac{2v}{2v-i}\binom{2v-i}{i}$ verschiedene i-Teilmengen T von $\mathcal{B}$, die keine benachbarten Elemente enthalten. Ist $T = \{B_{m_1}, B_{m_2}, \ldots, B_{n_1}', B_{n_2}', \ldots\}$ eine solche i-Teilmenge, so besteht $\cap T$ aus all den Permutationen $\sigma \in S_v$ mit $\sigma(m_1)=m_1$, $\sigma(m_2)=m_2$, ..., $\sigma(n_1) \equiv n_1+1 \pmod v$, $\sigma(n_2) \equiv n_2+1 \pmod v$, ... Folglich hat $\cap T$ genau $(v-i)!$ Elemente. Damit ergibt sich die Behauptung. □

Tabelle 6. Anzahlen U(v)

v	2	3	4	5	6	7	8	9	1o	11	12
U(v)	0	1	2	13	8o	579	4738	43387	439792	489o741	59216642

Tabelle 7. Ménage-Zahlen M(v)=2v!U(v)

v	2	3	4	5	6	7	8	9
M(v)	0	12	96	312o	1152oo	583632o	382o7232o	3148854912o

3.5 TURMPOLYNOME

Eine Permutation $\varphi \in S_v$ können wir durch ihre *Permutationsmatrix*, d.i. eine $v \times v$-Matrix $(a_{i,j})_{i,j \in Z_v}$ mit $a_{i,j} = \delta_{\varphi(i),j}$ darstellen. In entsprechender Weise können wir eine Permutation $\varphi \in S_v$ auf einem Schachbrett der Seitenlänge v dadurch kennzeichnen, daß wir auf die Felder $a_{i,\varphi(i)}$ jeweils einen Turm plazieren. Wir bemerken, daß bei der Darstellung auf einem Schachbrett sich keine zwei Türme gegenseitig angreifen. Umgekehrt stellt jede Plazierung von v Türmen auf einem $v \times v$-Schachbrett eine Permutation $\varphi \in S_v$ dar, wenn keine zwei Türme sich gegenseitig bedrohen. In Abschnitt 3.3 haben wir die Anzahl der fixpunktfreien Permutationen aus S_v berechnet. Ihnen entsprechen die Plazierungen von v sich gegenseitig nicht angreifenden Türmen, von denen keiner auf einem Feld der Hauptdiagonalen stehen darf. In (3.19) wurde die Anzahl $U(v)$ der Permutationen aus S_v berechnet, in deren Darstellung auf dem Schachbrett die Felder der Hauptdiagonalen und die unmittelbar darüberliegenden Felder, sowie das Feld $(v,1)$ in der linken unteren Ecke für Türme verboten waren.

Streichen wir aus einem $v \times v$-Schachbrett eine gewisse Anzahl von Feldern, so nennen wir den verbleibenden Rest ein *verallgemeinertes Schachbrett*. Im folgenden spielen wir unsere etwas ungewöhnliche Variante des Schachspiels nurmehr auf verallgemeinerten Schachbrettern.

Es sei S ein verallgemeinertes Schachbrett und $t_k = t(k,S)$ die Anzahl der möglichen Plazierungen von k sich gegenseitig nicht angreifenden Türmen auf S. Weiter sei $t_o := 1$. Die erzeugende Funktion

• (3.2o) $$T(z,S) = \sum_{k=o}^{\infty} t_k z^k = \sum_{k=o}^{v} t_k z^k$$

wird als *Turmpolynom von* S bezeichnet. Wir sagen, S *zerfalle in die separaten Teile* S_i, wenn für alle m,n mit $m \neq n$ kein Feld aus S_m von einem Turm, der auf einem Feld von S_n plaziert ist, bedroht wird, und die Teile S_i eine Partition von S bilden. So zerfällt beispielsweise das folgende verallgemeinerte Schachbrett

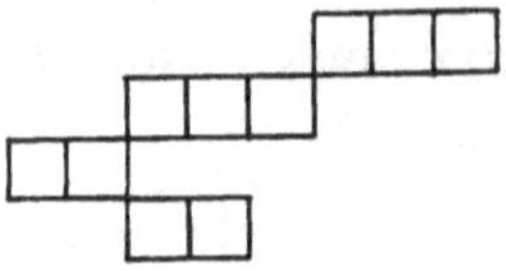

in die separaten Teile

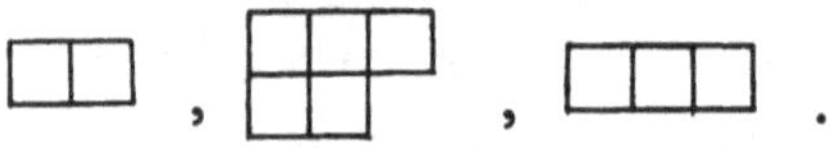

• (3.21) Satz. Zerfällt das verallgemeinerte Schachbrett S in die separaten Teile S_i $(i=1,2,\ldots,n)$, so gilt

$$T(z,S) = \prod_{i=1}^{n} T(z,S_i) .$$

Beweis. Es genügt, den Fall $n=2$ zu beweisen. Es seien also $T(z,S_1) = \sum_{i=o}^{\infty} r_i z^i$ und $T(z,S_2) = \sum_{j=o}^{\infty} s_j z^j$, sowie $i,k \in N_o$ mit $0 \le i \le k$. Zu jeder der r_i Möglichkeiten, von insgesamt k auf S zu plazierneden Türmen, die sich gegenseitig nicht angreifen dürfen, i auf S_1 zu plazieren, gibt es, da kein Feld aus S_1 von einem Turm aus S_2 bedroht werden kann, genau s_{k-i} Möglichkeiten, die restlichen $k-i$ Türme auf S_2 zu plazieren. Es gibt also

$$t_k = \sum_{i=o}^{k} r_i s_{k-i} = \sum_{i+j=k} r_i s_j$$

Möglichkeiten, k sich gegenseitig nicht angreifende Türme auf S zu plazieren. □

• (3.22) Satz. Es sei S ein verallgemeinertes Schachbrett und F ein Feld von S. Es sei weiter S' das verallgemeinerte Schachbrett, das aus S entsteht, wenn man die Felder der Zeile und der Spalte, in denen F liegt, aus S streicht. $S \backslash F$ bezeichne das verallgemeinerte Schachbrett, das aus S hervorgeht, indem man F streicht. Nun gilt

$$T(z,S) = z \cdot T(z,S') + T(z,S \backslash F) .$$

Beweis. Es seien $T(z,S') = \sum_{k=o}^{\infty} r_k z^k$, $T(z,S\backslash F) = \sum_{k=o}^{\infty} s_k z^k$ und $T(z,S) = \sum_{k=o}^{\infty} t_k z^k$. Wir plazieren $k \geq 1$ sich gegenseitig nicht angreifende Türme auf S. Dies kann auf r_{k-1} Weisen unter Benutzung des Feldes F und auf s_k Weisen ohne Benutzung des Feldes F geschehen. Folglich gilt $t_k = r_{k-1} + s_k$ und damit die Behauptung. □

• <u>(3.23)</u> <u>Satz</u>. Für ein quadratisches Schachbrett S der Seitenlänge v ist

$$T(z,S) = \sum_{k=o}^{v} k!\binom{v}{k}^2 \cdot z^k$$

das Turmpolynom.

Beweis. Es sei $k \in Z_v$ gegeben. Wir können $\binom{v}{k}$ k-Teilmengen von Zeilen in S finden, auf denen wir k Türme plazieren. Für den ersten Turm haben wir in der ersten dieser ausgewählten Zeilen genau v Möglichkeiten, für den zweiten Turm $v-1$, usw.; schließlich haben wir für den k-ten Turm noch $v-k+1$ Felder zur Auswahl, wenn sich die Türme gegenseitig nicht angreifen sollen. Es gibt also für k Türme genau

$$\binom{v}{k} v(v-1)\ldots(v-k+1) = \binom{v}{k} \cdot (v)_k = \binom{v}{k}^2 \cdot k!$$

Möglichkeiten. Dies beweist die Behauptung. □

• <u>(3.24)</u> <u>Satz</u>. Es sei S ein quadratisches Schachbrett der Seitenlänge v und $\{S_1, S_2\}$ eine 2-Partition von S. Dann gilt: Ist

$$T(z,S_1) = \sum_{k=o}^{v} t_k z^k$$

das Turmpolynom von S_1, dann gibt es

$$\sum_{k=o}^{v} (-1)^k (v-k)!\, t_k$$

Möglichkeiten, v sich gegenseitig nicht angreifende Türme auf S_2 zu plazieren.

Beweis. Für $k \in Z_v$ sei B_k die Menge der Permutationen $\varphi \in S_v$, bei deren Darstellung auf dem Schachbrett S das Feld $(k,\varphi(k))$ in S_1 liegt. Nach (3.2) ist nun

$$\sum_{k=o}^{v} (-1)^k \sum_{1\leq j_1<j_2<\ldots<j_k\leq v} |\bigcap_{s=1}^{k} B_{j_s}|$$

die Anzahl der Permutationen aus S_v, bei deren Darstellung auf dem Schachbrett S kein Turm im Teil S_1 steht.

Es seien nun $j_1,j_2,\ldots,j_k$ paarweise verschiedene Zahlen aus Z_v. Die Menge $\bigcap_{s=1}^{k} B_{j_s}$ besteht dann aus allen Permutationen $\varphi\in S_v$, bei deren Darstellung auf S das Feld $(j_s,\varphi(j_s))$ in S_1 liegt für alle $s\in Z_k$. Jede Plazierung von k sich gegenseitig nicht bedrohenden Türmen auf S_1 läßt sich auf $(v-k)!$ Weisen zu einer Plazierung von v sich gegenseitig nicht bedrohenden Türmen auf S fortsetzen. Damit gilt

$$\sum_{1\leq j_1<j_2<\ldots<j_k\leq v} |\bigcap_{s=1}^{k} B_{j_s}| = t_k(v-k)! \quad .$$

Dies beweist die Behauptung. □

Ist S ein $v\times v$-Schachbrett, S_1 die Hauptdiagonale von S und S_2 das Komplement zu S_1, so gilt offensichtlich

$$T(z,S_1) = \sum_{k=o}^{v} \binom{v}{k} z^k = (1+z)^v \; .$$

Nach (3.24) ist daher

$$\sum_{k=o}^{v} (-1)^k (v-k)! \binom{v}{k}$$

die Anzahl der Permutationen aus S_v ohne "rencontre". Dies bestätigt wiederum (3.8).

3.6 Permanenten

Es sei R ein kommutativer Ring, $k,v\in N$ und $A=(a_{i,j})$ eine $k\times v$-Matrix mit Koeffizienten aus R. Es ist $S:=S_k(v)$ die Menge aller k-Anordnungen von Z_v, d.h. aller injektiven Abbildungen von Z_k nach Z_v. Als *Permanente von* A definieren wir den Wert

$$\operatorname{per}(A) := \sum_{\alpha\in S} \prod_{i=1}^{k} a_{i,\alpha(i)} \in R \; .$$

Für $k>v$ gilt $S_k(v)=\emptyset$ und daher $per(A)=0$.

Als *Permanentenfunktion* per bezeichnen wir die Abbildung, die jeder Matrix A über R den Wert per(A) zuordnet. Es gilt nun:

• (3.25) Satz. Die Permanentenfunktion per ist eine multilineare Abbildung der Zeilenvektoren. □

• (3.26) Satz. Die Permanente per(A) einer quadratischen Matrix A stimmt mit der Permanente $per(A^t)$ der transponierten Matrix A^t überein. □

• (3.27) Satz. Bei quadratischen Matrizen ist per eine multilineare Abbildung der Spaltenvektoren. □

Ist π eine Permutation aus S_k bzw. S_v, so durchläuft mit α auch $\alpha\pi$ bzw. $\pi\alpha$ die Menge $S=S_k(v)$. Damit folgt:

• (3.28) Satz. Die Permanente per(A) einer Matrix A ist gegenüber Zeilen- bzw. Spaltenvertauschungen von A invariant. □

Die Übereinstimmung im Verhalten zwischen Permanenten quadratischer Matrizen und Determinanten reicht nicht sehr weit. So gibt es z.B. kein Analogon zum Multiplikationssatz für Determinanten:

$$4 = 2\cdot 2 = per(\begin{pmatrix}1&1\\1&1\end{pmatrix})\cdot per(\begin{pmatrix}1&1\\1&1\end{pmatrix}) \neq per(\begin{pmatrix}1&1\\1&1\end{pmatrix}\begin{pmatrix}1&1\\1&1\end{pmatrix})$$

$$= per(\begin{pmatrix}2&2\\2&2\end{pmatrix}) = 8$$

Gerade dieser Umstand macht die Berechnung von Permanenten ungleich schwieriger als die von Determinanten. Ein Hilfsmittel zur Berechnung von Permanenten ist der folgende Satz:

• (3.29) Satz. Es sei $k\leq v$, $(a_{m,n})=A$ eine $k\times v$-Matrix und

$$S(i) := \sum_{J\in P_{v-i}(Z_v)} \prod_{r=1}^{k} \sum_{j\in J} a_{r,j}$$

für $i=0,1,2,\ldots,v$ die Summe über die Produkte jeweils aller Zeilensummen der $k\times(v-i)$-Untermatrizen von A. Dann gilt

$$\operatorname{per}(A) = \sum_{i=0}^{k-1} (-1)^i \binom{v-k+i}{i} S(v-k+i) .$$

Beweis. Es sei $P=Z_v^{Z_k}$ die Menge aller Abbildungen von Z_k nach Z_v. Für $\alpha\in P$ und $l\in Z_v$ setzen wir

$$w(\alpha) := \prod_{r=1}^{k} a_{r,\alpha(r)} ,$$

$$B_l := \{\alpha\in P;\ l\notin\alpha(Z_k)\}$$

und

$$\mathcal{B} := \{B_l;\ l\in Z_v\}.$$

Die Menge $S=S_k(v)$ aller k-Anordnungen von Z_v ist gleich der Menge P_{v-k} aller derjenigen Abbildungen $\alpha\in P$, die zugleich in genau $v-k$ Elementen von $\mathcal{B}$ liegen. Damit gilt

$$\operatorname{per}(A) = \sum_{\alpha\in P_{v-k}} \prod_{r=1}^{k} a_{r,\alpha(r)} = \sum_{\alpha\in P_{v-k}} w(\alpha).$$

Mit (3.1) folgt nun

$$\operatorname{per}(A) = \sum_{i=v-k}^{v} (-1)^{i-v+k} \binom{i}{v-k} \sum_{T\in P_i(\mathcal{B})} \sum_{\alpha\in\cap T} w(\alpha).$$

Es sei $T\in P_i(\mathcal{B})$, etwa $T=\{B_{l_1},B_{l_2},\ldots,B_{l_i}\}$. Führen wir die Bezeichnung $J:=Z_v\setminus\{l_1,l_2,\ldots,l_i\}$ ein, so erhalten wir

$$\prod_{r=1}^{k} \sum_{j\in J} a_{r,j} = \sum_{\alpha\in\cap T} \prod_{r=1}^{k} a_{r,\alpha(r)} = \sum_{\alpha\in\cap T} w(\alpha).$$

Damit gilt

$$\sum_{T\in P_i(\mathcal{B})} \sum_{\alpha\in\cap T} w(\alpha) = \sum_{J\in P_{v-i}(Z_v)} \prod_{r=1}^{k} \sum_{j\in J} a_{r,j} = S(i),$$

also

$$\operatorname{per}(A) = \sum_{i=v-k}^{v} (-1)^{i-v+k} \binom{i}{v-k} S(i).$$

Unter Beachtung von $S(v)=0$ folgt daher

$$\operatorname{per}(A) = \sum_{i=0}^{k-1} (-1)^i \binom{v-k+i}{i} S(v-k+i). \qquad \square$$

Im Fall $k=v$ ergibt sich damit:

• <u>(3.30)</u> <u>Satz</u>. Für eine v-reihige quadratische Matrix A gilt

$$\operatorname{per}(A) = \sum_{i=0}^{v-1} (-1)^i S(i). \quad \square$$

Es sei nun $R:=\mathbb{Z}$ und $A=(a_{i,j})$ die $k\times v$-Matrix mit $a_{i,j}=1$ für alle $i\in Z_k$ und $j\in Z_v$. Wegen (2.3) gilt dann

$$\operatorname{per}(A) = \sum_{\alpha\in S_k(v)} 1 = \binom{v}{k}k! = (v)_k$$

und

$$S(i) = \binom{v}{v-i}(v-i)^k = \binom{v}{i}(v-i)^k$$

für alle $i\in\{0,1,2,\dots,v\}$.

Unter Beachtung von

$$\binom{v-k+i}{i}\binom{v}{v-k+i} = \binom{v}{i}\binom{v-i}{k-i}$$

erhält man mit (3.29) die Identität

• <u>(3.31)</u> $$(v)_k = \sum_{i=0}^{k-1} (-1)^i \binom{v}{i}\binom{v-i}{k-i}(k-i)^k. \quad \square$$

Im Fall $k=v$ ergibt sich damit

• <u>(3.32)</u> $$v! = \sum_{i=1}^{v} (-1)^{v-i}\binom{v}{i} i^v. \quad \square$$

Betrachten wir noch einmal die Situation von Abschnitt 3.5 : Es sei $A=(a_{i,j})$ eine v-reihige quadratische (0,1)-Matrix; die Permanente von A zählt nun die Permutationen $\varphi\in S_v$ mit $a_{i,\varphi(i)}=1$ für alle $i\in Z_v$. Deuten wir A als verallgemeinertes Schachbrett, das genau dann ein Feld (i,j) besitzt, wenn $a_{i,j}=1$ gilt, so zählt also die Permanente der Matrix A die Möglichkeiten, v sich gegenseitig nicht bedrohende Türme auf A zu plazieren.

Als Beispiel berechnen wir die Permanente der $v\times v$-Matrix $D_v=(d_{i,j})$ mit $d_{i,j}:=1-\delta_{i,j}$.

Nach der eben durchgeführten Überlegung gilt also

$$\mathrm{per}(D_v) = D(v).$$

In jeder $v\times(v-i)$-Untermatrix von D_v gibt es zwei Sorten von Zeilen: i Zeilen bestehen aus $v-i$ Einsen und $v-i$ Zeilen bestehen aus $v-i-1$ Einsen und einer Null. Damit folgt für die in (3.29) eingeführten Ausdrücke $S(i)$ die Gleichung

$$S(i) = \binom{v}{i}(v-i)^i(v-i-1)^{v-i}.$$

Nach (3.3o) erhalten wir eine neue Darstellung der Rencontre-Zahlen $D(v)$:

• <u>(3.33)</u> $$D(v) = \sum_{i=0}^{v} (-1)^i\binom{v}{i}(v-i)^i(v-i-1)^{v-i}. \quad \square$$

Wegen (3.25) und (3.27) darf man Permanenten quadratischer Matrizen nach Zeilen oder Spalten ähnlich wie Determinanten (nur ohne Wechseln des Vorzeichens) entwickeln. Dies ermöglicht es uns manchmal, Rekursionsformeln für die Permanenten von Gliedern einer Matrizenfolge anzugeben. Als Beispiel beweisen wir noch einmal (3.13):

Für $v\in\mathbb{N}$ sei $E_v=(e_{i,j})$ die $v\times v$-Matrix mit $e_{i,j}=1-\delta_{i,j+1}$, also

$$E_v = \begin{pmatrix} 1 & 1 \ \ldots & 1 \\ & & 1 \\ & D_{v-1} & \vdots \\ & & 1 \end{pmatrix}.$$

Entwickeln wir die Permanente von E_v nach der ersten Zeile, so erhalten wir

$$\mathrm{per}(E_v) = \mathrm{per}(D_{v-1}) + (v-1)\mathrm{per}(E_{v-1}).$$

Entwickeln wir die Permanente von $D_v=(1-\delta_{i,j})_{i,j\in Z_v}$ nach der untersten Zeile, so erhalten wir

$$\mathrm{per}(D_v) = (v-1)\mathrm{per}(E_{v-1}).$$

Aus diesen beiden Ausdrücken folgen die Rekursionsformeln

$$\mathrm{per}(D_{v+1}) = v(\mathrm{per}(D_{v-1}) + \mathrm{per}(D_v))$$

$$\mathrm{per}(E_{v+1}) = v\cdot\mathrm{per}(E_v) + (v-1)\cdot\mathrm{per}(E_{v-1})$$

und damit wiederum (3.13):

$$D(v+1) = v(D(v-1) + D(v)).$$

Wir beschließen dieses Kapitel mit einer wahrscheinlichkeitstheoretischen Interpretation der Permanentenfunktion:

Im Saloon von Cheyenne in Wyoming stehen v Cowboys, die alle auf ein Signal hin einen der anwesenden Cowboys (sich selbst nicht ausgenommen) erschießen. Dabei soll nicht ausgeschlossen sein, daß einige Cowboys durchsiebt, d.h. mehrfach erschossen werden. Bezeichnen wir die Wahrscheinlichkeit, daß der Cowboy i den Cowboy j erledigt, mit $a_{i,j}$, so gibt $\mathrm{per}((a_{i,j}))$ die Wahrscheinlichkeit an, daß kein Cowboy die Ballerei überlebt.

In dieser Western-Geschichte ist $(a_{i,j})$ eine *stochastische Matrix*, d.h. für alle $i \in Z_v$ gilt

$$\sum_{j=1}^{v} a_{i,j} = 1$$

(denn jeder Cowboy erschießt genau einen Cowboy) und

$$a_{i,j} \geq 0 \quad \text{für alle } i,j \in Z_v.$$

Stochastische Matrizen spielen in der Wahrscheinlichkeitstheorie im Zusammenhang mit MARKOFFschen Ketten eine bedeutende Rolle.

Kapitel 4. Partitionen von Mengen

4.1 Die STIRLING-Zahlen 2. Art

Es sei P eine v-Menge. Mit $S(v,k)$ bezeichnen wir für $v\in\mathbb{N}$ und $k\in\mathbb{N}_o$ die Anzahl aller k-Partitionen von P, also die Anzahl der Äquivalenzrelationen auf P mit genau k Äquivalenzklassen. Wir setzen $S(0,0):=1$ und $S(0,k):=0$ für $k\geq 1$. Die Zahlen $S(v,k)$ heißen *STIRLING-Zahlen 2. Art*.

• (4.1) $$k^v = \sum_{i=o}^{k} \binom{k}{i} i!\,S(v,i) = \sum_{i=o}^{k} (k)_i S(v,i) \quad \text{für } v,k\in\mathbb{N}_o.$$

Beweis. Für $v\geq 1$ ist k^v die Anzahl aller Abbildungen φ von P nach Z_k. Es sei $0\leq i\leq k$, $J\in P_i(Z_k)$ und φ und ψ surjektive Abbildungen von P auf J. Die i-Partitionen $\{\varphi^{-1}(n);\ n\in J\}$ und $\{\psi^{-1}(n);\ n\in J\}$ stimmen genau dann überein, wenn es eine Permutation $\pi\in S_J$ mit $\varphi=\pi\psi$ gibt. Daher ist $i!S(v,i)$ gleich der Anzahl aller Surjektionen von P auf J. Durch Summation über alle i mit $0\leq i\leq k$ und alle i-Teilmengen von Z_k erhalten wir also die Anzahl k^v aller Abbildungen von P nach Z_k und somit das Ergebnis. □

• (4.2) *STIRLINGsche Formel*.

$$S(v,k) = \frac{1}{k!}\cdot\sum_{i=o}^{k} (-1)^{k-i}\binom{k}{i} i^v \quad \text{für } k,v\in\mathbb{N}_o.$$

Beweis. Mit $x_i=i^v$ und $y_i=S(v,i)i!$ folgt aus der binomischen Inversionsformel (1.15) zusammen mit (4.1)

$$S(v,k)k! = \sum_{i=o}^{k} (-1)^{k-i}\binom{k}{i} i^v$$

und damit die Behauptung. □

Aus (4.2) ergibt sich $S(v,1)=1$, $S(v,2)=2^{v-1}-1$, $S(v,3)=\frac{3^{v-1}+1}{2} - 2^{v-1}$ usw. jeweils für $v\geq 1$.

Unter Beachtung von $S(v,v)=1$ folgt aus (4.2) im Fall $k=v$ die Identität (3.32).

Mit (4.2) bestätigt man die Angaben der folgenden Tabelle.

Tabelle 8. STIRLING-Zahlen 2. Art

k \ v	0	1	2	3	4	5	6	7	8	9	10	11	12	13
0	1	0	0	0	0	0	0	0	0	0	0	0	0	0
1	0	1	1	1	1	1	1	1	1	1	1	1	1	1
2	0	0	1	3	7	15	31	63	127	255	511	1023	2047	4095
3	0	0	0	1	6	25	90	301	966	3025	9330	28501	86526	261625
4	0	0	0	0	1	10	65	350	1701	7770	34105	145750	611501	2532530
5	0	0	0	0	0	1	15	140	1050	6951	42525	246730	1379400	7508501
6	0	0	0	0	0	0	1	21	266	2646	22827	179487	1323652	9321312
7	0	0	0	0	0	0	0	1	28	462	5880	63987	627396	5715424
8	0	0	0	0	0	0	0	0	1	36	750	11880	159027	1899612

• (4.3) Satz. Die STIRLING-Zahlen 2. Art genügen für $v \in N_o$ und $k \in N$ der Rekursionsformel

$$S(v+1,k) = S(v,k-1) + k \cdot S(v,k)$$

mit den Anfangsbedingungen $S(v,0)=S(0,k)=0$ für $v,k \in N$ und $S(0,0)=1$.

Beweis. Es sei $1 \leq k \leq v$, P eine $(v+1)$-Menge und $p \in P$. Es gibt $S(v,k-1)$ verschiedene k-Partitionen $\mathcal{B}$ von P mit $\{p\} \in \mathcal{B}$. Die anderen k-Partitionen von P induzieren auf $P \setminus \{p\}$ als Spur ebenfalls eine k-Partition; jeweils k dieser k-Partitionen von P induzieren die gleiche k-Partition von $P \setminus \{p\}$. Dies beweist (4.3). □

• (4.4) Satz. Die STIRLING-Zahlen 2. Art genügen für $v \in N_o$ und $k \in N$ der Rekursionsformel

$$S(v+1,k) = \sum_{i=o}^{v} \binom{v}{i} S(i,k-1)$$

mit den Anfangsbedingungen $S(v,0)=S(0,k)=0$ für $v,k \in N$ und $S(0,0)=1$.

Beweis. Es sei $1<k \leq v$, P eine $(v+1)$-Menge und $p \in P$. Für jedes $i \in \{0,1,2,\ldots,v\}$ und jede der $\binom{v}{i}$ Teilmengen $B \subset P$ mit $p \in B$ und $|B|=v+1-i$ erhalten wir alle $(k-1)$-Partitionen der i-Menge $P \setminus B$ als Spuren der k-Partitionen $\mathcal{B}$ von P mit $B \in \mathcal{B}$. Dies beweist (4.4). □

• (4.5) Satz. Es sei $k\in N_o$. Für die Folge der STIRLING-Zahlen 2. Art $S(v,k)$ ist

$$\sum_{v=o}^{\infty} S(v,k)\cdot\frac{z^v}{v!} = \frac{(\exp(z)-1)^k}{k!}$$

die exponentielle erzeugende Funktion.

Beweis. Nach (4.2) gilt

$$\begin{aligned}\sum_{v=o}^{\infty} S(v,k)\frac{z^v}{v!} &= \frac{1}{k!}\sum_{v=o}^{\infty}\sum_{j=o}^{k}(-1)^{k-j}\binom{k}{j}j^v\cdot\frac{z^v}{v!}\\ &= \frac{1}{k!}\sum_{v=o}^{\infty}\sum_{j=o}^{k}(-1)^{j}\binom{k}{j}(k-j)^v\cdot\frac{z^v}{v!}\\ &= \frac{1}{k!}\sum_{j=o}^{k}(-1)^{j}\binom{k}{j}\sum_{v=o}^{\infty}\frac{((k-j)z)^v}{v!}\\ &= \frac{1}{k!}\sum_{j=o}^{k}\binom{k}{j}(-1)^{j}(\exp(z))^{k-j}\\ &= \frac{(\exp(z)-1)^k}{k!} \qquad \text{nach (1.5).} \quad \square\end{aligned}$$

Während (4.5) erzeugende Funktionen für die Zeilen von Tabelle 8 liefert, gibt der nun folgende Satz erzeugende Funktionen für die Spalten von Tabelle 8 an; der Vorteil einer geschickten Wahl der Polynome f_n in einer erzeugenden Funktion $\sum_{n\in N_o} a_n f_n(z)$ wird dabei demonstriert.

• (4.6) Satz. Es sei $v\in N_o$. Für die Folge der STIRLING-Zahlen 2. Art $S(v,k)$ ist

$$\sum_{k=o}^{\infty} S(v,k)\cdot(z)_k = \sum_{k=o}^{v} S(v,k)\cdot(z)_k = z^v$$

eine erzeugende Funktion.

Beweis. Das Polynom $(z)_k$ nimmt an den Stellen $m\in N_o$ mit $m<k$ den Wert 0 an. Setzen wir nun in das Polynom $f(z):=\sum_{k=o}^{v} S(v,k)\cdot(z)_k$ die Werte $m=0,1,2,\ldots,v$ ein, so erhält man folglich unter Berücksichtigung von (4.1)

$$f(m) = \sum_{k=o}^{v} S(v,k)(m)_k = \sum_{k=o}^{m} S(v,k)(m)_k = m^v \ .$$

Die Polynome z^v und $f(z)$ stimmen also in $v+1$ verschiedenen Argumenten überein; da beide Polynome den gleichen Grad v besitzen, folgt $z^v = f(z)$ und damit die Behauptung. □

4.2 Die BELLschen Exponentialzahlen

Es sei P eine v-Menge und $B(v)$ die Anzahl aller Partitionen von P. Die Zahlen $B(v)$ heißen *BELLsche Exponentialzahlen* (nach E. T. BELL) oder kurz *BELL-* oder *Exponentialzahlen*. Definitionsgemäß gilt

• <u>(4.7)</u> $$B(v) = \sum_{k=o}^{v} S(v,k) = \sum_{k=o}^{\infty} S(v,k) \quad \text{für } v \in N_o. \quad \square$$

• <u>(4.8)</u> <u>Satz</u>. Die BELL-Zahlen genügen der Rekursionsformel

$$B(v+1) = \sum_{k=o}^{v} \binom{v}{k} B(k)$$

mit der Anfangsbedingung $B(0)=1$.

Beweis.
$$\begin{aligned} B(v+1) &= \sum_{i=o}^{v+1} S(v+1,i) = \sum_{i=1}^{v+1} S(v+1,i) \\ &= \sum_{i=1}^{v+1} \sum_{k=o}^{v} \binom{v}{k} S(k,i-1) \qquad \text{nach (4.4)} \\ &= \sum_{k=o}^{v} \binom{v}{k} \sum_{i=1}^{v+1} S(k,i-1) = \sum_{k=o}^{v} \binom{v}{k} B(k) \ . \end{aligned}$$ □

• <u>(4.9)</u> <u>Satz</u>. Für die Folge der BELL-Zahlen $B(v)$ ist

$$\sum_{v=o}^{\infty} B(v) \cdot \frac{z^v}{v!} = \exp(\exp(z)-1)$$

die exponentielle erzeugende Funktion.

Beweis. Nach (4.7) und (4.5) erhält man

$$\sum_{v=0}^{\infty} B(v)\frac{z^v}{v!} = \sum_{v=0}^{\infty}\sum_{k=0}^{v} S(v,k)\frac{z^v}{v!}$$
$$= \sum_{k=0}^{\infty}\sum_{v=0}^{\infty} S(v,k)\frac{z^v}{v!}$$
$$= \sum_{k=0}^{\infty} \frac{(\exp(z)-1)^k}{k!} = \exp(\exp(z)-1). \quad \square$$

Tabelle 9. BELLsche Exponentialzahlen

v	0	1	2	3	4	5	6	7	8	9	1o	11	12
B(v)	1	1	2	5	15	52	2o3	877	414o	21147	115975	67857o	4213597

Nach G. DOBIŃSKI [1] lassen sich die BELL-Zahlen als Grenzwert einer konvergenten Reihe darstellen:

• <u>(4.1o)</u> <u>Satz</u>. Für $v \in \mathbb{N}$ gilt

$$B(v) = \exp(-1)\cdot\sum_{k=0}^{\infty}\frac{k^v}{k!}$$

Beweis. Nach (4.9) gilt

$$\sum_{v=0}^{\infty} B(v)\frac{z^v}{v!} = \exp(\exp(z)-1) = \exp(-1)\cdot\exp(\exp(z))$$
$$= \exp(-1)\sum_{k=0}^{\infty}\frac{(\exp(z))^k}{k!}$$
$$= \exp(-1)\sum_{k=0}^{\infty}\frac{\exp(zk)}{k!}$$
$$= \exp(-1)\sum_{k=0}^{\infty}\sum_{v=0}^{\infty}\frac{z^v k^v}{k!v!}$$
$$= \sum_{v=0}^{\infty}\exp(-1)\sum_{k=0}^{\infty}\frac{k^v}{k!}\cdot\frac{z^v}{v!} .$$

Der Koeffizientenvergleich zwischen dem ersten und dem letzten Ausdruck dieser Gleichung liefert das Ergebnis. □

---

[1] *Summierung der Reihe* $\Sigma n^m/n!$ *für* m=1,2,3,4,5,..., Archiv für Math. und Physik <u>61</u> (1877) 333-336.

• (4.11) Satz. (R. MERRIS, S. PIERCE [2]) Es seien $k,v \in N$ mit $k \le v$, P eine v-Menge, Γ eine k-fach transitive Permutationsgruppe von P und $\chi: \Gamma \longrightarrow Z$ ihr Permutationscharakter.

Dann gilt $|\Gamma|^{-1} \sum_{\gamma\in\Gamma} (\chi(\gamma))^i = B(i)$ für alle $i \in Z_k$.

Beweis. Für $k=1$ ist P die einzige Bahn von Γ; aus (2.16) folgt daher

$$\sum_{\gamma\in\Gamma} (\chi(\gamma))^1 = 1\cdot|\Gamma| = B(1)|\Gamma|.$$

Wir setzen nun voraus, (4.11) sei für $k \ge 1$ bewiesen und Γ operiere auf P $(k+1)$-fach transitiv.
Für eine Permutation γ aus dem Stabilisator Γ_x eines Elements $x \in P$ ist $\chi_x(\gamma) := \chi(\gamma)-1$ die Anzahl der Fixpunkte von γ in $P\setminus\{x\}$. Damit gilt

$$\sum_{\gamma\in\Gamma} (\chi(\gamma))^{k+1} = |\{(x_1,x_2,\dots,x_{k+1},\gamma) \in (\mathop{\times}_{j=1}^{k+1} P)\times\Gamma;\ \gamma \in \bigcap_{j=1}^{k+1} \Gamma_{x_j}\}|$$

$$= \sum_{x\in P} \sum_{\gamma\in\Gamma_x} (\chi(\gamma))^k$$

$$= \sum_{x\in P} \sum_{\gamma\in\Gamma_x} (\chi_x(\gamma)+1)^k$$

$$= \sum_{x\in P} \sum_{\gamma\in\Gamma_x} \sum_{i=0}^{k} \binom{k}{i} (\chi_x(\gamma))^{k-i} \qquad \text{nach (1.6)}$$

$$= \sum_{x\in P} \sum_{i=0}^{k} \binom{k}{i} \sum_{\gamma\in\Gamma_x} (\chi_x(\gamma))^{k-i} =: A.$$

Weil Γ_x für $1 \le m \le k$ als Standuntergruppe von Γ m-fach transitiv auf $P\setminus\{x\}$ operiert, schließen wir mit der Induktionsannehme folgendermaßen weiter:

$$A = \sum_{x\in P} \left(\sum_{i=0}^{k-1} \binom{k}{i} B(k-i)|\Gamma_x| + |\Gamma_x| \right)$$

$$= \sum_{x\in P} \left(\sum_{i=0}^{k-1} \binom{k}{i} B(k-i)|\Gamma_x| + B(0)|\Gamma_x| \right)$$

[2] *The Bell Numbers and r-fold Transitivity*, J. Comb. Theory (A) 12 (1971) 155-157. H. O. FOULKES erzielte dasselbe Ergebnis früher: *Group Transitivity and a Multiplicative Function of a Partition*, J. Comb. Theory 9 (1970) 261-266.

$$= \sum_{x\in P} \sum_{i=o}^{k} \binom{k}{k-i} B(k-i)|\Gamma_x|$$

$$= \sum_{x\in P} \sum_{i=o}^{k} \binom{k}{i} B(i)|\Gamma_x|$$

$$= \sum_{x\in P} B(k+1)|\Gamma_x| \qquad \text{nach (4.8)}$$

$$= B(k+1) \sum_{x\in P} |\Gamma_x|$$

$$= B(k+1)|\Gamma| \qquad \text{nach (2.15)}$$

Da Γ für $i\leq k$ auch i-fach transitiv operiert, folgt die Behauptung. □

Diese Aussage (4.11) ist natürlich nicht auf k-fach transitive Permutationsmengen übertragbar; vergleiche jedoch (2.17).

Kapitel 5. Zyklen von Permutationen

5.1 Die STIRLING-Zahlen 1. Art

Es sei P eine v-Menge und $k \in \mathbb{N}_0$. Mit $s(v,k)$ bezeichnen wir die Anzahl der Permutationen aus S_P, die in k Zyklen zerfallen, oder anders ausgedrückt, deren Bahnen eine k-Partition von P bilden. Die Zahlen $s(v,k)$ heißen *vorzeichenlose* oder *absolute STIRLING-Zahlen 1. Art*.

• (5.1) Satz. Die vorzeichenlosen STIRLING-Zahlen $s(v,k)$ genügen für $k \in \mathbb{N}$ der Rekursionsformel

$$s(v+1,k) = s(v,k-1) + v \cdot s(v,k)$$

mit den Anfangsbedingungen $s(v,0)=s(0,k)=0$ für $v,k \in \mathbb{N}$ und $s(0,0)=1$.

Beweis. Offensichtlich erfüllen die STIRLING-Zahlen 1. Art die genannten Anfangsbedingungen. Es sei daher $v \geq 0$ und $k \geq 1$. Dann gibt es definitionsgemäß genau $s(v,k-1)$ Permutationen $\varphi \in S_{v+1}$ mit $\varphi(v+1)=v+1$, die in k Zyklen zerfallen. Ist nun $\psi \in S_v$ eine Permutation mit k Bahnen, so hat für $i \in Z_v$ die durch

$$\psi_i(j) := \psi(j) \quad \text{für } j \in Z_v \setminus \{i\}$$

$$\psi_i(i) := v+1$$

$$\psi_i(v+1) := \psi(i)$$

bestimmte Permutation $\psi_i \in S_{v+1}$ ebenfalls genau k Bahnen und es gilt $\psi_i \neq \psi_m$ für $i \neq m$. Demnach erhält man zu jeder der $s(v,k)$ Permutationen aus S_v, die in k Zyklen zerfallen, genau v Permutationen aus S_{v+1}, die auch in k Zyklen zerfallen, und für die $v+1$ kein Fixpunkt ist. Da sich auch jede Permutation aus S_{v+1}, für die $v+1$ kein Fixpunkt ist, so gewinnen läßt, folgt die genannte Rekursionsformel. □

Als *STIRLING-Zahlen 1. Art* werden die Zahlen

$$s(v,k) := (-1)^{v+k}\cdot \mathfrak{s}(v,k)$$

bezeichnet. Aus (5.1) folgt unmittelbar:

• <u>(5.2)</u> <u>Satz</u>. Die STIRLING-Zahlen 1. Art $s(v,k)$ genügen für $k\in\mathbb{N}$ der Rekursionsformel

$$s(v+1,k) = s(v,k-1) - v\cdot s(v,k)$$

mit den Anfangsbedingungen $s(v,0)=s(0,k)=0$ für $v,k\in\mathbb{N}$ und $s(0,0)=1$. □

Für $v\in\mathbb{N}_0$ wurde in (1.9) das Polynom $(z)_v$ definiert. Nun gilt:

• <u>(5.3)</u> <u>Satz</u>. Es sei $v\in\mathbb{N}_0$. Für die Folge der STIRLING-Zahlen 1. Art $s(v,k)$ ist

$$\sum_{k=0}^{\infty} s(v,k)\cdot z^k = \sum_{k=0}^{v} s(v,k)\cdot z^k = (z)_v$$

die gewöhnliche erzeugende Funktion.

Beweis. Für $v=0$ ist die Behauptung wegen $(z)_0\equiv 1$ offensichtlich richtig. Nun sei $v\in\mathbb{N}$. Bezeichnen wir den k-ten Koeffizienten des Polynoms $(z)_v$ mit $s'(v,k)$, so gilt wegen $s'(v+1,0)=s'(v,0)=0$ nun

$$\begin{aligned}\sum_{k=1}^{\infty} s'(v+1,k)z^k &= (z)_{v+1}\\ &= (z-v)(z)_v\\ &= (z-v)\cdot\sum_{k=1}^{\infty} s'(v,k)z^k\\ &= \sum_{k=1}^{\infty} s'(v,k)z^{k+1} - \sum_{k=1}^{\infty} v\cdot s'(v,k)z^k\\ &= \sum_{k=2}^{\infty} s'(v,k-1)z^k - \sum_{k=1}^{\infty} v\cdot s'(v,k)z^k\\ &= \sum_{k=1}^{\infty} (s'(v,k-1) - v\cdot s'(v,k))z^k .\end{aligned}$$

Durch Koeffizientenvergleich zeigt sich, daß die Zahlen $s(v,k)$ und $s'(v,k)$ der gleichen Rekursionsformel genügen. Da auch die Anfangsbedingungen aus (5.2) für die Zahlen $s'(v,k)$ erfüllt sind, gilt $s'(v,k)=s(v,k)$ und es folgt die Behauptung. □

• <u>(5.4)</u> <u>Satz</u>. Für $v \in N_0$ gilt

$$\sum_{k=0}^{\infty} s(v,k) \cdot v^k = \sum_{k=0}^{\infty} \mathscr{s}(v,k) = v!$$

Beweis. Setzen wir in (5.3) $z:=v$, so erhalten wir wegen

$$(v)_v = v! = |S_v| = \sum_{k=0}^{\infty} \mathscr{s}(v,k)$$

die Behauptung. □

Als Übung wird dem Leser der Beweis der folgenden Identitäten anempfohlen:

• <u>(5.5)</u> $s(v,v) = 1$ für alle $v \in N_0$. □

• <u>(5.6)</u> $s(v,v-1) = -\binom{v}{2}$ für alle $v \in N$. □

• <u>(5.7)</u> $\mathscr{s}(v,1) = (v-1)!$ für alle $v \in N$. □

• <u>(5.8)</u> $\sum_{k=0}^{\infty} \mathscr{s}(v,k) z^k = (-1)^v (-z)_v$ für alle $v \in N_0$. □

Tabelle 10. STIRLING-Zahlen 1. Art $s(v,k)$

k \ v	0	1	2	3	4	5	6	7	8	9	10
0	1	0	0	0	0	0	0	0	0	0	0
1	0	1	-1	2	-6	24	-120	720	-5040	40320	-362880
2	0	0	1	-3	11	-50	274	-1764	13068	-109584	1026576
3	0	0	0	1	-6	35	-225	1624	-13132	118124	-1172700
4	0	0	0	0	1	-10	85	-735	6769	-67284	723680
5	0	0	0	0	0	1	-15	175	-1960	22449	-269325
6	0	0	0	0	0	0	1	-21	322	-4536	63273
7	0	0	0	0	0	0	0	1	-28	546	-9450
8	0	0	0	0	0	0	0	0	1	-36	870
9	0	0	0	0	0	0	0	0	0	1	-45

Nach (4.6), (5.3) und (1.27) bilden die STIRLING-Zahlen erster und zweiter Art $s(v,k)$ und $S(v,k)$ ein inverses Paar. Insbesondere gilt damit die

• (5.9) *STIRLINGsche Inversionsformel*.

$$\sum_{i=k}^{v} s(v,i)\cdot S(i,k) = \sum_{i=o}^{v} s(v,i)\cdot S(i,k) = \delta_{v,k}. \quad \square$$

5.2 Zyklenzeiger von Permutationsgruppen

Es sei P eine v-Menge und $\Gamma < S_P$ eine Permutationsgruppe. Ist $\gamma \in \Gamma$ gegeben, so bezeichnen wir mit $\lambda_i(\gamma)$ die Anzahl der Bahnen der Länge i von γ für $i \in \mathbb{N}$; es ist also γ eine Permutation vom Typ $(1\lambda_1(\gamma)+2\lambda_2(\gamma)+\ldots+v\lambda_v(\gamma))$.

• (5.1o) Unter dem *Zyklenzeiger von* Γ verstehen wir das Polynom

$$Z(\Gamma) = Z(\Gamma;z_1,z_2,\ldots,z_v) := |\Gamma|^{-1}\cdot\sum_{\gamma\in\Gamma} \prod^{v} z_i^{\lambda_i(\gamma)}\cdot$$

aus $\mathbb{Z}[z_1,z_2,\ldots,z_v]$.

Bezeichnen wir mit $h(\Gamma;\lambda_1,\lambda_2,\ldots,\lambda_v)$ die Anzahl aller Permutationen $\gamma\in\Gamma$ vom Zykeltyp $(1\lambda_1+2\lambda_2+\ldots+v\lambda_v)$, so folgt:

• (5.11) Satz. Es gilt

$$\begin{aligned} Z(\Gamma) &= Z(\Gamma;z_1,z_2,\ldots,z_v) \\ &= |\Gamma|^{-1}\cdot\sum_{1\lambda_1+2\lambda_2+\ldots+v\lambda_v=v} h(\Gamma;\lambda_1,\lambda_2,\ldots,\lambda_v)\cdot\prod_{i=1}^{v} z_i^{\lambda_i} \\ &= |\Gamma|^{-1}\cdot\sum_{\lambda_1,\lambda_2,\ldots,\lambda_v=o}^{\infty} h(\Gamma;\lambda_1,\lambda_2,\ldots,\lambda_v)\cdot\prod_{i=1}^{v} z_i^{\lambda_i}\ . \end{aligned}$$

Beweis. Die Behauptung ergibt sich unmittelbar, wenn man beachtet, daß $h(\Gamma;\lambda_1,\lambda_2,\ldots,\lambda_v)$ jedenfalls dann gleich Null ist, wenn $1\lambda_1+2\lambda_2+\ldots+v\lambda_v \neq v$ gilt. $\square$

In (5.11) ist der Zyklenzeiger von Γ als die gewöhnliche erzeugende Funktion der v-fachen Folge $(h(\Gamma;\lambda_1,\ldots,\lambda_v))_{\lambda_i\in\mathbb{N}_o}$ dargestellt.

• <u>(5.12)</u> <u>Satz</u>. Für $v \in N$ gibt es in S_v genau $s(v,1)=(v-1)!$ Permutationen, die aus genau einem Zykel der Länge v bestehen, d.h.

$$h(S_v;0,0,\ldots,0,1) = (v-1)! . \quad \square$$

Nach (1.18) gibt es genau

$$v!\cdot\left(\prod_{i=1}^{v} (i!)^{\lambda_i}\cdot\lambda_i!\right)^{-1}$$

Partitionen der v-Menge P vom Typ $(1\lambda_1+2\lambda_2+\ldots+v\lambda_v)$. Die symmetrische Gruppe jeder der λ_i Äquivalenzklassen mit i Elementen enthält nach (5.12) genau $(i-1)!$ Permutationen, die diese Äquivalenzklasse als einzige Bahn besitzen. Wegen

$$\frac{(i-1)!^{\lambda_i}}{i!^{\lambda_i}} = \frac{1}{i^{\lambda_i}}$$

für $i \in Z_v$ erhält man:

• <u>(5.13)</u> <u>Satz</u>. Gilt $\lambda_1+2\lambda_2+\ldots+v\lambda_v=v$ mit $\lambda_1,\ldots,\lambda_v \in N_0$, so ist

$$h(S_v;\lambda_1,\lambda_2,\ldots,\lambda_v) = v!\cdot\left(\prod_{i=1}^{v} \lambda_i!\cdot i^{\lambda_i}\right)^{-1} . \quad \square$$

• <u>(5.14)</u> <u>Satz</u>. Für $\Gamma < S_P$ mit $|P|=v$ gilt

$$h(\Gamma;v,0,0,\ldots,0) = 1 ;$$

es ist

$$Z(\{id_P\}) = z_1^{\,v}$$

der Zyklenzeiger der trivialen Permutationsgruppe $\{id_P\}$. □

Mit Hilfe von (5.13) folgt:

• <u>(5.15)</u> <u>Satz</u>. Ist P eine v-Menge, so ist

$$\begin{aligned} Z(S_P) &= Z(S_P;z_1,z_2,\ldots,z_v) \\ &= \sum_{1\lambda_1+2\lambda_2+\ldots+v\lambda_v=v} \prod_{i=1}^{v} (\lambda_i!\cdot i^{\lambda_i})^{-1}\cdot z_i^{\lambda_i} \end{aligned}$$

der Zyklenzeiger der symmetrischen Gruppe. □

Da jede der $v!$ Permutationen aus S_P von einem gewissen Typ ist, folgt

$$\sum_{\lambda_1,\lambda_2,\ldots,\lambda_v=0}^{\infty} h(S_P;\lambda_1,\lambda_2,\ldots,\lambda_v) = v!\ .$$

Setzen wir $z_i:=1$ für alle $i\in Z_v$ in (5.15), so folgt also

• (5.16) $\quad Z(S_P;1,1,\ldots,1) = 1.$ □

Wir berechnen nun für weitere Permutationsgruppen den Zyklenzeiger.

• (5.17) Satz. Ist P eine v-Menge mit $v=m+e$ und $m\in 2Z$ sowie $e\in\{0,1\}$, so ist

$$Z(A_P) = Z(A_P;z_1,z_2,\ldots,z_v)$$

$$= \sum_{\lambda_1+2\lambda_2+\ldots+v\lambda_v=v} (1+(-1)^{\lambda_2+\lambda_4+\ldots+\lambda_m})\cdot\prod_{i=1}^{v}(\lambda_i!\cdot i^{\lambda_i})^{-1}\cdot z_i^{\lambda_i}$$

der Zyklenzeiger der alternierenden Gruppe A_P.

Beweis. Die Gruppe A_P besteht aus den $\frac{v!}{2}$ geraden Permutationen von S_P. Eine Permutation $\gamma\in S_P$ vom Zykeltyp $(1\lambda_1+2\lambda_2+\ldots+v\lambda_v)$ ist genau dann ungerade, wenn die Anzahl $\lambda_2+\lambda_4+\ldots+\lambda_m$ ihrer Zyklen gerader Länge ungerade ist, wenn also

$$1+(-1)^{\lambda_2+\lambda_4+\ldots+\lambda_m} = 0$$

gilt. Aus (5.15) folgt daher die Behauptung. □

Nun sei G eine (multiplikativ geschriebene) abstrakte Gruppe der Ordnung v und $\Gamma<S_G$ deren linksreguläre Darstellung als Permutationsgruppe vom Grad v (vgl. Abschnitt 2.2). Da jede Permutation $\gamma\in\Gamma$ in $|\langle\gamma\rangle|^{-1}\cdot v$ Zyklen der Länge $|\langle\gamma\rangle|$ zerfällt, ist für eine Permutation $\gamma\in\Gamma$ vom Typ $(1\lambda_1+2\lambda_2+\ldots+v\lambda_v)$ der Wert $h(\Gamma;\lambda_1,\lambda_2,\ldots,\lambda_v)$ höchstens dann von Null verschieden, wenn $\lambda_t=\frac{v}{t}$ für ein $t\in Z_v$ gilt. (Dieses t ist ein eindeutig bestimmter Teiler von v und alle anderen λ_i sind Null.) Mit der Bezeichnung $h(\Gamma;t):=h(\Gamma;0,\ldots,0,\lambda_t,0,\ldots,0)=|\{\gamma\in\Gamma;\ |\langle\gamma\rangle|=t\}|$ folgt daher:

• (5.18) Satz. Ist G eine Gruppe der Ordnung v und $\Gamma < S_G$ deren linksreguläre Darstellung, so ist

$$Z(\Gamma;z_1,z_2,\ldots,z_v) = \frac{1}{v}\sum_{t|v} h(\Gamma;t)z_t^{\frac{v}{t}}$$

der Zyklenzeiger von Γ. □

Die zyklische Gruppe $\mathcal{Z}_v$ der Ordnung v operiert in ihrer linksregulären Darstellung Γ so, daß $h(\Gamma;t)=\varphi(t)$ gilt, wenn t Teiler von v ist, denn zu jedem Teiler t von v gibt es in $\mathcal{Z}_v$ genau eine Untergruppe der Ordnung t, nämlich die zyklische Gruppe $\mathcal{Z}_t$; diese besitzt gerade $\varphi(t)$ erzeugende Elemente. (Mit φ wird die EULERsche Funktion aus Abschnitt 3.2 bezeichnet.) Damit gilt:

• (5.19) Satz. Es ist

$$Z(\mathcal{Z}_v) = Z(\mathcal{Z}_v;z_1,z_2,\ldots,z_v) = \frac{1}{v}\sum_{t|v} \varphi(t)z_t^{\frac{v}{t}}$$

der Zyklenzeiger der zyklischen Gruppe $\mathcal{Z}_v$ in ihrer linksregulären Darstellung. □

Die *Diedergruppe* $\mathcal{D}_v$ hat die Ordnung $2v$ und operiert als Gruppe aller derjenigen Bewegungen eines regelmäßigen v-Ecks, die dieses v-Eck invariant lassen, auf dessen Eckpunkten. Die Untergruppe der Drehungen eines v-Ecks ist isomorph zur zyklischen Gruppe $\mathcal{Z}_v$ in ihrer linksregulären Darstellung. Ist $v\equiv 1(\mathrm{mod}\ 2)$, so zerfallen die v Spiegelungen in jeweils einen Zyklus der Länge 1 und $\frac{v-1}{2}$ Zyklen der Länge 2. Ist $v\equiv 0(\mathrm{mod}\ 2)$, so gibt es $\frac{v}{2}$ Spiegelungen, die in jeweils $\frac{v}{2}$ Zyklen der Länge 2 zerfallen, und $\frac{v}{2}$ Spiegelungen, die 2 Fixpunkte und $\frac{v-2}{2}$ Bahnen der Länge 2 besitzen. Es gilt:

• (5.2o) Satz. Ist $v\equiv 1(\mathrm{mod}\ 2)$, so ist

$$Z(\mathcal{D}_v;z_1,z_2,\ldots,z_v) = \frac{1}{2}\cdot z_1 z_2^{\frac{v-1}{2}} + \frac{1}{2v}\sum_{t|v} \varphi(t)z_t^{\frac{v}{t}}$$

der Zyklenzeiger der oben angegebenen (natürlichen) Darstellung der Diedergruppe $\mathcal{D}_v$. □

• <u>(5.21)</u> <u>Satz</u>. Ist $v \equiv 0 (\mathrm{mod}\ 2)$, so ist

$$Z(\mathcal{D}_v; z_1, z_2, \ldots, z_v) = \frac{1}{4}\left(z_2^{\frac{v}{2}} + z_1^2 \cdot z_2^{\frac{v-2}{2}}\right) + \frac{1}{2v} \sum_{t|v} \varphi(t) z_t^{\frac{v}{t}}$$

der Zyklenzeiger der oben angegebenen Darstellung der Diedergruppe $\mathcal{D}_v$. □

Im folgenden sei G die *Oktaedergruppe (Würfelgruppe)*, d.h. die Gruppe aller eigentlichen Bewegungen eines Würfels. Diese Gruppe besteht aus

a) der Identität,

b) 3 Drehungen um 180° um die Verbindungsgeraden der Mittelpunkte gegenüberliegender Seiten eines Würfels,

c) 6 Drehungen um $\pm 90^\circ$ um die Verbindungsgeraden der Mittelpunkte gegenüberliegender Seiten eines Würfels,

d) 6 Drehungen um 180° um die Verbindungsgeraden der Mittelpunkte gegenüberliegender Kanten eines Würfels und aus

e) 8 Drehungen um $\pm 120^\circ$ um die Raumdiagonalen eines Würfels.

Überlegt man sich nun anhand dieser Aufgliederung, wie die Elemente aus G auf den Raumdiagonalen, den Seiten, den Eckpunkten bzw. den Kanten eines Würfels operiert, so folgt:

• <u>(5.22)</u> <u>Satz</u>. Die Darstellung der Oktaedergruppe G als Permutationsgruppe der 4 Raumdiagonalen eines Würfels ist treu und besitzt

$$\frac{1}{24}(z_1^4 + 3z_2^2 + 6z_4 + 6z_1^2 z_2 + 8z_1 z_3)$$

als Zyklenzeiger. (In diesem Fall ist G als S_4 dargestellt.) □

• <u>(5.23)</u> <u>Satz</u>. Die Darstellung der Oktaedergruppe G als Permutationsgruppe der 6 Seiten eines Würfels ist treu und besitzt

$$\frac{1}{24}(z_1^6 + 3z_1^2 z_2^2 + 6z_1^2 z_4 + 6z_2^3 + 8z_3^2)$$

als Zyklenzeiger. □

• (5.24) Satz. Die Darstellung der Oktaedergruppe G als Permutationsgruppe der 8 Eckpunkte eines Würfels ist treu und besitzt

$$\frac{1}{24}(z_1^8 + 9z_2^4 + 6z_4^2 + 8z_1^2z_3^2)$$

als Zyklenzeiger. □

• (5.25) Satz. Die Darstellung der Oktaedergruppe G als Permutationsgruppe der 12 Kanten eines Würfels ist treu und besitzt

$$\frac{1}{24}(z_1^{12} + 3z_2^6 + 6z_4^3 + 6z_1^2z_2^5 + 8z_3^4)$$

als Zyklenzeiger. □

Da die Mittelpunkte der Seiten eines Würfels die Eckpunkte eines Oktaeders sind, liefert (5.23) auch den Zyklenzeiger von G, dargestellt als Permutationsgruppe der Ecken eines Oktaeders. Da umgekehrt die Mittelpunkte der Seiten eines Oktaeders die Eckpunkte eines Würfels bilden, liefert (5.24) auch den Zyklenzeiger von G, dargestellt als Permutationsgruppe der Seiten eines Oktaeders.

Folgender Satz, dessen einfacher Beweis dem Leser überlassen sei, hilft zuweilen bei der Berechnung des Zyklenzeigers:

• (5.26) Satz. Es seien $\Gamma_1 < S_{P_1}$ und $\Gamma_2 < S_{P_2}$ zwei Permutationsgruppen mit $P_1 \cap P_2 = \emptyset$, sowie $|P_1| = v_1$ und $|P_2| = v_2$. Für die auf $P_1 \cup P_2$ operierende direkte Summe $\Gamma_1 \oplus \Gamma_2$ ist

$$\begin{aligned} Z(\Gamma_1 \oplus \Gamma_2) &= Z(\Gamma_1 \oplus \Gamma_2; z_1, z_2, \ldots, z_{v_1+v_2}) \\ &= Z(\Gamma_1; z_1, z_2, \ldots, z_{v_1}) \cdot Z(\Gamma_2; z_1, z_2, \ldots, z_{v_2}) = Z(\Gamma_1) \cdot Z(\Gamma_2) \end{aligned}$$

der Zyklenzeiger. □

Kapitel 6. Partitionen natürlicher Zahlen

In (1.18) haben wir die Partitionen einer v-Menge P vom Typ $(1\lambda_1+2\lambda_2+\ldots+v\lambda_v)$ gezählt. In diesem Kapitel bestimmen wir die Anzahl gewisser Typen von Partitionen einer v-Menge.

Unter einer *Partition* oder *Zerlegung einer natürlichen Zahl* v verstehen wir eine Darstellung von v als Summe von Zahlen aus Z_v. Treten in einer Zerlegung einer natürlichen Zahl v die Zahlen $i \in Z_v$ jeweils genau λ_i-mal als Summanden auf, so bezeichnen wir diese Zerlegung mit $(v=1\lambda_1+2\lambda_2+\ldots+v\lambda_v)$ oder mit $(v=\beta_1+\beta_2+\ldots+\beta_k)$, wobei $\beta_1,\beta_2,\ldots,\beta_k$ die der Größe nach sortierten Summanden der Zerlegung sind.

Wir schreiben beispielsweise für die Partition $(7=1\cdot 4+2\cdot 0+3\cdot 1+4\cdot 0+5\cdot 0+6\cdot 0+7\cdot 0)$ auch $(7=1+1+1+1+3)$. In explizit angegebenen Zerlegungen lassen wir selbstverständlich die Terme $i\lambda_i$ mit $\lambda_i=0$ fort; in unserem Beispiel schreiben wir also auch kurz $(7=1\cdot 4+3\cdot 1)$.

Die Summanden β_j einer Partition $(v=\beta_1+\beta_2+\ldots+\beta_k)$ heißen auch *Teile der Partition*.

Die Anzahl der Partitionen einer natürlichen Zahl v in genau k Teile bezeichnen wir mit $P(v,k)$. Darüber hinaus setzen wir $P(0,0):=1$ und $P(0,k):=0$ für $k>0$. Trivialerweise gilt nun $P(v,k)=0$ für alle $v,k \in N_o$ mit $v<k$ und $P(v,1)=P(v,v)=1$ für alle $v \in N$.

Mit $P(v)$ bezeichnen wir die Anzahl aller Partitionen einer Zahl $v \in N_o$. Damit folgt:

• (6.1) Satz. Für die Anzahl $P(v)$ aller Partitionen von $v \in N_o$ gilt

$$P(v) = \sum_{k=o}^{v} P(v,k) = \sum_{k=o}^{\infty} P(v,k). \quad \square$$

Die erzeugenden Funktionen für die Zahlen $P(v,k)$, $P(v)$ und andere finden sich im nächsten Abschnitt.

6.1 ERZEUGENDE FUNKTIONEN VON PARTITIONEN

• (6.2) Satz. Für die Doppelfolge der Zahlen $P(v,k)$ ist

$$\sum_{v=0}^{\infty}\sum_{k=0}^{\infty} P(v,k)w^k z^v = \prod_{i=1}^{\infty}\frac{1}{1-wz^i}$$

die gewöhnliche erzeugende Funktion.

Beweis. Der i-te Faktor $\frac{1}{1-wz^i}$ in $\prod_{i=1}^{\infty}\frac{1}{1-wz^i}$ ist die geometrische Reihe $\sum_{j=0}^{\infty} w^j z^{ij}$. Somit gilt

$$\begin{aligned}\prod_{i=1}^{\infty}\frac{1}{1-wz^i} = &(1+wz+w^2z^2+w^3z^3+w^4z^4+w^5z^5+\ldots)\cdot\\ &(1+wz^2+w^2z^4+w^3z^6+w^4z^8+w^5z^{10}+\ldots)\cdot\\ &(1+wz^3+w^2z^6+w^3z^9+w^4z^{12}+w^5z^{15}+\ldots)\cdot\\ &(1+wz^4+w^2z^8+w^3z^{12}+w^4z^{16}+w^5z^{20}+\ldots)\cdot\\ &(1+wz^5+w^2z^{10}+w^3z^{15}+w^4z^{20}+w^5z^{25}+\ldots)\cdot\\ &\vdots\end{aligned}$$

Beim Ausmultiplizieren der rechten Seite dieser Identität erhält man eine Potenzreihe $\sum_{k,v=0}^{\infty} \pi_{k,v}\cdot w^k z^v$ in zwei Variablen; der Koeffizient $\pi_{k,v}$ gibt dabei die Anzahl der verschiedenen Möglichkeiten an, den Term $w^k z^v$ als Produkt von Ausdrücken der Form $w^{\lambda_i}z^{i\lambda_i}$ darzustellen, wobei $\lambda_i \in \mathbb{N}$ sowie $v=1\lambda_1+2\lambda_2+\ldots+v\lambda_v$ und $k=\lambda_1+\lambda_2+\ldots+\lambda_v$ gilt. Also gibt $\pi_{k,v}$ gerade die Anzahl der Partitionen von v in genau k Teile an und wir erhalten $\pi_{k,v}=P(v,k)$. □

Mit $\gamma(v,k)$ bezeichnen wir für $v,k\in\mathbb{N}_0$ die Anzahl der Partitionen von v in genau k paarweise verschiedene Teile.

• (6.3) Satz. Für die Doppelfolge der Zahlen $\gamma(v,k)$ ist

$$\prod_{i=1}^{\infty}(1+wz^i) = \sum_{v,k=0}^{\infty}\gamma(v,k)w^k z^v$$

die gewöhnliche erzeugende Funktion.

Beweis. Der Koeffizient von $w^k z^v$ in der Potenzreihenentwicklung von $\prod_{i=1}^{\infty}(1+wz^i)$ gibt gerade die Anzahl der Möglichkeiten an, den Term $w^k z^v$ als Produkt paarweise verschiedener Ausdrücke der Form wz^i darzustellen; er gibt somit die Anzahl der Möglichkeiten an, v als Summe von k paarweise verschiedenen natürlichen Zahlen zu erhalten. □

Setzen wir in (6.3) $w:=-1$, so erhalten wir:

• <u>(6.4)</u> <u>Satz</u>. Der Koeffizient von z^v in der Reihenentwicklung von $\prod_{i=1}^{\infty}(1-z^i)$ ist gleich

$$\sum_{k=o}^{\infty}(\gamma(v,2k)-\gamma(v,2k+1)) = \sum_{k=o}^{v}(\gamma(v,2k)-\gamma(v,2k+1)) ,$$

also gleich der Differenz der Anzahl der Partitionen von v in eine gerade Anzahl von paarweise verschiedenen Teilen und der Anzahl der Partitionen von v in eine ungerade Anzahl von paarweise verschiedenen Teilen. □

In (6.22) werden wir zeigen, daß die in (6.4) angesprochenen Koeffizienten nur den Wert 0, 1 oder -1 annehmen können.

Setzen wir in (6.2) $w:=1$, so erhalten wir nach (6.1):

• <u>(6.5)</u> <u>Satz</u>. Für die Folge der Zahlen $P(v)$ ist

$$\sum_{v=o}^{\infty} P(v)z^v = \sum_{v=o}^{\infty}\sum_{k=o}^{\infty} P(v,k)z^v = \prod_{i=1}^{\infty}\frac{1}{1-z^i}$$

die gewöhnliche erzeugende Funktion. □

Aus (6.5) ergeben sich die erzeugenden Funktionen für die Anzahlen von Partitionen einer natürlichen Zahl v, die gewissen Einschränkungen unterliegen:

• <u>(6.6)</u> <u>Satz</u>. Es sei $m\in\mathbb{N}$. Für die Folge der Anzahlen von Partitionen von $v\in\mathbb{N}_o$, deren Teile nicht größer als m sind, ist

$$\prod_{i=1}^{m}\frac{1}{1-z^i}$$

die gewöhnliche erzeugende Funktion. □

• <u>(6.7)</u> <u>Satz</u>. Es sei $m\in\mathbb{N}$. Für die Folge der Anzahlen von Partitionen von $v\in\mathbb{N}_o$, deren größter Teil gleich m ist, ist

$$z^m \prod_{i=1}^{m} \frac{1}{1-z^i}$$

die gewöhnliche erzeugende Funktion. □

• <u>(6.8)</u> <u>Satz</u>. Für die Folge der Anzahlen von Partitionen von $v\in\mathbb{N}_o$, deren Teile alle ungerade sind, ist

$$\prod_{i=1}^{\infty} \frac{1}{1-z^{2i-1}}$$

die gewöhnliche erzeugende Funktion. □

• <u>(6.9)</u> <u>Satz</u>. Für die Folge der Anzahlen von Partitionen von $v\in\mathbb{N}_o$, deren Teile paarweise verschieden sind, ist

$$\prod_{i=1}^{\infty} (1+z^i)$$

die gewöhnliche erzeugende Funktion. □

Wegen

$$\prod_{i=1}^{\infty} \frac{1}{1-z^{2i-1}} \prod_{i=1}^{\infty} \frac{1-z^{2i}}{1-z^{2i}} = \prod_{i=1}^{\infty} \frac{1-z^{2i}}{1-z^i} = \prod_{i=1}^{\infty} \frac{(1-z^i)(1+z^i)}{1-z^i} = \prod_{i=1}^{\infty} (1+z^i)$$

und (6.8) und (6.9) erhält man:

• <u>(6.1o)</u> <u>Satz</u>. Die Anzahl der Partitionen von $v\in\mathbb{N}_o$ in ungerade Teile ist gleich der Anzahl der Partitionen von v in paarweise verschiedene Teile. □

6.2 FERRERS-Diagramme

Wir charakterisieren und veranschaulichen die Partition $(v=1\lambda_1+2\lambda_2+\ldots+v\lambda_v)$ mit $\lambda_1+\lambda_2+\ldots+\lambda_v=k$, die wir auch mit $(v=\beta_1+\beta_2+\ldots+\beta_k)$ bezeichnen, nach einer von J. J. SYLVESTER erfolgreich benutzten Methode durch ihr sogenanntes *FERRERS-Diagramm*, d.i. ein Diagramm, bestehend aus v Zeichen $\times$ in linksbündig angeordneten Zeilen, wobei die Zeile j gerade β_j Zeichen enthält; wie bisher gelte dabei $\beta_i \le \beta_j$ für $i<j$. Der Partition $(12=1+1+3+3+4)$ ist beispielsweise das FERRERS-Diagramm

```
×
×
× × ×
× × ×
× × × ×
```

zugeordnet.

Spiegeln wir ein FERRERS-Diagramm D an der Südwest-Nordost-Achse durch das südwestlichste Zeichen, so erhalten wir wieder ein FERRERS-Diagramm, das ***zu*** D *konjugierte Diagramm* D^*. Dieses repräsentiert seinerseits genau eine Partition, nämlich die ***zu*** $(v=\beta_1+\beta_2+\ldots+\beta_k)$ *konjugierte Partition* $(v=\beta_1+\beta_2+\ldots+\beta_k)^*$ der gleichen Zahl v. Für das oben angeführte Beispiel gilt dabei

$$(12=1+1+3+3+4)^* = (12=1+3+3+5),$$

wie aus dem konjugierten Diagramm

```
×
× × ×
× × ×
× × × × ×
```

unmittelbar hervorgeht.

Mit dieser Veranschaulichung erhalten wir einen Satz von N. M. FERRERS:

• <u>(6.11)</u> <u>Satz</u>. Die Anzahl $P(v,k)$ der Partitionen einer Zahl $v \in \mathbb{N}$ in genau k Teile ist gleich der Anzahl der Partitionen von v, deren größter Teil gleich k ist. □

Aus (6.7) und (6.11) ergibt sich:

• <u>(6.12)</u> <u>Satz</u>. Es sei $k \in \mathbb{N}_o$. Für die Folge der Zahlen $P(v,k)$ ist

$$\sum_{v=o}^{\infty} P(v,k) z^v = z^k \prod_{i=1}^{k} \frac{1}{1-z^i}$$

die gewöhnliche erzeugende Funktion. □

• <u>(6.13)</u> <u>Satz</u>. Die Zahlen $P(v,k)$ genügen der Rekursionsformel

$$P(v+k,k) = \sum_{i=1}^{k} P(v,i)$$

mit den Anfangsbedingungen $P(v,1)=P(v,v)=1$.

Beweis. Jeder Partition $(v=\beta_1+\beta_2+\ldots+\beta_i)$ von v in $i\leq k$ Teile ordnen wir die Partition

$$(v+k=1+1+\ldots+1+(\beta_1+1)+(\beta_2+1)+\ldots+(\beta_i+1))$$

von $v+k$ in **genau** k Teile zu. Die damit definierte Abbildung von der Menge aller Partitionen von v in höchstens k Teile in die Menge aller Partitionen von $v+k$ in genau k Teile ist bijektiv. Die genannten Anfangsbedingungen sind trivialerweise erfüllt. Damit folgt die Behauptung. □

Mit Hilfe von (6.13) ermittelt man die Werte der folgenden

Tabelle 11. Die Anzahlen $P(v,k)$

k \ v	0	1	2	3	4	5	6	7	8	9	1o	11	12	13	14	15	16	17	18	19	2o	21
0	1	0	0	0	0	0	0	0	0	0	0	0	0	0	0	0	0	0	0	0	0	0
1	0	1	1	1	1	1	1	1	1	1	1	1	1	1	1	1	1	1	1	1	1	1
2	0	0	1	1	2	2	3	3	4	4	5	5	6	6	7	7	8	8	9	9	1o	1o
3	0	0	0	1	1	2	3	4	5	7	8	1o	12	14	16	19	21	24	27	3o	33	37
4	0	0	0	0	1	1	2	3	5	6	9	11	15	18	23	27	34	39	47	54	64	72
5	0	0	0	0	0	1	1	2	3	5	7	1o	13	18	23	3o	37	47	57	7o	84	1o1
6	0	0	0	0	0	0	1	1	2	3	5	7	11	14	2o	26	35	44	58	71	9o	11o
7	0	0	0	0	0	0	0	1	1	2	3	5	7	11	15	21	28	38	49	65	82	1o5
8	0	0	0	0	0	0	0	0	1	1	2	3	5	7	11	15	22	29	4o	52	7o	89

Es sei nun $p(v,k)$ die Anzahl aller Partitionen der natürlichen Zahl v in höchstens k Teile; weiter sei $p(0,k):=1$ für $k\in\mathbb{N}_0$ und $p(v,0):=0$ für $v\in\mathbb{N}$ gesetzt.

• <u>(6.14)</u> <u>Satz</u>. Zwischen den Zahlen $P(v,k)$ und $p(v,k)$ gelten folgende Beziehungen:

$$p(v,k) = \sum_{i=o}^{k} P(v,i)$$

$$P(v,k) = p(v,k)-p(v,k-1) \quad \text{für } k\in\mathbb{N}. \quad \square$$

Nach (6.6) und (6.11) folgt:

• <u>(6.15)</u> <u>Satz</u>. Es sei $k \in N_o$. Für die Folge der Zahlen $p(v,k)$ ist

$$\prod_{i=1}^{k} \frac{1}{1-z^i}$$

die gewöhnliche erzeugende Funktion. □

Aus (6.13) und (6.14) folgt:

• <u>(6.16)</u> <u>Satz</u>. Die Zahlen $p(v,k)$ genügen für $1 \le k \le v$ der Rekursionsformel

$$p(v,k) = p(v,k-1) + p(v-k,k)$$

mit den Anfangsbedingungen $p(0,k)=1$ für $k \in N_o$ und $p(v,0)=0$ für $v \in N$. □

Trivialerweise gilt:

• <u>(6.17)</u> $p(v,k) = P(v)$ für $v \le k$. □

Mit Hilfe von (6.16) und (6.17) bestätigt man die Werte der folgenden

Tabelle 12. Die Anzahlen $p(v,k)$

k \ v	0	1	2	3	4	5	6	7	8	9	1o	11	12	13	14	15	16	17	18
0	1	0	0	0	0	0	0	0	0	0	0	0	0	0	0	0	0	0	0
1	1	1	1	1	1	1	1	1	1	1	1	1	1	1	1	1	1	1	1
2	1	1	2	2	3	3	4	4	5	5	6	6	7	7	8	8	9	9	1o
3	1	1	2	3	4	5	7	8	1o	12	14	16	19	21	24	27	3o	33	37
4	1	1	2	3	5	6	9	11	15	18	23	27	34	39	47	54	64	72	84
5	1	1	2	3	5	7	1o	13	18	23	3o	37	47	57	7o	84	1o1	119	141
6	1	1	2	3	5	7	11	14	2o	26	35	44	58	71	9o	11o	136	163	199
7	1	1	2	3	5	7	11	15	21	28	38	49	65	82	1o5	131	164	2o1	248
8	1	1	2	3	5	7	11	15	22	29	4o	52	7o	89	116	146	186	23o	288
9	1	1	2	3	5	7	11	15	22	3o	41	54	73	94	123	157	2o1	252	318

Eine Partition $(v=\beta_1+\beta_2+\ldots+\beta_k)$ von v mit $(v=\beta_1+\beta_2+\ldots+\beta_k) = (v=\beta_1+\beta_2+\ldots+\beta_k)^*$, die also mit ihrer Konjugierten übereinstimmt, heißt *selbstkonjugiert*. Beispielsweise ist $(3o=7+7+5+4+3+2+2)$ eine selbstkonjugierte Partition, wie aus dem zugehörigen FERRERS-Diagramm

```
× ×
× ×
× × ×
× × × ×
× × × × ×
× × × × × × ×
× × × × × × ×
```

unmittelbar hervorgeht.

In dem zu einer selbstkonjugierten Partition $(v=\beta_1+\beta_2+\ldots+\beta_k)$ gehörigen FERRERS-Diagramm gibt es ein maximales Quadrat mit der Kantenlänge $s\leq\sqrt{v}$; dieses Quadrat wird nach seinem Entdecker *DURFEE-Quadrat* genannt. Entfernen wir dieses DURFEE-Quadrat aus dem FERRERS-Diagramm, so bleiben zwei zueinander konjugierte FERRERS-Diagramme übrig; sie gehören zu Partitionen der Zahl $\frac{1}{2}(v-s^2)$ in höchstens s Teile, die ihrerseits nicht größer als s sind. Im oben angeführten Beispiel bleiben also die beiden FERRERS-Diagramme

```
× ×          ×
× ×          × × ×
× × ×        × × ×
```

übrig.

Wählen wir $v,s\in\mathbb{N}$ mit $s\leq\sqrt{v}$ und $v-s^2\equiv 0 \pmod 2$, so läßt sich umgekehrt jeder Partition von $\frac{1}{2}(v-s^2)$ genau eine selbstkonjugierte Partition von v zuordnen, indem man das FERRERS-Diagramm der Partition von $\frac{1}{2}(v-s^2)$ und das dazu konjugierte Diagramm an ein Quadrat der Seitenlänge s oben bzw. rechts anfügt und somit ein selbstkonjugiertes FERRERS-Diagramm erhält.

Ein FERRERS-Diagramm der Form

```
×
×
.
.
.
×
× × ... × × ,
```

das zur Partition $(v=1\cdot(r-1)+r\cdot 1)$ von $v=2r-1$ gehört, nennen wir *Haken*. Die Mächtigkeit eines Hakens ist also ungerade. Nun läßt sich ein FERRERS-Diagramm einer selbstkonjugierten Partition von v mit einem DURFEE-Quadrat der Kantenlänge s in genau s Haken paarweise verschiedener Größe zerlegen.

Umgekehrt lassen sich s paarweise verschiedene Haken in eindeutiger Weise zu einem selbstkonjugierten FERRERS-Diagramm zusammenfügen, dessen DURFEE-Quadrat die Kantenlänge s besitzt. Das FERRERS-Diagramm unseres Beispiels ($30=7+7+5+4+3+2+2$) setzt sich dabei aus den Folgenden Haken zusammen:

```
x              x
x              x
x              x              x
x              x              x      x
x              x              x x x
x              x x x x x x
x x x x x x x
```

Diese Überlegungen führen zu folgendem Ergebnis:

• <u>(6.18)</u> <u>Satz</u>. Es seien $v,s\in N$ mit $\frac{1}{2}(v-s^2)\in N_o$. Die Anzahl der Partitionen von v in genau s paarweise verschiedene ungerade Teile ist gleich der Anzahl der Partitionen von $\frac{1}{2}(v-s^2)$ in höchstens s Teile und somit gleich der Anzahl der selbstkonjugierten Partitionen von v, deren zugehörige FERRERS-Diagramme ein DURFEE-Quadrat der Kantenlänge s besitzen. □

• <u>(6.19)</u> <u>Satz</u>. Die Anzahl der selbstkonjugierten Partitionen von $v\in N$ ist gleich der Anzahl der Partitionen von v in paarweise verschiedene ungerade Teile. □

Nach (6.15) können wir die in (6.18) beschriebene Anzahl als Koeffizient von $z^{\frac{v-s^2}{2}}$ in der Reihenentwicklung von $\prod_{i=1}^{s}\frac{1}{1-z^i}$ und damit als Koeffizient von z^v in der Reihenentwicklung von $z^{s^2}\cdot\prod_{i=1}^{s}\frac{1}{1-z^{2i}}$ interpretieren. Aus (6.9) und (6.19) folgt daher:

• <u>(6.2o)</u> <u>Satz</u>. Für die Folge der Anzahlen der selbstkonjugierten Partitionen von $v\in N_o$ ist

$$\sum_{s=o}^{\infty} z^{s^2}\cdot\prod_{i=1}^{s}\frac{1}{1-z^{2i}} = 1+\frac{z}{1-z^2}+\frac{z^4}{(1-z^2)(1-z^4)} + \frac{z^9}{(1-z^2)(1-z^4)(1-z^6)}+\ldots$$

die gewöhnliche erzeugende Funktion. □

Nach (6.9), (6.19) und (6.2o) folgt daher aus kombinatorischen Betrachtungen die folgende Identität:

• <u>(6.21)</u>

$$(1+z)(1+z^3)(1+z^5)\ldots = 1+\frac{z}{1-z^2}+\frac{z^4}{(1-z^2)(1-z^4)}+\frac{z^9}{(1-z^2)(1-z^4)(1-z^6)}+\ldots$$

□

L. EULER veröffentlichte anno 176o in St. Petersburg einen Induktionsbeweis für die nachfolgende Identität:

• <u>(6.22)</u>

$$(1-z)(1-z^2)(1-z^3)\ldots = 1+\sum_{s=1}^{\infty}(-1)^s\left(z^{\frac{1}{2}(3s^2+s)}+z^{\frac{1}{2}(3s^2-s)}\right)$$

Dieses Ergebnis von L. EULER ist nach (6.4) äquivalent zu folgender einprägsamer Formulierung von E. NETTO:

• <u>(6.23)</u> <u>Satz</u>. Eine Zahl $v\in N_o$, die nicht von der Form $v=\frac{1}{2}(3s^2+s)$ oder $v=\frac{1}{2}(3s^2-s)$ mit $s\in N_o$ ist, läßt sich auf ebensoviele Arten in eine gerade wie in eine ungerade Anzahl paarweise verschiedener Teile zerlegen. Ist jedoch v von der Form $v=\frac{1}{2}(3s^2\pm s)$, so gibt es von der ersten [zweiten] Art eine Partition mehr als von der zweiten [ersten] Art, wenn s gerade [ungerade] ist.

Beweis. Es genügt den Fall $v\in N$ zu betrachten. Es sei G [bzw. U] die Menge der FERRERS-Diagramme, die zu Partitionen von v in eine gerade [bzw. ungerade] Anzahl paarweise versc iedener Teile gehören. Für jedes Diagramm $D\in G\cup U$ sei $T=T(D)$ die 'nördlichste' Zeile und $A=A(D)$ die sogenannte *Abschrägung von* D, d.i. die Menge der Zeichen × von D, die auf der Nordwest-Südost-Achse durch den östlichsten Punkt der südlchsten Zeile liegen. Folgendes Beispiel diene zur Erläuterung dieser Begriffe:

```
T → × × ×
    × × × ×
    × × × × × × × ⟍ A
    × × × × × × × × ⟋
```

Unter den Diagrammen aus $\mathcal{GU}\mathcal{U}$ mit $|T\cap A|=1$ nennen wir das durch die weitere Bedingung $|T|=|A|$ [bzw. $|T|=|A|+1$] definierte Diagramm ***erstes*** [bzw. ***zweites***] ***Ausnahmediagramm*** und bezeichnen es mit D_1 [bzw. D_2]. Für $s:=|A|$ gilt in beiden Fällen

$$v = s\cdot|T| + \tfrac{1}{2}((s-1)^2+(s-1)) = s\cdot|T| + \tfrac{1}{2}(s^2-s).$$

```
× × × ×            × × × ×
× × × × ×          × × × × ×
× × × × × ×        × × × × × ×
× × × × × × ×

Fall |T|=|A|       Fall |T|=|A|+1
```

Die beiden gezeigten Diagramme kennzeichnen die beiden Situationen. Das Ausnahmediagramm D_1 [bzw. D_2] tritt also nur auf, wenn v von der Form $v=\frac{1}{2}(3s^2-s)$ [bzw. $v=\frac{1}{2}(3s^2+s)$] ist. Nun sei $D\in\mathcal{GU}\mathcal{U}$ kein Ausnahmediagramm. Mit $\zeta(D)$ sei das Diagramm bezeichnet, das aus D entsteht, wenn man

a) im Fall $|T|\le|A|$ die Zeile T entfernt und als neue Abschrägung anfügt,

```
× ×
× × ×                    × × ×
× × × × ×       ζ        × × × × ×
× × × × × ×   ----->     × × × × × × ×
× × × × × × ×            × × × × × × × ×
```

b) im Fall $|T|>|A|$ die Abschrägung A entfernt und als neue Nordzeile anfügt.

```
                           × ×
× × × ×                    × × × ×
× × × × ×          ζ       × × × × ×
× × × × × × ×    ----->    × × × × × ×
× × × × × × × ×            × × × × × × ×
```

Es ist ζ eine involutorische Abbildung von $G \cup U \setminus \{D_1, D_2\}$ und induziert eine Bijektion von $G \setminus \{D_1, D_2\}$ auf $U \setminus \{D_1, D_2\}$.

Für $\{D_1, D_2\} = \emptyset$, also für $v \neq \frac{1}{2}(3s^2 \pm s)$ gilt somit $|G| = |U|$, während im Fall $v = \frac{1}{2}(3s^2 \pm s)$ genau ein Ausnahmediagramm existiert; dieses gehört zu G [bzw. U], wenn s gerade [bzw. ungerade] ist, woraus $|G|-1=|U|$ [bzw. $|G|+1=|U|$] folgt. □

Mit diesem Beweis nach F. FRANKLIN [1] ist also auch wegen (6.4) die Aussage (6.22) bewiesen.

6.3 Perfekte Partitionen

Eine Partition $(v = 1\lambda_1 + 2\lambda_2 + \ldots + v\lambda_v)$ einer Zahl $v \in \mathbb{N}$ heißt *perfekt* oder *vollkommen*, wenn für jede Zahl $r \in Z_v$ genau eine Partition $(r = 1\kappa_1 + 2\kappa_2 + \ldots + r\kappa_r)$ mit $0 \leq \kappa_i \leq \lambda_i$ existiert. Eine Partition von v heißt also perfekt, wenn sich jede Zahl aus Z_v auf genau eine Weise als Summe von Teilen dieser Partition darstellen läßt.

Perfekte Partitionen werden benötigt, wenn man einen gewissen Gewichtsbereich durch einen Satz von Gewichten möglichst rationell erfassen will. Entsprechende ähnliche Anwendungen sind bei Widerstands- oder Sicherungskästen denkbar. Auch das Problem, wieviele Münzen welcher Stückelung man benötigt, um jeden Betrag bis zu einer gewissen Höhe in einfacher Weise passend bereitzuhalten, fällt in diesen Bereich.

Unter einer ***geordneten Faktorisierung einer natürlichen Zahl*** $v > 1$ verstehen wir ein n-Tupel $(p_1, p_2, \ldots, p_n)$ von ganzen Zahlen $p_i > 1$ mit $v = p_1 p_2 \cdots p_n$. Damit können wir den folgenden Satz formulieren:

• (6.24) Satz. Die Anzahl der perfekten Partitionen einer natürlichen Zahl v ist gleich der Anzahl der geordneten Faktorisierungen von $v+1$.

---

[1] *Sur le développement du produit infini $(1-x)(1-x^2)(1-x^3)\ldots$*, Compt. Rend. 92 (1881) 448-450.

Beweis. Eine perfekte Partition $(v=1\lambda_1+2\lambda_2+\ldots+v\lambda_v)$ von v enthält $\lambda_1\geq 1$ Teile der Größe 1, da die Zahl $r=1$ eine eindeutige Darstellung als Summe von Teilen dieser Partition besitzt. Wir setzen $q_1:=\lambda_1+1$.

Da alle Zahlen $r<q_1$ somit eine Darstellung als Summe von Teilen der Größe 1 besitzen und wegen der Vollkommenheit der gegebenen Partition diese Darstellung eindeutig ist, muß folglich der nächstgrößere Teil β_{q_1} gleich q_1 sein. Unsere gegebene Partition enthält $q_2-1:=\lambda_{q_1}\geq 1$ Teile der Größe q_1. Dann aber läßt sich jede Zahl r mit $1\leq r\leq q_1q_2-1$ in eindeutiger Weise als Summe von höchstens q_1-1 Teilen der Größe 1 und höchstens q_2-1 Teilen der Größe q_1 darstellen.

Der nächstgrößere Teil $\beta_{q_1+q_2-1}$ ist also gleich q_1q_2. Er tritt $q_3-1:=\lambda_{q_1q_2}\geq 1$ mal in der gegebenen perfekten Partition von v auf.

Setzen wir dieses Verfahren fort, so erhalten wir, daß die gegebene Partition die Gestalt

$$(v=1(q_1-1)+q_1(q_2-1)+q_1q_2(q_3-1)+\ldots+(q_1q_2\ldots q_{n-1})(q_n-1))$$

hat und somit

$$\begin{aligned} v &= q_1-1+q_1q_2-q_1+q_1q_2q_3-q_1q_2+\ldots+(q_1q_2\ldots q_n-q_1q_2\ldots q_{n-1}) \\ &= q_1q_2\ldots q_n - 1 \end{aligned}$$

gilt.

Umgekehrt entspricht jeder geordneten Faktorisierung $(q_1,q_2,\ldots,q_n)$ von $v+1$ eine durch die Umkehrung des oben beschriebenen Verfahrens gewonnene vollkommene Partition von v, nämlich $(v=1(q_1-1)+q_1(q_2-1)+\ldots+(q_1q_2\ldots q_{n-1})(q_n-1))$.
□

Aus (6.24) folgt unmittelbar:

• <u>(6.25)</u> <u>Satz</u>. Ist $v+1$ eine Primzahl, so gibt es genau eine perfekte Partition von v, nämlich $(v=1+1+\ldots+1)$. □

Aus dem Beweis für (6.24) geht hervor, daß es genauso viele vollkommene Partitionen von v mit genau k Teilen, wie geordnete Faktorisierungen $(q_1,q_2,\ldots,q_k)$ von $v+1$ gibt. Diese Anzahl berechnen wir in Satz (7.13) auf Seite 90.

KAPITEL 7. DIE PÓLYASCHE ABZÄHLUNGSMETHODE

Es sei P eine v-Menge, deren Elemente wir *Objekte*, und F eine k-Menge, deren Elemente wir *Figuren* nennen. Weiterhin seien $\Pi < S_P$ und $\Phi < S_F$ Permutationsgruppen. Die Exponentiationsgruppe Φ^Π ist eine treue Darstellung des (abstrakten) direkten Produkts $\Pi \times \Phi$ und operiert als solche als Permutationsgruppe auf der k^v-Menge F^P der als *Konfigurationen* bezeichneten Abbildungen von P nach F (vgl. Abschnitt 2.2). Die Bahnen von F^P unter Φ^Π werden hier *Schemata* genannt und für $f \in F^P$ mit $[f] := \Phi^\Pi(f)$ gekennzeichnet. Zwei Konfigurationen $f, g \in F^P$ liegen also genau dann in einem Schema, d.h. es gilt $[f] = [g]$, wenn es ein $\pi \in \Pi$ und ein $\varphi \in \Phi$ mit $\varphi f = g\pi$ gibt.

In diesem Kapitel stellen wir die von G. PÓLYA [1] maßgeblich begründeten und von N. G. DE BRUIJN [2] weiterentwickelten Verfahren vor, zu gewissen Teilmengen von F^P und gewissen Permutationsgruppen Π und Φ die Anzahl der Schemata zu berechnen. Wir erläutern die Problematik an einem Beispiel:

Gesucht ist die minimale Anzahl M_n von $n \times n$-(0,1)-Matrizen, aus denen durch Transponieren oder Vertauschen von 0 und 1 oder diesen beiden Operationen jede $n \times n$-(0,1)-Matrix hergestellt werden kann.

Es gibt 2^{n^2} $n \times n$-(0,1)-Matrizen. Von diesen sind $2^{\frac{1}{2}(n^2+n)}$ symmetrisch. Damit kann jede $n \times n$-(0,1)-Matrix aus bereits $2^{n^2-1} + 2^{\frac{1}{2}(n^2+n)-1}$ verschiedenen Matrizen durch Transponieren gewonnen werden. Damit folgt

$$M_n = 2^{n^2-2} + 2^{\frac{1}{2}(n^2+n)-2} .$$

Deuten wir die Stellen einer $n \times n$-Matrix als Menge P der Ob-

---

[1] *Kombinatorische Anzahlbestimmungen für Gruppen, Graphen und chemische Verbindungen.* Acta Math. 68 (1937) 145-254.
Tatsächlich hatte J. H. REDFIELD viele übersehene Ergebnisse dieser Theorie in Amer. J. Math. schon 1o Jahre vor PÓLYA veröffentlicht.

[2] *Generalization of Pólya's Fundamental Theorem in Enumerative Combinatorial Analysis.* Indag. Math. 21 (1959) 59-69.

jekte, $F=\{0,1\}$ als Menge der Figuren und die $n\times n$-(0,1)-Matrizen als Konfigurationen von P nach F, so bildet die involutorische Operation des Transponierens zusammen mit der Identität id_P eine Untergruppe Π von S_P und die Vertauschung von 0 und 1 bildet zusammen mit id_F die Gruppe $\Phi=S_F$. Die Anzahl der Schemata ist dann gleich M_n.

7.1 Belegungen von Schachteln

Auf der v-Menge P der Objekte und auf der k-Menge F der Figuren sei je eine Partition $\mathcal{B}$ vom Typ $(1\lambda_1+2\lambda_2+\ldots+v\lambda_v)$ bzw. $\mathcal{C}$ vom Typ $(1\mu_1+2\mu_2+\ldots+k\mu_k)$ gegeben. Weiter sei $\Pi<S_P$ bzw. $\Phi<S_F$ die direkte Summe aller symmetrischen Gruppen der Äquivalenzklassen aus $\mathcal{B}$ bzw. $\mathcal{C}$. Für $\mathcal{B}=\{B_i;\ i\in Z_n\}$ gilt somit beispielsweise

$$\Pi = S_{B_1}\oplus S_{B_2}\oplus\ldots\oplus S_{B_n} .$$

Mit $R(\mathcal{B},\mathcal{C})$ oder $R(1\lambda_1+2\lambda_2+\ldots+v\lambda_v,1\mu_1+2\mu_2+\ldots+k\mu_k)$ sei die Anzahl aller Schemata von F^P, also die Anzahl aller Bahnen der Gruppe Φ^Π in F^P bezeichnet.

Interpretieren wir die Figuren als *Schachteln*, in die wir die Objekte legen, äquivalente Objekte als gleichfarbige Kugeln und äquivalente Figuren als gleichfarbige Schachteln, so entsprechen den Schemata die Belegungen der Schachteln mit Kugeln. Wir nennen nun eine Belegung oder ein Schema *surjektiv*, wenn keine Schachtel leer bleibt.

Mit $R_{sur}(\mathcal{B},\mathcal{C})$ oder $R_{sur}(1\lambda_1+2\lambda_2+\ldots+v\lambda_v,1\mu_1+2\mu_2+\ldots+k\mu_k)$ bezeichnen wir die Anzahl der surjektiven Schemata von $R(\mathcal{B},\mathcal{C})$

Ein Schema ist also genau dann surjektiv, wenn alle darin enthaltenen Konfigurationen surjektiv sind.

Für einige einfache Partitionstypen haben wir die Zahlen R und R_{sur} bereits bestimmt. Wenn keine zwei Objekte aus P und keine zwei Schachteln aus F zueinander äquivalent sind, so ist $\Pi=\{id_P\}$ und $\Phi=\{id_F\}$. Die Schemata sind also gerade die einelementigen Teilmengen von F^P. Somit folgt:

• (7.1) Satz. Für $v,k \in N_o$ gilt

$$R(1\cdot v,1\cdot k) = k^v. \quad \square$$

• (7.2) Satz. Für $v,k \in N_o$ gilt

$$R_{sur}(1\cdot v,1\cdot k) = k!S(v,k).$$

Beweis. Die Behauptung folgt aus der Definition der STIRLING-Zahlen 2. Art $S(v,k)$. □

Sind dagegen keine zwei Objekte, jedoch alle k Schachteln äquivalent, wenn also $\Pi=\{id_P\}$ und $\Phi=S_F$ gilt, so entsprechen den Belegungen, bei denen keine Schachtel leer bleibt, gerade die k-Partitionen von P. Damit folgt:

• (7.3) Satz. Für $v,k \in N_o$ gilt

$$R_{sur}(1\cdot v,k\cdot 1) = S(v,k). \quad \square$$

• (7.4) Satz. Für $v,k \in N_o$ gilt

$$R(1\cdot v,k\cdot 1) = \sum_{i=1}^{k} S(v,i). \quad \square$$

Sind alle Objekte und alle Schachteln äquivalent, so entsprechen den Belegungen, bei denen keine Schachtel leer bleibt, gerade den Partitionen von v in k Teile. Damit folgt:

• (7.5) Satz. Für $v,k \in N_o$ gilt

$$R_{sur}(v\cdot 1,k\cdot 1) = P(v,k). \quad \square$$

• (7.6) Satz. Für $v,k \in N_o$ gilt

$$R(v\cdot 1,k\cdot 1) = p(v,k). \quad \square$$

Den Fall $R_{sur}(v\cdot 1,1\cdot k)$, d.h. den Fall $\Pi=S_P$ und $\Phi=\{id_F\}$ lösen wir kombinatorisch:
Wir stellen uns v äquivalente Objekte in einer Linie aufgereiht vor. Diese Objekte können auf soviele Weisen in k paarweise verschiedene Schachteln gelegt werden, ohne daß eine

Schachtel leer bleibt, wie es Möglichkeiten gibt, $k-1$ Markierungen in den $v-1$ Lücken zwischen den Objekten so anzubringen, daß in jeder Lücke höchstens eine Markierung ist. Damit folgt:

• <u>(7.7)</u> <u>Satz</u>. Für $v \in N_o$ und $k \in N$ gilt

$$R_{sur}(v\cdot 1,1\cdot k) = \binom{v-1}{k-1}. \quad \square$$

Eine Belegung von v äquivalenten Objekten in k paarweise nicht äquivalente Schachteln, die teilweise auch leer bleiben dürfen, interpretieren wir als eine v-Auswahl der Menge der Schachteln, wobei jede Schachtel so oft gezählt wird, wie sie Objekte enthält; nach (1.2o) folgt:

• <u>(7.8)</u> <u>Satz</u>. Für $v,k \in N_o$ gilt

$$R(v\cdot 1,1\cdot k) = \binom{v+k-1}{v}. \quad \square$$

Mit (7.7) und (7.8) haben wir einen kombinatorischen Beweis für die Identität

• <u>(7.9)</u> $$\sum_{i=1}^{k} \binom{k}{i}\binom{v-1}{i-1} = \binom{v+k-1}{v} \quad \text{für } v \in N_o \text{ und } k \in N. \quad \square$$

Die Aussagen (7.1) und (7.8) sind Spezialfälle des nachfolgenden Satzes:

• <u>(7.1o)</u> <u>Satz</u>. Es gilt

$$R(1\lambda_1+2\lambda_2+\ldots+v\lambda_v,1\cdot k) = \prod_{i=1}^{v} \binom{k+i-1}{i}^{\lambda_i}.$$

Beweis. Gegeben seien s Objekte, die mit $n-1$ Farben gefärbt sind, und k äquivalente Schachteln. Für diese Objekte gebe es $\overline{R}$ Belegungen der Schachteln. Sind nun t weitere Objekte mit einer n-ten Farbe gefärbt, so gibt es $R(t\cdot 1,1\cdot k)$ Belegungen unserer Schachteln mit den zuletzt genannten Objekten, also insgesamt $\overline{R}\cdot R(t\cdot 1,1\cdot k)$ Belegungen unserer äquivalenten Schachteln mit den $s+t$ Objekten. Durch Induktion nach der Anzahl der Farben folgt

$$R(1\lambda_1+2\lambda_2+\ldots+v\lambda_v,1\cdot k) = \prod_{i=1}^{v} R(i\cdot 1,1\cdot k)^{\lambda_i} .$$

Mit (7.8) ergibt sich die Behauptung. □

• <u>(7.11)</u> <u>Satz</u>. Es gilt

$$R(1\lambda_1+2\lambda_2+\ldots+v\lambda_v,1\cdot k) = \sum_{j=o}^{k} \binom{k}{j}\cdot R_{sur}(1\lambda_1+2\lambda_2+\ldots+v\lambda_v,1\cdot j).$$

□

Mit der binomischen Inversionsformel (1.15) folgt aus (7.11) nun:

• <u>(7.12)</u> <u>Satz</u>. Es gilt

$$R_{sur}(1\lambda_1+2\lambda_2+\ldots+v\lambda_v,1\cdot k) = \sum_{j=o}^{k} (-1)^{k-j} \prod_{i=1}^{v} \binom{j+i-1}{i}^{\lambda_i}$$

$$= \sum_{j=1}^{k} (-1)^{k-j}\cdot R(1\lambda_1+\ldots+v\lambda_v,1\cdot j).$$

□

Im Abschnitt 6.3 wurde im Zusammenhang mit perfekten Partitionen die Frage nach der Anzahl der geordneten Faktorisierungen $(q_1,q_2,\ldots,q_k)$ von $v+1$ in genau k Faktoren gestellt. Die Primfaktorzerlegung von $v+1$ enthalte n nicht notwendig verschiedene Primfaktoren. Für $i\in Z_n$ sei λ_i die Anzahl der Primzahlen in der Primfaktorzerlegung von $v+1$, die darin genau i-mal auftreten. Dann ist $(n=1\lambda_1+2\lambda_2+\ldots+n\lambda_n)$ eine Partition von n. Interpretieren wir gleiche Primfaktoren von $v+1$ als äquivalente Objekte und die Indizes $1,2,\ldots,k$ als Schachteln, so folgt:

• <u>(7.13)</u> <u>Satz</u>. Die Anzahl der geordneten Faktorisierungen $(q_1,q_2,\ldots,q_k)$ von $v+1$ in genau k Faktoren ist

$$R_{sur}(1\lambda_1+2\lambda_2+\ldots+n\lambda_n,1\cdot k).$$

n und λ_i seien dabei wie oben definiert. □

7.2 Gewichtsfunktionen

Es sei R ein kommutativer Erweiterungsring der rationalen Zahlen, M eine Menge und $\Gamma<S_M$ eine Permutationsgruppe von M.

• (7.14) Eine Abbildung $w: M \longrightarrow R$ heißt *Gewichtsfunktion bezüglich* Γ, wenn sie auf den Bahnen, in die M unter Γ zerfällt, konstant ist, wenn also $w(m)=w(\gamma(m))$ für alle $m \in M$ und $\gamma \in \Gamma$ gilt.

Für $\Gamma=\{id_M\}$ ist jede Abbildung von M nach R trivialerweise eine Gewichtsfunktion.

Es sei nun weiterhin P eine v-Menge, F eine k-Menge, $\Pi < S_P$ und $\Phi < S_F$. Wir betrachten im folgenden Gewichtsfunktionen von F nach R bezüglich Φ und von F^P nach R bezüglich Φ^Π.

• (7.15) Satz. Ist $w: F \longrightarrow R$ eine Gewichtsfunktion bezüglich Φ, so ist die Abbildung $\tilde{w}: F^P \longrightarrow R$, die jeder Konfiguration $f \in F^P$ den Wert

$$\tilde{w}(f) := \prod_{x \in P} w(f(x))$$

zuordnet, eine Gewichtsfunktion bezüglich Φ^Π.

Beweis. Es sei $(\pi,\varphi) \in \Phi^\Pi$ und $f \in F^P$. Dann gilt

$$\begin{aligned} \tilde{w}(f) &= \prod_{x \in P} w(f(x)) \\ &= \prod_{x \in P} w(f(\pi^{-1}(x))) && \text{wegen der Kommutativität von } R \\ &= \prod_{x \in P} w(\varphi(f(\pi^{-1}(x)))) && \text{nach (7.14)} \\ &= \prod_{x \in P} w(\varphi f \pi^{-1}(x)) \\ &= \tilde{w}(\varphi f \pi^{-1}). \quad \square \end{aligned}$$

Nicht jede Gewichtsfunktion $W: F^P \longrightarrow R$ bezüglich Φ^Π muß gemäß (7.15) von einer Gewichtsfunktion $w: F \longrightarrow R$ bezüglich Φ induziert sein. Operiert beispielsweise Φ auf F transitiv, so ist jede Gewichtsfunktion $w: F \longrightarrow R$ bezüglich Φ und damit auch jede induzierte Gewichtsfunktion $\tilde{w}: F^P \longrightarrow R$ bezüglich Φ^Π konstant. Dahingegen ist die Abbildung $W: F^P \longrightarrow R$, die injektiven Funktionen den Wert 1 und nichtinjektiven den Wert 0 zuordnet, im Falle $v \geq k \geq 2$ eine nichtkonstante Gewichtsfunktion von F^P bezüglich Φ^Π.

Auf der Menge der Schemata ist für jede Gewichtsfunktion $W: F^P \longrightarrow R$ bezüglich Φ^{Π} durch

• (7.16) $$W([f]) := W(f)$$

eine Abbildung mit Werten aus R wohldefiniert. Wir nennen $W([f])$ das *Gewicht des Schemas* $[f]$. (Die Benutzung des Buchstabens W in den beiden Bedeutungen $W(f)$ und $W([f])$ gibt zu keinen Mißverständnissen Anlaß.)

• (7.17) Satz. Ist $w: F \longrightarrow R$ eine Gewichtsfunktion bezüglich Φ, so gilt

$$\sum_{f\in F^P} \tilde{w}(f) = \Big(\sum_{y\in F} w(y)\Big)^v.$$

Beweis. Definitionsgemäß gilt

$$\sum_{f\in F^P} \tilde{w}(f) = \sum_{f\in F^P} \prod_{x\in P} w(f(x)).$$

Dies aber ist gerade die Summe über die Produkte $\prod_{i=1}^{v} w(y_i)$, wobei $(y_1,y_2,\ldots,y_v)$ alle v-Tupel von Figuren aus F durchläuft, also die ausmultiplizierte rechte Seite der zu beweisenden Identität. □

• (7.18) Satz. Es sei $\{P_1,P_2,\ldots,P_r\}$ eine r-Partition von P und $T:=\{f\in F^P;\ |f(P_i)|=1$ für alle $i\in Z_r\}$ die Menge aller Konfigurationen, die auf den Mengen P_i konstant sind. Dann gilt für jede Gewichtsfunktion $w: F \longrightarrow R$ bezüglich Φ

$$\sum_{f\in T} \tilde{w}(f) = \prod_{i=1}^{r} \sum_{y\in F} w(y)^{|P_i|}.$$

Beweis. Wählen wir aus jeder Menge P_i ein Element x_i, so erhält man

$$\begin{aligned}\sum_{f\in T} \tilde{w}(f) &= \sum_{f\in T} \prod_{x\in P} w(f(x))\\ &= \sum_{f\in T} \prod_{i=1}^{r} \prod_{x\in P_i} w(f(x))\\ &= \sum_{f\in T} \prod_{i=1}^{r} w(f(x_i))^{|P_i|}\end{aligned}$$

Dies aber ist gerade die Summe über alle Produkte $\prod_{i=1}^{r} w(y_i)^{|P_i|}$ wobei $(y_1,y_2,\dots,y_r)$ alle r-Tupel von Figuren aus F durchläuft, also die ausmultiplizierte rechte Seite der zu beweisenden Identität. □

• (7.19) Satz. Es sei $W\colon F^P \longrightarrow R$ eine Gewichtsfunktion bezüglich Φ^Π. Dann berechnet sich die Summe der Gewichte aller Schemata als

$$\sum_{[f]} W([f]) = |\Pi|^{-1}|\Phi|^{-1} \sum_{\pi\in\Pi} \sum_{\varphi\in\Phi} \sum_{f\in F^P,\varphi f=f\pi} W(f). \qquad \square$$

Beweis. Es sei $t=W(g)\in R$ das Gewicht einer beliebigen Konfiguration g und $T:=\{f\in F^P;\ W(f)=t\}$ die Menge aller Konfigurationen, die das Gewicht t haben.
Nach der Definition (7.14) einer Gewichtsfunktion ist für jede Permutation $(\pi,\varphi)\in\Phi^\Pi$ die auf T restringierte Abbildung $res_T(\pi,\varphi)$ eine Permutation von T, denn mit $f\in T$ gilt $W(f)=W(\varphi f\pi^{-1})$ und somit $\varphi f\pi^{-1}=(\pi,\varphi)(f)\in T$. Diese Restriktionsabbildung $res_T\colon \Phi^\Pi \longrightarrow S_T$ ist ein Homomorphismus und daher ist ihr Bild $\Gamma:=res_T(\Phi^\Pi)$ eine Untergruppe von S_T und ihr Kern $K:=\{(\pi,\varphi)\in\Phi^\Pi;\ \varphi f\Pi^{-1}=f$ für alle $f\in T\}$ ein Normalteiler von Φ^Π.
Bezeichnen wir mit $\chi\colon \Gamma \longrightarrow N_0$ den Permutationscharakter von Γ, so gilt für alle $\gamma\in\Gamma$ stets $\chi(\gamma)=|\{f\in T;\ \gamma(f)=f\}|$ und damit

$$|K|\cdot\sum_{\gamma\in\Gamma}\chi(\gamma) = \sum_{\pi\in\Pi}\sum_{\varphi\in\Phi} |\{f\in T;\ res_T(\pi,\varphi)(f)=f\}|$$

$$= \sum_{\pi\in\Pi}\sum_{\varphi\in\Phi} |\{f\in F^P;\ \varphi f\pi^{-1}=f,\ W(f)=t\}|$$

Unter Beachtung von $|K|\cdot|\Gamma|=|\Pi|\cdot|\Phi|$ erhalten wir daher nach dem Lemma von BURNSIDE (2.16) die Anzahl der Schemata von Konfigurationen aus T als

$$|\{[f];\ W(f)=t\}| = |\Gamma|^{-1}\sum_{\gamma\in\Gamma}\chi(\gamma)$$

$$= |\Pi|^{-1}|\Phi|^{-1}\sum_{\pi\in\Pi}\sum_{\varphi\in\Phi} |\{f\in F^P;\ \varphi f\pi^{-1}=f,\ W(f)=t\}| .$$

Es ist für $(\pi,\varphi)\in\Phi^{\Pi}$

$$\sum_{f\in F^P,\varphi f=f\pi} W(f) = \sum_{t\in R} |\{f\in F^P;\ \varphi f\pi^{-1}=f,\ W(f)=t\}|\cdot t$$

und

$$\sum_{t\in R} |\{[f];\ W(f)=t\}|\cdot t = \sum_{[f]} W([f]) ,$$

also

$$\sum_{[f]} W([f]) = |\Pi|^{-1}|\Phi|^{-1} \sum_{\pi\in\Pi}\sum_{\varphi\in\Phi}\sum_{t\in R} |\{f\in F^P;\ \varphi f\pi^{-1}=f,\ W(f)=t\}|\cdot t$$

$$= |\Pi|^{-1}|\Phi|^{-1} \sum_{\pi\in\Pi}\sum_{\varphi\in\Phi}\sum_{f\in F^P,\varphi f=f\pi} W(f) . \quad \square$$

7.3 Die Hauptsätze der PÓLYA-Theorie

Es sei P eine v-Menge, F eine k-Menge, $\Pi<S_P$ und $\Phi<S_F$.

• <u>(7.20)</u> <u>Satz</u>. Eine Konfiguration $f\in F^P$ wird genau dann von einer Permutation $(\pi,\varphi)\in\Phi^{\Pi}$ festgelassen, wenn

$$f(\pi^n(x)) = \varphi^n(f(x))$$

für alle $n\in\mathbb{N}_0$ und $x\in P$ gilt.

Beweis. Aus $(\pi,\varphi)(f)=\varphi f\pi^{-1}=f$ folgt $f\pi(x)=\varphi f(x)$ und damit

$$\begin{aligned} f(\pi^n(x)) &= f\pi(\pi^{n-1}(x)) \\ &= \varphi f(\pi^{n-1}(x)) \\ &= \varphi(f\pi(\pi^{n-2}(x))) \\ &\ \vdots \\ &= \varphi^n(f(x)). \end{aligned}$$

Die Umkehrung ist trivialerweise erfüllt. $\square$

Damit ergibt sich unmittelbar:

• <u>(7.21)</u> <u>Satz</u>. Für alle $x\in P$, $f\in F^P$ und $(\pi,\varphi)\in\Phi^{\Pi}$ mit $\varphi f\pi^{-1}=f$ und $y:=f(x)$ gilt: Die Länge $j:=|\langle\varphi\rangle(y)|$ der Bahn von y unter φ teilt die Länge $i:=|\langle\pi\rangle(x)|$ der Bahn von x unter π. $\square$

Wählen wir auf F^P speziell die konstante Gewichtsfunktion $W\equiv 1$, so ergibt sich aus (7.19) das Lemma von BURNSIDE (2.16) für die Exponentiationsgruppe $\Gamma=\Phi^\Pi$:

• <u>(7.22)</u> <u>Satz</u>. Die Anzahl der Schemata von F^P ist

$$|\Pi|^{-1}|\Phi|^{-1}\sum_{\pi\in\Pi}\sum_{\varphi\in\Phi}|\{f\in F^P;\ \varphi f\pi^{-1}=f\}|. \qquad \square$$

Es seien nun $\pi\in\Pi$ und $\varphi\in\Phi$ zwei Permutationen vom Zykeltyp $(1\lambda_1+2\lambda_2+\ldots+v\lambda_v)$ bzw. $(1\mu_1+2\mu_2+\ldots+k\mu_k)$. Wir berechnen nun mit Hilfe von (7.21) die Anzahl der Konfigurationen, die unter $(\pi,\varphi)\in\Phi^\Pi$ festbleiben:
Hat die Bahn von $x\in P$ unter π die Länge i und die Bahn von $y=f(x)\in F$ die Länge j, so gibt es auf einer der λ_i Bahnen der Länge i, die π auf P besitzt, wegen (7.21) genau

$$\sum_{j|i} j\mu_j$$

Möglichkeiten, die Funktionswerte einer Konfiguration $f\in F^P$ mit $\varphi f=f\pi$ vorzuschreiben, denn nach (7.2o) ist f auf der Bahn von x unter π durch den einzigen Funktionswert $y=f(x)$ eindeutig bestimmt. Damit folgt:

• <u>(7.23)</u> <u>Satz</u>. Sind $\pi\in\Pi$ und $\varphi\in\Phi$ zwei Permutationen vom Zykeltyp $(1\lambda_1+2\lambda_2+\ldots+v\lambda_v)$ bzw. $(1\mu_1+2\mu_2+\ldots+k\mu_k)$, so ist

$$|\{f\in F^P;\ \varphi f=f\pi\}| = \prod_{i=1}^{v}\Big(\sum_{j|i} j\mu_j\Big)^{\lambda_i}$$
$$= \mu_1^{\lambda_1}\cdot(\mu_1+2\mu_2)^{\lambda_2}\cdot(\mu_1+3\mu_3)^{\lambda_3}\ldots$$

die Anzahl der Konfigurationen, die unter der Permutation (π,φ) festbleiben. $\square$

Unter Verwendung des formalen Derivationskalküls (vgl. Anhang) erhält man:

$$\mu_1^{\lambda_1}\cdot e^{\mu_1 z_1} = \Big(\frac{\partial}{\partial z_1}\Big)^{\lambda_1} e^{\mu_1 z_1}$$

$$(\mu_1+2\mu_2)^{\lambda_2}\cdot e^{(\mu_1+2\mu_2)z_2} = \Big(\frac{\partial}{\partial z_2}\Big)^{\lambda_2} e^{(\mu_1+2\mu_2)z_2}$$

$$(\mu_1+3\mu_3)^{\lambda_3}\cdot e^{(\mu_1+3\mu_3)z_3} = (\frac{\partial}{\partial z_3})^{\lambda_3} e^{(\mu_1+3\mu_3)z_3}$$

$$(\mu_1+2\mu_2+4\mu_4)^{\lambda_4}\cdot e^{(\mu_1+2\mu_2+4\mu_4)z_4} = (\frac{\partial}{\partial z_4})^{\lambda_4} e^{(\mu_1+2\mu_2+4\mu_4)z_4}$$

$$\vdots$$

Setzen wir nun $s_j:=z_j+z_{2j}+\ldots+z_{[\frac{v}{j}]j}$, so erhalten wir also

$$|\{f\in F^P;\ \varphi f=f\pi\}| =$$

$$= (\frac{\partial}{\partial z_1})^{\lambda_1}(\frac{\partial}{\partial z_2})^{\lambda_2}\ldots(\frac{\partial}{\partial z_v})^{\lambda_v} e^{\mu_1 s_1} e^{2\mu_2 s_2} \ldots e^{k\mu_k s_k}\Big|_{z_1=z_2=\ldots=z_v=0}$$

Somit ergibt sich unter Verwendung der Zyklenzeiger aus (7.22) der folgende Satz:

• (7.24) Satz. (DE BRUIJN) Die Anzahl der Schemata von Konfigurationen berechnet sich als

$$(Z(\Pi;\frac{\partial}{\partial z_1},\frac{\partial}{\partial z_2},\ldots,\frac{\partial}{\partial z_v})\cdot Z(\Phi;e^{s_1},e^{2s_2},\ldots,e^{ks_k}))\Big|_{z_1=z_2=\ldots=z_v=0},$$

wobei $s_j:=z_j+z_{2j}+\ldots+z_{[\frac{v}{j}]j}$ gesetzt ist. □

Als Korollar erhalten wir:

• (7.25) Satz. (PÓLYA) Für $\Phi=\{id_F\}$ berechnet sich die Anzahl der Schemata als

$$Z(\Pi;k,k,\ldots,k) = |\Pi|^{-1}\sum_{\pi\in\Pi} k^{\lambda_1(\pi)+\lambda_2(\pi)+\ldots+\lambda_v(\pi)} .$$

Beweis. Nach (5.14) folgt mit den Bezeichnungen von (7.24)

$$Z(\Phi;e^{s_1},e^{2s_2},\ldots,e^{ks_k}) = e^{kz_1+kz_2+\ldots+kz_v} = e^{ks_1} .$$

Also gilt

$$Z(\Pi;\frac{\partial}{\partial z_1},\frac{\partial}{\partial z_2},\ldots,\frac{\partial}{\partial z_v})\cdot Z(\Phi;e^{s_1},e^{2s_2},\ldots,e^{ks_k})$$

$$= |\Pi|^{-1}\sum_{\pi\in\Pi}(\frac{\partial}{\partial z_1})^{\lambda_1(\pi)}(\frac{\partial}{\partial z_2})^{\lambda_2(\pi)}\ldots(\frac{\partial}{\partial z_v})^{\lambda_v(\pi)}\exp(k\cdot\sum_{i=1}^{v} z_i),$$

wobei $\lambda_i(\pi)$ die Anzahl der Zyklen der Länge i von π bezeichnet. Durch Einsetzen von $z_1=z_2=\ldots=z_v=0$ folgt das Ergebnis. □

Für $\Pi=\{id_P\}$ in (7.25) erhalten wir eine nochmalige Bestätigung von $|F^P|=k^v$.

Wir betrachten ein Beispiel: Es seien $P=F=\{1,2,3\}$ und $\Pi=\Phi=S_{\{1\}}\oplus S_{\{2,3\}}$. Nach (5.15) und (5.26) gilt

$$Z(\Pi;z_1,z_2,z_3) = Z(\Phi;z_1,z_2,z_3) = \tfrac{1}{2}(z_1^3+z_1z_2).$$

Gemäß (7.24) berechnen wir nun

$$\tfrac{1}{4}\left(\frac{\partial^3}{\partial z_1^3}+\frac{\partial}{\partial z_1}\cdot\frac{\partial}{\partial z_2}\right)\left(e^{3z_1+3z_2+3z_3}+e^{z_1+3z_2+z_3}\right) =$$

$$= \tfrac{1}{4}\left(27e^{3z_1+3z_2+3z_3}+e^{z_1+3z_2+z_3}+9e^{3z_1+3z_2+3z_3}+3e^{z_1+3z_2+z_3}\right).$$

Für $z_1=z_2=z_3=0$ erhalten wir somit

$$R(1\cdot1+2\cdot1,1\cdot1+2\cdot1) = \tfrac{1}{4}(27+1+9+3) = 10.$$

• <u>(7.26)</u> <u>Satz</u>. (DE BRUIJN) Die Anzahl der Schemata injektiver Konfigurationen, also der *injektiven Schemata* ergibt sich als

$$\left(Z\left(\Pi;\frac{\partial}{\partial z_1},\frac{\partial}{\partial z_2},\ldots,\frac{\partial}{\partial z_v}\right)\cdot Z(\Phi;1+z_1,1+2z_2,\ldots,1+kz_k)\right)\Bigg|_{z_1=\ldots=z_k=0}.$$

Beweis. Wir wählen auf F^P die Gewichtsfunktion

$$W(f) := \begin{cases} 1 & \text{falls } f \text{ injektiv} \\ 0 & \text{sonst} \end{cases}.$$

Zu zwei gegebenen Permutationen $\pi\in\Pi$ und $\varphi\in\Phi$ vom Typ $(1\lambda_1+2\lambda_2+\ldots+v\lambda_v)$ bzw. $(1\mu_1+2\mu_2+\ldots+k\mu_k)$ berechnen wir die Anzahl der injektiven Konfigurationen $f\in F^P$ mit $\varphi f=f\pi$, also die Zahl

$$\sum_{f\in F^P,\varphi f=f\pi} W(f).$$

Es sei nun $i\in Z_v$ und $x\in P$ mit $|\langle\pi\rangle(x)|=i$, also x aus einer Bahn der Länge i unter π. Somit kann x auf $i\mu_i$

verschiedene Weisen durch eine injektive Funktion, die unter $(\pi,\varphi)\in\Phi^{\Pi}$ festbleibt, auf ein Element $y\in F$ abgebildet werden; wegen (7.2o) sind durch die Festlegung "x wird auf y abgebildet" auch sämtliche Funktionswerte der Bahn $<\pi>(x)$ von x eindeutig bestimmt.

Es sei nun $x'\in P\setminus<\pi>(x)$ ein Punkt außerhalb der Bahn von x unter π mit $|<\pi>(x')|=i$. Somit kann x' auf $i(\mu_i-1)$ verschiedene Weisen durch eine injektive Funktion, die unter (π,φ) festbleibt und die x nach y abbildet, einem Element $y'\in F\setminus<\varphi>(y)$ außerhalb der Bahn von y unter φ zugeordnet werden.

Eine λ_i-fache Anwendung dieser Schlußweise für alle $i\in Z_v$ ergibt: Es ist

$$\sum_{f\in F^P,\varphi f=f\pi} W(f) = \prod_{i=1}^{v} i^{\lambda_i}\cdot\mu_i(\mu_i-1)(\mu_i-2)\ldots(\mu_i-\lambda_i+1)$$

$$= \prod_{i=1}^{v} i^{\lambda_i}\cdot(\mu_i)_{\lambda_i} \qquad \text{(vgl. (1.9))}$$

die Anzahl der injektiven Konfigurationen $f\in F^P$ mit $\varphi f=f\pi$.

Wegen

$$\frac{\partial^{\lambda_i}}{\partial z_i^{\lambda_i}}(1+iz_i)^{\mu_i} = i^{\lambda_i}(\mu_i)_{\lambda_i}(1+iz_i)^{\mu_i-\lambda_i}$$

folgt

$$\left((\frac{\partial}{\partial z_1})^{\lambda_1}\ldots(\frac{\partial}{\partial z_v})^{\lambda_v}(1+z_1)^{\mu_1}\ldots(1+kz_k)^{\mu_k}\right)\Big|_{z_1=\ldots=z_k=0}$$

und wir erhalten nach (7.19) das Ergebnis. □

Wählen wir $\Pi=\{id_P\}$, so ergibt sich nach (5.14) und (7.26) die Anzahl der injektiven Schemata als

$$\frac{\partial^v}{\partial z_1^v} Z(\Phi;1+z_1,1+2z_2,\ldots,1+kz_k)\Big|_{z_1=z_2=\ldots=z_k=0}$$

$$= \frac{d^v}{dz^v} Z(\Phi;1+z,1,1,\ldots,1)\Big|_{z=0}$$

Besteht auch Φ nur aus der Identität, so ergibt die Substitution $z=0$ im Polynom

$$\frac{d^v}{dz^v} Z(\Phi;1+z,1,1,\dots,1) = \frac{d^v}{dz^v}(1+z)^k$$

die Anzahl $(k)_v$ der v-Anordnungen von F. Damit haben wir wiederum das Ergebnis (2.3) bestätigt.

Beispiel. Auf wieviele verschiedene, d.h. durch die Oktaedergruppe nicht ineinander überführbare Weisen lassen sich die sechs Seitenflächen eines Würfels mit sechs Farben so färben, daß verschiedene Seiten auch verschiedene Farben tragen?

Es sei P die Menge der Seitenflächen eines Würfels und F die Menge der Farben. Nach (5.23), (5.14) und (7.26) erhält man die gesuchte Anzahl als Wert des (in diesem Fall konstanten) Polynoms

$$\frac{1}{24}\frac{d^6}{dz^6}(1+z)^6 \equiv 3o$$

an der Stelle $z=0$. Die gesuchte Anzahl ist also 3o.

• (7.27) Satz. (DE BRUIJN) Die Anzahl der Schemata surjektiver Konfigurationen, also der *surjektiven Schemata*, ergibt sich als

$$\left.\left(Z(\Pi;\frac{\partial}{\partial z_1},\frac{\partial}{\partial z_2},\dots,\frac{\partial}{\partial z_v})\cdot Z(\ ;e^{s_1}-1,e^{2s_2}-1,\dots,e^{ks_k}-1)\right)\right|_{z_1=\dots=z_v=0},$$

wobei $s_j:=z_j+z_{2j}+\dots+z_{[\frac{v}{j}]j}$ gesetzt ist.

Beweis. (R. DÜRRE, W. HEISE) Es seien $\pi\in\Pi$ und $\varphi\in\Phi$ zwei Permutationen vom Zykeltyp $(1\lambda_1+2\lambda_2+\dots+v\lambda_v)$ bzw. $(1\mu_1+2\mu_2+\dots+k\mu_k)$. φ zerlegt F in $\mu:=\mu_1+\mu_2+\dots+\mu_k$ Bahnen $F_1,F_2,\dots,F_\mu$. Für $i\in Z_\mu$ nennen wir die Menge

$$B_i := \{f\in F^P;\ f^{-1}(F_i)=\emptyset,\ \varphi f=f\pi\}$$

die "i-te Eigenschaft"; eine Konfiguration $f\in F^P$ mit $\varphi f=f\pi$ hat also genau dann die Eigenschaft B_i, wenn kein Element aus F_i unter f ein Urbild in P besitzt.

Nach der Siebformel (3.2) berechnet sich die Anzahl der surjektiven und unter $(\pi,\varphi)\in\Phi^\Pi$ invarianten Konfigurationen als

$$\sum_{i=o}^{\mu} (-1)^i \sum_{1 \le j_1 < j_2 < \ldots < j_i \le \mu} |\bigcap_{r=1}^{i} B_{j_r}| .$$

Es sei $i \in Z_\mu$ und $T := \{B_{j_1}, B_{j_2}, \ldots, B_{j_i}\}$ eine i-Menge von Eigenschaften. Die Menge $\cap T$ besteht aus allen Konfigurationen $f \in F^P$ mit $f^{-1}(\bigcup_{r=1}^{i} F_i) = \emptyset$ und $\varphi f = f\pi$.

Wir setzen $\partial(\pi) := (\frac{\partial}{\partial z_1})^{\lambda_1} (\frac{\partial}{\partial z_2})^{\lambda_2} \ldots (\frac{\partial}{\partial z_v})^{\lambda_v}$ und bezeichnen die μ Faktoren des Produkts

$$\prod_{\kappa=1}^{\mu_1} e^{s_1} \prod_{\kappa=1}^{\mu_2} e^{2s_2} \ldots \prod_{\kappa=1}^{\mu_k} e^{ks_k}$$

mit $y_1, y_2, \ldots, y_\mu$. Nach (7.23) gilt damit

$$|\cap T| = \partial(\pi) \prod_{\substack{\nu \neq j_1, j_2, \ldots, j_i \\ \nu \in Z_\mu}} y_\nu \Big|_{z_1 = z_2 = \ldots = z_v = 0} .$$

Nun ist

$$\begin{array}{l}
\quad + y_1 y_2 y_3 \ldots y_{\mu-1} y_\mu \\
\quad - 1 \cdot y_2 y_3 \ldots y_{\mu-1} y_\mu \\
\quad - y_1 1 \cdot y_3 \ldots y_{\mu-1} y_\mu \\
\quad \vdots \\
\quad - y_1 y_2 y_3 \ldots y_{\mu-1} \cdot 1 \\
\quad + 1 \cdot 1 \cdot y_3 \ldots y_{\mu-1} y_\mu \\
\quad + 1 \cdot y_2 \cdot 1 \ldots y_{\mu-1} y_\mu \\
\quad \vdots \\
\quad + y_1 y_2 y_3 \ldots 1 \cdot 1 \\
\quad \vdots \\
+ (-1)^\mu \, 1 \cdot 1 \cdot 1 \ldots 1 \cdot 1 \\
= (y_1 - 1)(y_2 - 1) \ldots (y_\mu - 1) .
\end{array}$$

Wir wählen nun die Gewichtsfunktion

$$W : \begin{cases} F^P \longrightarrow Z \\ f \longrightarrow \begin{cases} 1 & \text{falls } f \text{ surjektiv} \\ 0 & \text{sonst} \end{cases} \end{cases}$$

und erhalten

$$\begin{aligned}&|\{f\in F^P;\ \varphi f=f\pi,\ W(f)=1\}|\\&= \partial(\pi)(y_1-1)(y_2-1)\ldots(y_\mu-1)\Big|_{z_1=z_2=\ldots=z_v=0}\\&= \partial(\pi)(e^{s_1}-1)^{\mu_1}(e^{2s_2}-1)^{\mu_2}\ldots(e^{ks_k}-1)^{\mu_k}\Big|_{z_1=z_2=\ldots=z_v=0}.\end{aligned}$$

Nach (7.19) berechnet sich die Anzahl der surjektiven Schemata somit als

$$|\Pi|^{-1}|\Phi|^{-1}\sum_{\pi\in\Pi}\sum_{\varphi\in\Phi}\partial(\pi)(e^{s_1}-1)^{\mu_1}(e^{2s_2}-1)^{\mu_2}\ldots(e^{ks_k}-1)^{\mu_k}\Big|_{z_1=\ldots=0}$$

$$= \left(Z(\Pi;\frac{\partial}{\partial z_1},\frac{\partial}{\partial z_2},\ldots,\frac{\partial}{\partial z_v})\cdot Z(\Phi;e^{s_1}-1,e^{2s_2}-1,\ldots,e^{ks_k}-1)\right)\Big|_{z_1=\ldots=z_v=0}.$$

□

• (7.28) Satz. (PÓLYA) Es sei $w\colon F \longrightarrow R$ eine Gewichtsfunktion bezüglich $\Phi=\{id_F\}$. (Es ist w also eine beliebige Funktion.) Dann gilt

$$\sum_{[f]}\tilde{w}([f]) = Z(\Pi;\ \sum_{y\in F}w(y),\ \sum_{y\in F}w(y)^2,\ \ldots,\ \sum_{y\in F}w(y)^v)\ .$$

Beweis. Nach (7.19) gilt

$$\text{(i)}\qquad \sum_{[f]}\tilde{w}([f]) = |\Pi|^{-1}\sum_{\pi\in\Pi}\sum_{\substack{f\in F^P\\ f=f\pi}}\tilde{w}(f)\ .$$

Es sei nun π eine Permutation vom Typ $(1\lambda_1+2\lambda_2+\ldots+v\lambda_v)$ und $P_1,P_2,\ldots,P_r$ seien die Bahnen von π in P. Eine Konfiguration $f\in F^P$ ist auf jeder dieser Bahnen genau dann konstant, wenn $f=f\pi$ gilt. Nach (7.18) folgt

$$\sum_{\substack{f\in F^P\\ f=f\pi}}\tilde{w}(f) = \prod_{i=1}^{r}\sum_{y\in F}w(y)^{|P_i|}\ .$$

Unter den Zahlen $|P_1|,|P_2|,\ldots,|P_r|$ kommt die Zahl $i\in Z_v$ gerade λ_i-mal vor; daher gilt

(ii) $$\sum_{\substack{f\in F^P\\ f=f\pi}} \tilde{w}(f) = \prod_{i=1}^{v} \Big(\sum_{y\in F} w(y)^i \Big)^{\lambda_i} .$$

Führen wir nun im Zyklenzeiger

$$Z(\Pi;z_1,z_2,\ldots,z_v) = |\Pi|^{-1} \sum_{\pi\in\Pi} \prod_{i=1}^{v} z_i^{\lambda_i}$$

die Substitution $z_i := \sum_{y\in F} w(y)^i$ durch, so erhalten wir mit (i) und (ii) das Ergebnis. □

Für seriösere Anwendungen der hier behandelten Sätze der PÓLYA-Theorie für $\Phi=\{id_F\}$ wollen wir die Voraussetzungen konkretisieren:

Unter der Menge P stellen wir uns eine Ansammlung von wohlbestimmten Punkten in einem Koordinatensystem (etwa der euklidischen Ebene oder des Raumes) vor. Die Menge F der Figuren bestehe aus wohlunterschiedenen Objekten, die auf die Punkte aus P plaziert werden können. Eine Konfiguration erhalten wir, wenn wir an jeden Punkt aus P genau eine Figur anheften. Eine Figur kann in einer Konfiguration auch mehrmals auftreten. Konfigurationen sind also gerade die Abbildungen von P nach F. Solche Konfigurationen werden je nach Situation nicht als verschieden betrachtet, wenn sie durch Transformationen irgendwelcher Art, etwa durch Drehungen, Spiegelungen oder topologische Selbstabbildungen ineinander überführbar sind. Die Gruppe dieser Transformationen ist eine Permutationsgruppe $\Pi<S_P$ von P; die Äquivalenzklassen, d.h. die "nicht wesentlich verschiedenen" Konfigurationen, sind gerade die Schemata. Die Figuren können nach diversen Eigenschaften, wie etwa Farbe, Gestalt, Volumen usw., klassifiziert sein; wir können also jeder Figur $y\in F$ im Falle n verschiedener Klassifikationsmerkmale ein n-Tupel nicht-negativer ganzer Zahlen $(i_1,i_2,\ldots,i_n)$ zuordnen. Den Term

$$w(y) := \prod_{j=1}^{n} z_j^{i_j}$$

aus dem Ring $Q[z_1,z_2,\ldots,z_n]$ der Polynome in n Unbestimmten über dem Körper Q der rationalen Zahlen nennen wir das *Gewicht* der Figur y. Sind beispielsweise die Figuren erstens nach ihrer Farbe und zweitens nach ihrer Gestalt klassifiziert, so hat eine Figur der Farbe 0 und der Gestalt 38 das Gewicht $z_1^0 \cdot z_2^{38} = z_2^{38}$. Bezeichnen wir nun mit

$$\nu(i_1, i_2, \ldots, i_n)$$

die Anzahl der Figuren y vom Gewicht

$$w(y) = \prod_{j=1}^{n} z_j^{i_j},$$

so gilt

$$\sum_{y \in F} w(y) = \sum_{i_1, i_2, \ldots, i_n = 0}^{\infty} \nu(i_1, i_2, \ldots, i_n) \prod_{j=1}^{n} z_j^{i_j}.$$

Das Gewicht einer Konfiguration f ist nach (7.15) das Produkt

$$\tilde{w}(f) = \prod_{x \in P} w(f(x))$$

der Gewichte über alle Figuren, "aus denen sie besteht".
Die Anzahl der Schemata vom Gewicht

$$\prod_{j=1}^{n} z_j^{i_j}$$

sei mit

$$\eta(i_1, i_2, \ldots, i_n)$$

bezeichnet. Dann gilt

$$\sum_{[f]} \tilde{w}([f]) = \sum_{i_1, i_2, \ldots, i_n = 0}^{\infty} \eta(i_1, i_2, \ldots, i_n) \prod_{j=1}^{n} z_j^{i_j}.$$

Für solche speziellen Gewichtsfunktionen formulieren wir nochmals den PÓLYAschen Satz (7.28):

• <u>(7.29)</u> <u>Satz</u>. (PÓLYA) Es sei $w: F \longrightarrow Q[z_1, z_2, \ldots, z_n]$ eine Gewichtsfunktion, die jedem $y \in F$ einen Term

$$z_1^{i_1} z_2^{i_2} \ldots z_n^{i_n} \in Q[z_1, z_2, \ldots, z_n]$$

zuordnet. Ist dann

$$N(z_1, z_2, \ldots, z_n) = \sum_{i_1, i_2, \ldots, i_n = 0}^{\infty} \nu(i_1, i_2, \ldots, i_n) \prod_{j=1}^{n} z_j^{i_j}$$

bzw.

$$H(z_1, z_2, \ldots, z_n) = \sum_{i_1, i_2, \ldots, i_n = 0}^{\infty} \eta(i_1, i_2, \ldots, i_n) \prod_{j=1}^{n} z_j^{i_j}$$

die erzeugende Funktion der Anzahlen der Figuren bzw. Schemata vom Gewicht

$$\prod_{j=1}^{n} z_j^{i_j} ,$$

so gilt

$$H(z_1,z_2,\ldots,z_n) =$$
$$= Z(\Pi;N(z_1,\ldots,z_n),N(z_1^2,\ldots,z_n^2),\ldots,N(z_1^v,\ldots,z_n^v)).$$

□

Man beachte, daß N und H zum einen wegen der Endlichkeit von P und F Polynome, zum anderen die zu ν und η gehörenden Großbuchstaben des griechischen Alphabets sind. In der Anwendung überwiegt der Fall n=1.

7.4 Isomere des Alkohols

Isomer nennt man chemische Verbindungen, die trotz gleicher Bruttoformel nicht identisch sind. Die Existenz von Isomeren beruht darauf, daß die Atome eines Moleküls räumlich verschieden angeordnet sein können. Verbindungen gleicher Bruttoformel, jedoch unterschiedlicher Strukturformel heißen *strukturisomer*. So sind beispielsweise die beiden Paraffine mit der Bruttoformel C_5H_{12}

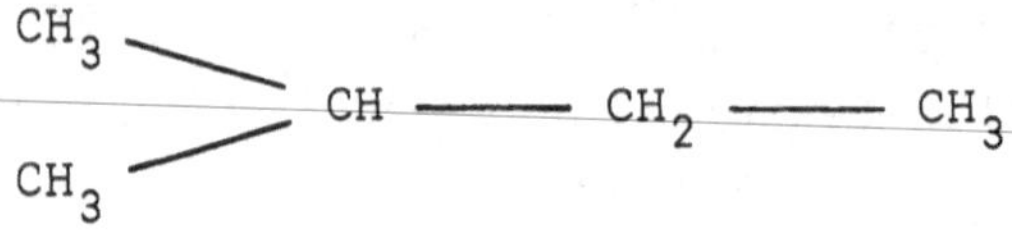

und

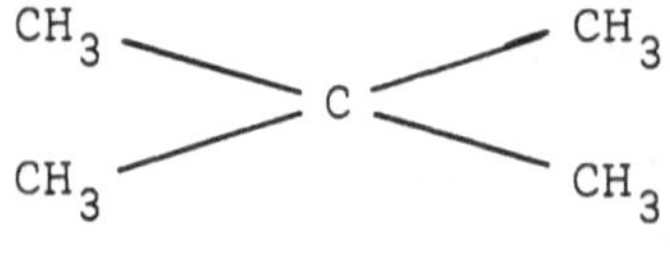

Strukturisomere. Dagegen gibt es zwei Isomere der Milchsäure mit der gleichen Strukturformel

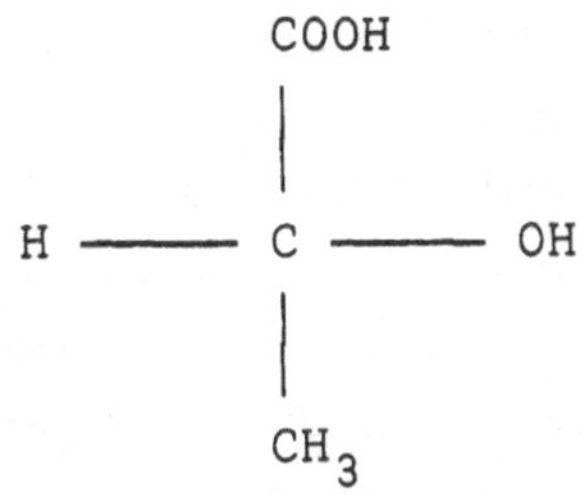

Um die beiden Isomere zu erkennen, stellen wir uns das Kohlenstoffatom im Zentrum eines Tetraeders und dessen Liganden an den Ecken des Tetraeders angebracht vor:

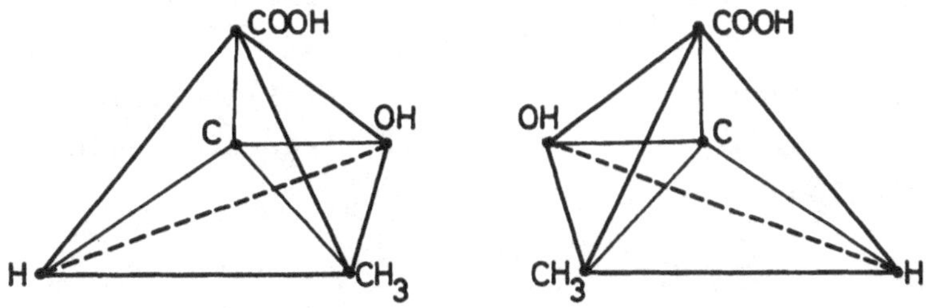

Diese beiden dargestellten Moleküle sind spiegelbildlich zu einander angeordnet und können durch keine Bewegung ineinander überführt werden. Isomerie dieser Art wird *Stereoisomerie* (oder nach Art ihrer experimentellen Unterscheidbarkeit bei gleicher Struktur auch *optische Isomerie*) genannt. Die Stereoisomerie klassifiziert chemische Verbindungen also feiner als die Strukturisomerie.

Wir wollen in diesem Abschnitt nun PÓLYA folgend die Anzahl der Struktur- und Stereoisomere der gesättigten einwertigen Alkohole berechnen, das sind Verbindungen der Bruttoformel $C_nH_{2n+1}OH$, wobei wir ausnahmsweise den Fall $n=0$ einschließen, also H_2O ebenfalls zu den Alkoholen rechnen.

Es sei R_n die Anzahl der Strukturisomere von $C_nH_{2n+1}OH$. Offenbar gilt $R_o=1$.

In einem gesättigten einwertigen Alkohol mit mindestens einem Kohlenstoffatom sind an dem der OH-Gruppe angelagerten Kohlenstoffatom an drei Stellen Alkylradikale angebracht. Es sei also $n\geq 1$, P die Menge dieser drei Stellen und F die Menge der

Alkylradikale eines gesättigten einwertigen Alkohols mit höchstens $n-1$ Kohlenstoffatomen. Weiter sei $\Pi=S_P$ und $\Phi=\{id_F\}$. Den Konfigurationen entsprechen nun die dabei möglichen Alkohole und den Schemata die verschiedenen Strukturisomere, die mindestens ein, aber höchstens $3n-2$ Kohlenstoffatome haben und für die keines der an den Stellen von P sitzenden Alkylradikale mehr als $n-1$ Kohlenstoffatome enthält.

Wir ordnen nun jedem Alkylradikal mit genau $i\leq n-1$ Kohlenstoffatomen das Gewicht $z^i\in\mathbb{Q}[z]$ zu. Weiter sei $\eta(i)$ die Anzahl der Schemata vom Gewicht z^i. Nach (7.29) erhalten wir

$$\sum_{i=o}^{\infty} \eta(i)z^i = Z(\Pi;\sum_{i=o}^{n-1} R_i z^i, \sum_{i=o}^{n-1} R_i z^{2i}, \sum_{i=o}^{n-1} R_i z^{3i}).$$

Eine Konfiguration vom Gewicht z^i besitzt $i+1$ Kohlenstoffatome. Für $1\leq i\leq n$ gilt daher $R_i=\eta(i-1)$. Für die gewöhnliche erzeugende Funktion

$$R(z) := \sum_{i=o}^{\infty} R_i z^i$$

der Zahlenfolge $(R_i)_{i\in\mathbb{N}_o}$ folgt damit

$$R(z) = 1 + \sum_{i=o}^{n-1} \eta(i)z^{i+1} + \sum_{i=n}^{\infty} R_{i+1}z^{i+1}$$

$$= 1 + z\cdot\sum_{i=o}^{\infty} \eta(i)z^i + z\cdot\sum_{i=n}^{\infty} (R_{i+1}-\eta(i))z^i,$$

damit erhalten wir:

• <u>(7.30)</u> <u>Satz</u>. Es sei $n\in\mathbb{N}$. Dann ist

$$R(z) = 1 + z\cdot Z(\Pi;\sum_{i=o}^{n-1} R_i z^i, \sum_{i=o}^{n-1} R_i z^{2i}, \sum_{i=o}^{n-1} R_i z^{3i}) + r_n ,$$

wobei $r_n\in\mathbb{Q}[[z]]$ eine Potenzreihe vom Untergrad $\omega(r_n)\geq n+1$ ist. □

Nach (5.15) gilt

• <u>(7.31)</u> <u>Satz</u>. $Z(\Pi;z_1,z_2,z_3) = \frac{1}{6}(z_1^3+3z_1z_2+2z_3)$. □

Mit (7.30) und (7.31) berechnen wir die Zahlen R_i rekursiv:

• (7.32) Satz. Die Anzahl R_n ist der Koeffizient von z^n im Polynom

$$1 + \frac{z}{6}\left(\left(\sum_{i=o}^{n-1} R_i z^i\right)^3 + 3\left(\sum_{i=o}^{n-1} R_i z^i\right)\left(\sum_{i=o}^{n-1} R_i z^{2i}\right) + 2\left(\sum_{i=o}^{n-1} R_i z^{3i}\right)\right).$$
□

Für die konkrete Berechnung von R_n ist (7.32) zu benutzen. Um jedoch eine elegantere Schreibweise zu erreichen, können wir im Ring $Q[[z]]$ der formalen Potenzreihen über Q den Grenzübergang $n \longrightarrow \infty$ durchführen und wir erhalten aus (7.30) und (7.31):

• (7.33) Satz. Die gewöhnliche erzeugende Funktion $R(z)$ der Anzahlen R_i genügt der Funktionalgleichung

$$R(z) = 1 + \frac{z}{6}(R(z)^3 + 3R(z)\cdot R(z^2) + 2R(z^3)).$$ □

Die Anzahl S_n der Stereoisomere von $C_nH_{2n+1}OH$ ergibt sich durch entsprechende Überlegungen, wobei Π jedoch die zyklische Gruppe der Ordnung 3 sei. Mit (5.19) folgt dabei:

• (7.34) Satz. Die gewöhnliche erzeugende Funktion $S(z)$ der Anzahlen S_i genügt der Funktionalgleichung

$$S(z) = 1 + \frac{z}{3}(S(z)^3 + 2S(z^3)).$$ □

Wie oben erhält man, daß die Berechnung von S_n rekursiv möglich ist gemäß dem folgenden Satz:

• (7.35) Satz. Die Anzahl S_n ist der Koeffizient von z^n im Polynom

$$1 + \frac{z}{3}\left(\left(\sum_{i=o}^{n-1} S_i z^i\right)^3 + 2\left(\sum_{i=o}^{n-1} S_i z^{3i}\right)\right).$$ □

Die hier durchgeführten Anzahlbestimmungen lassen verschiedene praktische Nebenbedingungen unberücksichtigt. So können beispielsweise mögliche räumliche Behinderungen von Alkylradikalen die Ursache dafür sein, daß die tatsächliche Anzahl der Isomere kleiner als die hier ermittelte Anzahl ist. Trotzdem wird in der theoretischen Chemie die Methode von G. PÓLYA zum Abzählen chemischer Verbindungen benutzt, denn beim systematischen Ausprobieren unterlaufen erklärlicherweise zu viele Fehler.

Tabelle 13. Anzahlen R_n und S_n der Struktur- bzw. Stereoisomere gesättigter einwertiger Alkohole ohne Berücksichtigung sterischer Behinderungen

n	0	1	2	3	4	5	6	7	8	9	1o	11	12	13	14
R_n	1	1	1	2	4	8	17	39	89	211	5o7	1238	3o57	7639	19241
S_n	1	1	1	2	5	11	28	74	199	551	1553	4436	12832	37496	11o5oo

KAPITEL 8. ENDLICHE GRAPHEN

Ein *(endlicher, ungerichteter, schlingenloser) Graph* $G=(P,K)$ *(ohne Mehrfachkanten)* ist ein Paar, bestehend aus einer v-Menge P von *Ecken* und einer b-Teilmenge $K \subset \mathcal{P}_2(P)$, der Menge der *Kanten.* [1] G ist demnach eine Inzidenzstruktur, aber im allgemeinen keine taktische Konfiguration, denn: Es gilt zwar $|K|=2$ für alle $K \in K$, aber der *Grad einer Ecke* $p \in P$, d.i. die Anzahl $r_p = |\{K \in K;\ p \in K\}|$ aller Kanten durch p, kann von Ecke zu Ecke verschieden sein. Triviale Folgerungen sind:

• <u>(8.1)</u> <u>Satz</u>. In $G=(P,K)$ gilt

$$\sum_{p\in P} r_p = \sum_{K\in K} |K| = 2b. \quad \square$$

• <u>(8.2)</u> <u>Satz</u>. In jedem endlichen Graphen ist die Anzahl der Ecken ungeraden Grades gerade. $\square$

Eine Ecke vom Grad 0 oder 1 heißt *Endecke*, eine Ecke vom Grad $n \geq 2$ heißt *Knotenpunkt*. Unter einem *Kantenzug der Länge* n in $G=(P,K)$ verstehen wir ein $(2n+1)$-Tupel $(p_o,K_1,p_1,K_2,p_2,\ldots,K_n,p_n)$ mit $p_o,p_1,\ldots,p_n \in P$ und $K_1,K_2,\ldots,K_n \in K$ sowie $p_{i-1},p_i \in K_i$ für alle $i \in Z_n$. Ein Kantenzug heißt *einfach*, falls $K_i \neq K_j$ für $i \neq j$ gilt, und *geschlossen* im Falle $p_o = p_n$.
Abweichend von der sonst in der Literatur gebräuchlichen Terminologie [2] nennen wir die Menge der Kanten eines geschlossenen Kantenzugs $(p_o,K_1,p_1,K_2,\ldots,K_n,p_o)$ einen *Kreis*, falls $p_i \neq p_j$ für $i \neq j$ gilt. Ein Graph heißt *zusammenhängend*, falls je zwei Ecken durch einen Kantenzug verbunden werden können. Als *Teilgraphen* eines Graphen $G=(P,K)$ bezeichnen wir jeden Graphen

---

[1] Über die schwierige Frage, ob der Null-Graph $(\emptyset,\emptyset)$ ein Graph ist, informiere sich der Leser in F. HARARY and R. C. READ, *Is the Null-Graph a Pointless Concept in Graphs and Combinatorics*, Lecture Notes in Math. <u>406</u>, ed. R. A. BARI and F. HARARY, Springer 1974.

[2] Oft wird ein solcher Kantenzug selbst als Kreis bezeichnet.

(P',K') mit $P'\subset P$ und $K'\subset K\cap P_2(P')$. Jeder Graph G zerfällt in paarweise disjunkte maximale zusammenhängende Teilgraphen, seine *Zusammenhangskomponenten*; ihre Anzahl wird mit $Zsh(G)$ bezeichnet. Unter der *zyklomatischen Zahl* eines Graphen $G=(P,K)$ verstehen wir die Zahl

$$\zeta(G) := |K|-|P|+Zsh(G) = b-v+Zsh(G).$$

Definieren wir in einem zusammenhängenden Graphen $G=(P,K)$ den *Abstand* $d(p,q)$ *zweier Ecken* p *und* q als Länge des kürzesten Kantenzugs, der p und q verbindet, so prägen wir P damit die Struktur eines metrischen Raumes auf. Im Falle $d(p,q)=1$ nennen wir p einen *Nachbarn von* q.

Der Graph $K_v=(P,P_2(P))$ mit $|P|=v$ heißt *vollständiger Graph auf* v *Ecken*.

Veranschaulichung der sechs vollständigen Graphen K_v mit $v\leq 5$:

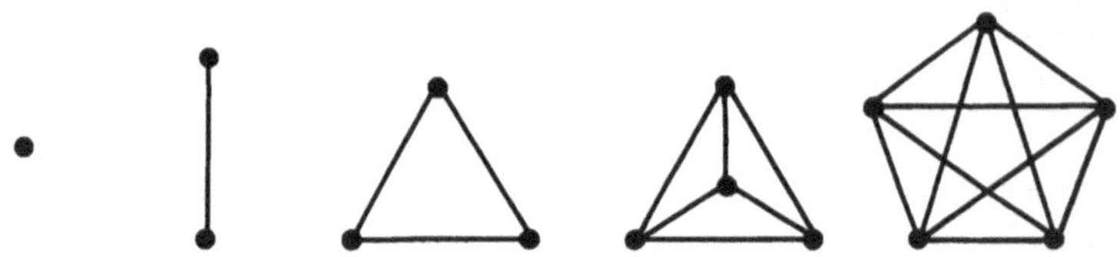

v=0 [3] v=1 v=2 v=3 v=4 v=5

8.1 Bäume und Wälder

Ein Graph G ohne (nichtleere) Kreise heißt *Wald*. Wir charakterisieren die Wälder:

• (8.3) Satz. Für jeden Graphen G gilt $\zeta(G)\geq 0$. Dabei ist $\zeta(G)=0$ genau dann, wenn G ein Wald ist.

Beweis. Für $b=0$ ist die Aussage trivial. Wir nehmen nun an, die Behauptung sei für alle Graphen mit weniger als $b\geq 1$ Kanten

---

[3] Diese Abbildung des Null-Graphen entnehmen wir mit Herrn HARARY's freundlicher und ausdrücklicher Genehmigung aus der umseitig zitierten Arbeit von F. HARARY und R. C. READ.

bewiesen. Ist G ein Wald mit b Kanten, so enthält G mindestens eine Endecke vom Grad 1. Wir entfernen nun eine Endecke vom Grad 1 und die einzige mit ihr inzidente Kante und erhalten so einen Wald G' mit der Kantenanzahl b'=b-1, der Eckenanzahl v'=v-1 und Zsh(G')=Zsh(G). Nach Induktionsannahme gilt damit

$$\begin{aligned}\zeta(G) = b-v+\mathrm{Zsh}(G) &= (b'+1)-(v'+1)+\mathrm{Zsh}(G')\\ &= b'-v'+\mathrm{Zsh}(G') = \zeta(G') = 0.\end{aligned}$$

Ist G hingegen kein Wald, so enthält G einen geschlossenen Kantenzug, aus dem wir eine Kante entfernen können, ohne die Zusammenhangsverhältnisse zu ändern. Der dabei entstehende Teilgraph G' hat die Parameter v'=v, b'=b-1 und Zsh(G')=Zsh(G). Nach Induktionsannahme folgt daher

$$\begin{aligned}\zeta(G) = b-v+\mathrm{Zsh}(G) &= (b'+1)-v'+\mathrm{Zsh}(G')\\ &= \zeta(G')+1 \geq 1. \quad \square\end{aligned}$$

Einen zusammenhängenden Wald, also einen zusammenhängenden Graphen ohne (nichtleere) Kreise, nennen wir *Baum*. Aus (8.3) ergibt sich somit:

• (8.4) Satz. Jeder Baum mit v Ecken besitzt v-1 Kanten. [4] □

Als *Teilbaum eines Graphen* G=(P,K) bezeichnen wir jeden Teilgraphen von G, der ein Baum ist. Ein Teilbaum eines Graphen G heißt *Gerüst von* G, wenn er alle Ecken von G enthält. Entfernen wir in einem zusammenhängenden Graphen, der kein Baum ist, eine Kante eines Kreises, so erhalten wir wieder einen zusammenhängenden Graphen. Es folgt:

• (8.5) Satz. Jeder zusammenhängende Graph enthält ein Gerüst. □

---

[4] Für den Null-Graphen K_0 ist $v=b=\mathrm{Zsh}(K_0)=\zeta(K_0)=0$. In Übereinstimmung mit (8.3) ist K_0 ein Wald und daher auch ein Baum, denn K_0 ist zusammenhängend; nach (8.4) ist K_0 jedoch kein Baum. - Wir warnen den Leser, den Null-Graphen wegen dieses widersprüchlichen Verhaltens moralisch abzuwerten. Ein gerechtes Urteil über K_0 setzt die Lektüre des zitierten Artikels voraus, in dem die Autoren auch dessen gute Seiten würdigen.

Ein Baum, in dem eine Ecke, die *Wurzel* ausgezeichnet ist, heißt *Wurzelbaum*. Die Strukturformeln des gesättigten einwertigen Alkohols $C_nH_{2n+1}OH$ sind Wurzelbäume, wenn man die Hydroxylgruppe OH als Wurzel, die Kohlenstoffatome als Knotenpunkte vom Grad 4, die Wasserstoffatome als Endecken und die Valenzstriche als Kanten deutet.
Wegen ihrer Bedeutung wollen wir als weitere Anwendung der PÓLYAschen Theorie die Anzahl der Wurzelbäume mit v Ecken berechnen.
Außer den Wurzelbäumen ist noch eine Reihe weiterer Gattungen von Bäumen abgezählt worden. Für diese oft sehr scharfsinnigen und trickreichen Abzählungen verweisen wir auf J. RIORDAN, *An Introduction to Combinatorial Analysis*, J. Wiley, New York 1958, und die dort angegebene Literatur.

Für $v,n \in \mathbb{N}_0$ sei $T(v,n)$ die Anzahl derjenigen Wurzelbäume mit v Ecken, deren Wurzel vom Grad n ist; dabei setzen wir $T(0,0)=0$. Mit $T(v)$ bezeichnen wir die Anzahl der Wurzelbäume mit v Ecken. Offensichtlich folgt:

• (8.6) Satz. Es gilt

$$T(v) = \sum_{n=0}^{\infty} T(v,n) = \sum_{n=0}^{v-1} T(v,n). \quad \square$$

Mit Hilfe des folgenden Satzes lassen sich die Anzahlen $T(v)$ rekursiv berechnen.

• (8.7) Satz. Die gewöhnliche erzeugende Funktion

$$F(z) = \sum_{j=0}^{\infty} T(j)z^j$$

der Zahlenfolge $(T(j))_{j\in\mathbb{N}_0}$ genügt der Gleichung

$$F(z) = z\cdot\exp\Big(\sum_{i=1}^{\infty} \frac{F(z^i)}{i} \Big) .$$

Beweis. Es sei $n\in\mathbb{N}$ gegeben und G ein Wurzelbaum, dessen Wurzel den Grad n hat. Weiter sei $m\in\mathbb{N}$ und F die Menge aller Wurzelbäume mit mindestens einer und höchstens m Ecken; F werden wir als Menge der Figuren betrachten. Der Koeffizient von z^v im Polynom

$$Z(S_n; \sum_{j=o}^{m} T(j)z^j, \sum_{j=o}^{m} T(j)z^{2j}, \ldots, \sum_{j=o}^{m} T(j)z^{nj})$$

gibt nach (7.29) die Anzahl der Schemata, d.h. derjenigen Wurzelbäume (P,K) mit $|P|=v+1$ an, deren Wurzel w den Grad n hat und für die gilt: Jede Zusammenhangskomponente des Teilgraphen $(P\setminus\{w\}, K\cap P_2(P\setminus\{w\}))$ hat höchstens m Ecken. Zeichnen wir nun in diesen Zusammenhangskomponenten die (ehemaligen) Nachbarn von w als Wurzeln aus, so erhalten wir Figuren aus F. Für $v\leq n+m$ ist dieser Koeffizient gleich $T(v+1,n)$.

Führen wir im Ring $Q[[z]]$ der formalen Potenzreihen über Q den Grenzübergang $m \longrightarrow \infty$ durch, so erhalten wir

$$\sum_{v=o}^{\infty} T(v+1,n)z^v =$$

$$= Z(S_n; \sum_{j=o}^{\infty} T(j)z^j, \sum_{j=o}^{\infty} T(j)z^{2j}, \ldots, \sum_{j=o}^{\infty} T(j)z^{nj})$$

oder

$$\sum_{v=o}^{\infty} T(v,n)z^v = \sum_{v=1}^{\infty} T(v,n)z^v = \sum_{v=o}^{\infty} T(v+1,n)z^{v+1}$$

$$= z\cdot Z(S_n; F(z), F(z^2), \ldots, F(z^n)).$$

Nach (8.6), (5.15) und den Rechenregeln für formale Potenzreihen (vgl. Anhang) folgt

$$F(z) = \sum_{v=o}^{\infty} T(v)z^v$$

$$= \sum_{v=o}^{\infty} \sum_{n=o}^{\infty} T(v,n)z^v$$

$$= \sum_{n=o}^{\infty} \sum_{v=o}^{\infty} T(v,n)z^v$$

$$= z\cdot\sum_{n=o}^{\infty} Z(S_n; F(z), F(z^2), \ldots, F(z^n))$$

$$= z\cdot\sum_{n=o}^{\infty} \sum_{1\lambda_1+2\lambda_2+\ldots+n\lambda_n=n} \prod_{i=1}^{n} \frac{1}{\lambda_i!}\left(\frac{F(z^i)}{i}\right)^{\lambda_i}$$

$$= z\cdot\lim_{n\to\infty} \sum_{\lambda_1=o}^{\infty} \sum_{\lambda_2=o}^{\infty} \ldots \sum_{\lambda_n=o}^{\infty} \prod_{i=1}^{n} \frac{1}{\lambda_i!}\left(\frac{F(z^i)}{i}\right)^{\lambda_i}.$$

Wir führen nun einen Induktionsschluß durch:

Es ist

$$1 = \exp\left(\sum_{i=1}^{o} \frac{F(z^i)}{i} \right).$$

Wir nehmen an, daß für $n \geq 1$ die Richtigkeit von

$$\sum_{\lambda_1=o}^{\infty} \sum_{\lambda_2=o}^{\infty} \cdots \sum_{\lambda_{n-1}=o}^{\infty} \prod_{i=1}^{n-1} \frac{1}{\lambda_i!} \left(\frac{F(z^i)}{i}\right)^{\lambda_i} =$$

$$= \exp\left(\sum_{i=1}^{n-1} \frac{F(z^i)}{i} \right)$$

bereits bewiesen sei. Dann gilt

$$\sum_{\lambda_1=o}^{\infty} \sum_{\lambda_2=o}^{\infty} \cdots \sum_{\lambda_n=o}^{\infty} \prod_{i=1}^{n} \frac{1}{\lambda_i!} \left(\frac{F(z^i)}{i}\right)^{\lambda_i} =$$

$$= \sum_{\lambda_n=o}^{\infty} \frac{1}{\lambda_n!} \left(\frac{F(z^n)}{n}\right)^{\lambda_n} \sum_{\lambda_1=o}^{\infty} \sum_{\lambda_2=o}^{\infty} \cdots \sum_{\lambda_{n-1}=o}^{\infty} \prod_{i=1}^{n-1} \frac{1}{\lambda_i!} \left(\frac{F(z^i)}{i}\right)^{\lambda_i}$$

$$= \exp\left(\frac{F(z^n)}{n}\right) \cdot \exp\left(\sum_{i=1}^{n-1} \frac{F(z^i)}{i} \right)$$

$$= \exp\left(\sum_{i=1}^{n} \frac{F(z^i)}{i} \right).$$

Insgesamt folgern wir nun

$$F(z) = \sum_{v=o}^{\infty} T(v) z^v$$

$$= z \cdot \lim_{n \to \infty} \left(\exp\left(\sum_{i=1}^{n} \frac{F(z^i)}{i} \right)\right) = z \cdot \exp\left(\sum_{i=1}^{\infty} \frac{F(z^i)}{i} \right).$$

□

Tabelle 14. Anzahlen T(v) der Wurzelbäume

v	0	1	2	3	4	5	6	7	8	9	1o	11	12	13	14	15
T(v)	0	1	1	2	4	9	2o	48	115	286	719	1482	4766	12486	32973	87811

Ein Wurzelbaum, dessen Wurzel den Grad 1 besitzt, heißt *Setzbaum* und die von der Wurzel ausgehende Kante heißt *Stamm*. Es sei nun p eine Ecke in einem *freien Baum* G, d.i. ein Baum ohne ausgezeichnete Ecke. Jeden Teilbaum von G, der selbst ein Setzbaum mit der Wurzel p ist, nennen wir *Ast*. Man überlegt sich leicht, daß ein Baum G mit v Ecken genau ein oder genau zwei *Massenzentren* besitzt, das sind Ecken, von denen aus kein Ast mit mehr als $\frac{v}{2}$ Kanten entspringt. In dem Fall, daß G zwei Massenzentren besitzt, sind diese durch eine Kante, die *Massenachse*, verbunden und die Zahl v ist gerade. Jeder freie Baum, der eine Massenachse besitzt, kann als Konfiguration zweier an der Wurzel durch eine Kante verbundener Wurzelbäume betrachtet werden. Jeder freie Baum mit genau einem Massenzentrum kann als (spezieller) Purzelbaum aufgefaßt werden.

Mit diesen Begriffsbildungen erhält man durch langwierige Berechnungen, wie sie etwa R. OTTER [5] in dieser Form zum ersten Mal durchführte, folgende Aussage:

• <u>(8.8)</u> <u>Satz</u>. Für die Anzahlen t(v) der freien Bäume mit v Ecken ist

$$\sum_{v=0}^{\infty} t(v)z^v = F(z) + \frac{1}{2}(F(z^2)-F(z)^2)$$

die gewöhnliche erzeugende Funktion; F(z) bezeichnet dabei die in (8.7) untersuchte erzeugende Funktion der Zahlen T(v). □

Tabelle 15. Anzahlen t(v) der freien Bäume

v	0	1	2	3	4	5	6	7	8	9	1o	11	12	13	14	15	16
t(v)	0	1	1	1	2	3	6	11	23	47	1o6	235	551	13o1	3159	7741	1932o

8.2 DIE CATALANSCHEN ZAHLEN

Es sei G ein Wurzelbaum mit n≥2 Endecken, dessen Wurzel den Grad 2 und dessen andere Knotenpunkte den Grad 3 haben. Wir versehen alle Knotenpunkte vom Grad 3 mit der Markierung "links" oder "rechts" so, daß zwei Knotenpunkte, die voneinander den Abstand 2 haben und deren Abstände zur Wurzel übereinstimmen, verschiedene Markierungen erhalten. Einen solchen, so markierten Graphen nennen wir *CATALANschen Baum*.

Wir können einen CATALANschen Baum somit als einen auf ein

---

[5] *The Number of Trees*, Ann. Math. <u>49</u> (1948) 583-599.

Blatt Papier gezeichneten Wurzelbaum, dessen Wurzel den Grad 2 und dessen andere Knotenpunkte den Grad 3 haben, interpretieren, wobei ein Knotenpunkt p genau dann mit "links" markiert ist, wenn er links-oberhalb des Knotenpunkts, der zu p benachbart ist und zur Wurzel einen kleineren Abstand hat als p, angebracht ist.

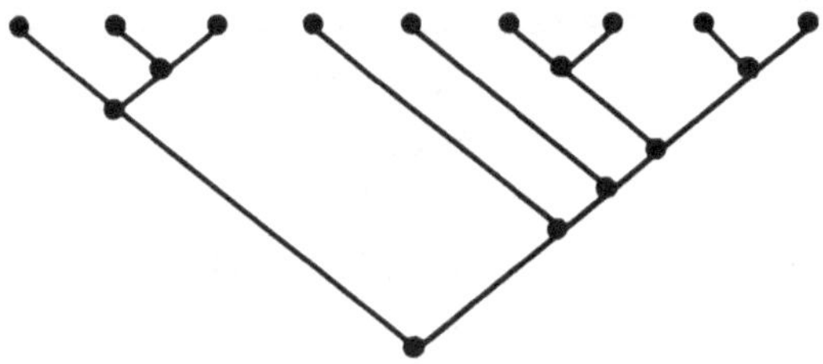

Entfernen wir aus einem CATALANschen Baum die Wurzel und die mit der Wurzel inzidenten Kanten, so bilden die beiden sich ergebenden Zusammenhangskomponenten jeweils wieder einen CATALANschen Baum, wobei die Wurzeln dieser Zusammenhangskomponenten die Nachbarn der ehemaligen Wurzel sind. Umgekehrt können wir auch zwei CATALANsche Bäume durch Hinzufügen eines neuen Punkts und zweier neuer Kanten zu einem CATALANschen Baum zusammensetzen.

Die Anzahl der CATALANschen Bäume mit n Endecken ist nun gleich der Anzahl C(n) der verschiedenen Möglichkeiten, ein Produkt von n Faktoren zu beklammern. Dem oben gezeichneten CATALANschen Baum mit 9 Endecken entspricht dabei folgende Beklammerung der Faktoren $x_1,x_2,\dots,x_9$:

$$(x_1(x_2x_3))(x_4(x_5((x_6x_7)(x_8x_9))))$$

Es gilt C(0)=0 und C(1)=1. Wir nennen die Zahlen C(n) *CATALANsche Zahlen*. Damit folgt

• (8.9) Satz. Die CATALANschen Zahlen C(n) genügen für $n \geq 2$ der Rekursionsformel

$$C(n) = \sum_{k=1}^{n-1} C(k)C(n-k)$$

mit den Anfangsbedingungen C(0)=0 und C(1)=1. □

• (8.1o) Satz. Die gewöhnliche erzeugende Funktion

$$F(z) = \sum_{n=o}^{\infty} C(n)z^n = \sum_{n=1}^{\infty} C(n)z^n$$

der CATALANschen Zahlen genügt der Funktionalgleichung

$$F(z) = z + F(z)^2.$$

Beweis. Es gilt

$$F(z) = \sum_{n=o}^{\infty} C(n)z^n = z + \sum_{n=2}^{\infty} C(n)z^n$$

$$= z + \sum_{n=2}^{\infty} \sum_{k=o}^{n-1} C(k)C(n-k)z^n \qquad \text{nach (8.9)}$$

$$= z + \sum_{i=1}^{\infty} \sum_{j=1}^{\infty} C(i)C(j)z^{i+j}$$

$$= z + \sum_{i=1}^{\infty} \sum_{j=1}^{\infty} C(i)z^iC(j)z^j$$

$$= z + \sum_{i=1}^{\infty} C(i)z^i \sum_{j=1}^{\infty} C(j)z^j = z + F(z)^2. \qquad \square$$

Die Funktionalgleichung aus (8.1o) ist eine quadratische Gleichung; nur die Lösung $F(z)=\frac{1}{2}(1-\sqrt{1-4z})$ dieser Gleichung genügt der Anfangsbedingung $C(0)=0$. Damit folgt:

• (8.11) Satz. Für die CATALANschen Zahlen $C(n)$ ist

$$F(z) = \frac{1}{2}(1-\sqrt{1-4z})$$

die gewöhnliche erzeugende Funktion. □

Entwickeln wir nun $\frac{1}{2}(1-\sqrt{1-4z})$ in eine Potenzreihe, so erhalten wir:

(8.12) Satz. Für $n \in N$ gilt

$$C(n) = \frac{1}{n}\binom{2n-2}{n-1} = \frac{1}{2n-1}\binom{2n-1}{n-1}. \qquad \square$$

Tabelle 16. CATALANsche Zahlen

n	0	1	2	3	4	5	6	7	8	9	1o	11	12	13
C(n)	0	1	1	2	5	14	42	132	429	143o	4862	16796	58786	2o8o12

Wir geben hier noch zwei weitere kombinatorische Deutungen der CATALANschen Zahlen:

a) C(n) ist die Anzahl der möglichen Triangulationen eines konvexen (n+1)-Ecks. So sind beispielsweise die gezeichneten

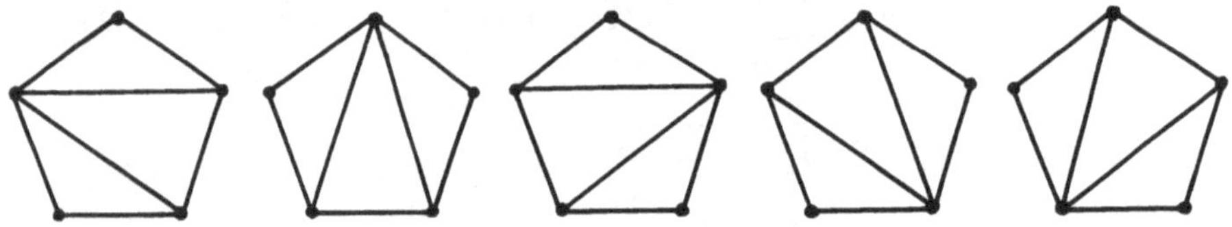

Triangulationen sämtliche Triangulationen eines konvexen 5-Ecks.

b) Zwei Kandidaten A und B erhalten bei einer Stimmauszählung je n-1 Stimmen. Dann gibt es genau C(n) verschiedene Reihenfolgen der Stimmauszählung derart, daß der Kandidat A während der Auszählung nie weniger Stimmen hat als der Kandidat B.

8.3 Das Königsberger Brückenproblem

In Königsberg i. Pr. gabelt sich der Pregel und umfließt eine Insel, die *Kneiphof* heißt. In den dreißiger Jahren des achtzehnten Jahrhunderts wurde das Problem gestellt, ob es wohl möglich wäre, in einem Spaziergang jede der sieben Königsberger Brücken genau einmal zu überschreiten.

Daß ein solcher Spaziergang unmöglich ist, war für L. EULER der Anlaß, mit seiner anno 1735 der Akademie der Wissenschaften in

in St. Petersburg vorgelegten Abhandlung *Solutio problematis ad geometriam situs pertinentis* (Commentarii Academiae Petropolitanae 8 (1741) 128-140) einen der ersten Beiträge zur Topologie zu liefern.

Das Problem besteht darin, im nachfolgend gezeichneten Graphen einen einfachen Kantenzug zu finden, der alle Kanten enthält. Dabei repräsentiert die Ecke vom Grad 5 den Kneiphof und die beiden Ecken vom Grad 2 die Krämerbrücke sowie die Grüne Brücke.

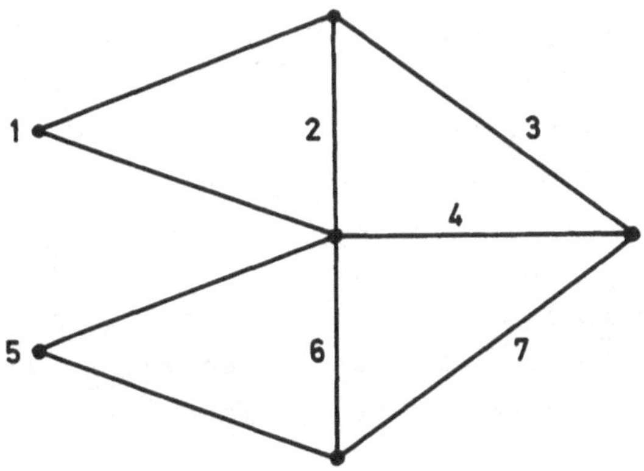

Ein einfacher Kantenzug $(p_o,K_1,p_1,K_2,p_2,\ldots,K_n,p_n)$ in einem Graphen $G=(P,\mathcal{K})$ heißt *EULERsche Linie*, wenn $\{K_1,K_2,\ldots,K_n\}=\mathcal{K}$ gilt; im Fall $p_o=p_n$ sprechen wir von einer *geschlossenen EULERschen Linie*.

• <u>(8.13)</u> <u>Satz</u>. Ein Graph $G=(P,\mathcal{K})$ ohne Ecken vom Grad 0 gestattet genau dann eine geschlossene EULERsche Linie, wenn er zusammenhängend ist und nur Ecken von geradem Grad besitzt.

Beweis. Wir setzen voraus, G enthalte eine geschlossene EULERsche Linie $L=(p_o,K_1,p_1,K_2,\ldots,p_{b-1},K_b,p_o)$. Wegen $r_p\neq 0$ tritt $p\in P$ mindestens einmal als Komponente von L auf. Somit ist G definitionsgemäß zusammenhängend. Tritt nun $p\in P$ in der Reihe $p_o,p_1,p_2,\ldots,p_{b-1}$ nur einmal auf, so folgt offensichtlich $r_p=2$. Gilt jedoch $p=p_i=p_j$ mit $i<j$, so folgt $j-i\geq 3$. Daher sind K_{i+1} und K_j verschieden. Diese Überlegung zeigt: Tritt $p\in P$ in der Reihe $p_o,p_1,p_2,\ldots,p_{b-1}$ genau t-mal auf, so gilt $r_p=2t$.

Für die Umkehrung legen wir einen zusammenhängenden Graphen ohne Ecken ungeraden Grades zugrunde. Wir konstruieren nun einen einfachen geschlossenen Kantenzug; wir gehen dabei von einer Ecke p aus und setzen an jeder Ecke den Kantenzug über eine noch nicht begangene Kante fort, bis wir nicht mehr weiterkommen. Da beim Durchlaufen einer Ecke q jeweils genau zwei der r_q Kanten, die mit q inzidieren, "erledigt" werden, und r_q immer gerade ist, endet der so konstruierte Kantenzug $(p,K_1,p_1,K_2,\ldots,p_{s-1},K_s,p)$ wieder bei p. Enthält nun dieser Kantenzug nicht alle Kanten aus $\mathcal{K}$, so gibt es einen Punkt p_i mit $i\in Z_{s-1}$ und eine Kante K mit $p_i\in K$ und $K\notin\{K_1,K_2,\ldots,K_s\}$. Da aber mit $(p,K_1,p_1,K_2,\ldots,p_{s-1},K_s,p)$ auch $(p_i,K_{i+1},p_{i+1},K_{i+2},\ldots,K_s,p,K_1,p_1,\ldots,p_{i-1},K_i,p_i)$ ein einfacher geschlossener Kantenzug ist, der sich nach der oben gemachten Vorschrift fortsetzen läßt, so erhält man zuletzt einen einfachen geschlossenen Kantenzug, der alle Kanten enthält, also eine geschlossene EULERsche Linie. □

Ist $(P,\mathcal{K})$ ein Graph mit $r_p\in 2Z$ für alle $p\in P$ und $K\in\mathcal{K}$, so ist $(P,\mathcal{K}\setminus\{K\})$ ein Graph mit genau zwei Ecken ungeraden Grades.

Ist umgekehrt (P,K) ein Graph mit genau zwei Ecken p,q ungeraden Grades und $s \notin P$, so ist $(P \cup \{s\}, K \cup \{\{p,s\},\{s,q\}\})$ ein Graph ohne Ecken ungeraden Grades. Aus (8.13) folgt damit:

• (8.14) Satz. Ein Graph ohne Ecken vom Grad 0 gestattet genau dann eine nicht geschlossene EULERsche Linie, wenn er zusammenhängend ist und genau zwei Ecken ungeraden Grades besitzt. Die Anfangs- und Schlußecken nicht geschlossener EULERscher Linien haben einen ungeraden Grad. □

Nach (8.14) läßt sich beispielsweise die hier gezeichnete Figur,

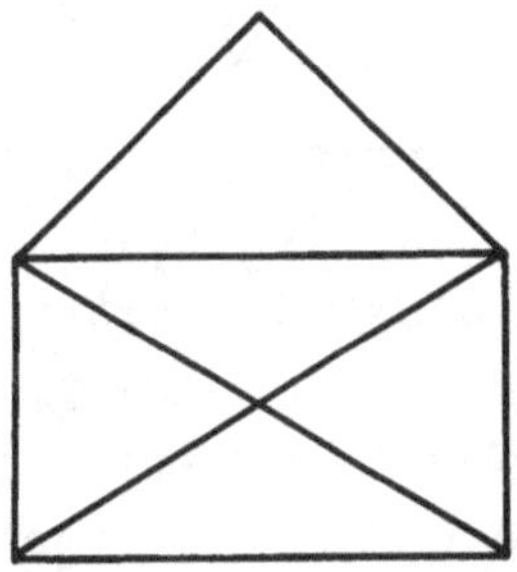

ohne den Bleistift abzusetzen, unter silbenweisem Murmeln des Spruches "*Das ist das Haus vom NI-KO-LAUS*" zeichnen; dabei ist mit der linken oder rechten unteren Ecke zu beginnen. Die Frage, welches Haus mit diesem Kinderspruch gemeint ist, ist unter den Experten umstritten: Wahrscheinlich ist es das Grabmal des hl. NIKOLAUS, Bischof von Myra, in der Kirche von Adalia, der uns gemeinsam mit seinem Knecht RUPRECHT (=KRAMPUS, HANS MUFF oder BELZENRUPPERT) alljährlich die Schuhe mit Süßigkeiten füllt. Möglicherweise ist damit jedoch die Klause des in Sachseln (Unterwalden) gebürtigen hl. NIKOLAUS VON DER FLÜE (1417-1487) gemeint, der seines asketischen Aussehens wegen von einigen Spöttern im eidgenössischen Bundesheer respektlos SACHSELN-GANDHI genannt wird. Sicherlich kann man die Unterkunft des hl. Augustinereremiten NIKOLAUS VON TOLENTINO (1245-1305) sowie die Residenzen der NIKOLÄUSe unter den Zaren ausschließen.

Der Entdecker der Quaternionen, SIR W. R. HAMILTON gab im Jahre 1859 unter dem Titel *The travellers dodecahedron or a voyage round the world* ein Geduldsspiel heraus, dessen Aufgabe es war, auf dem nachfolgend abgebildeten Graphen einen Kantenzug zu

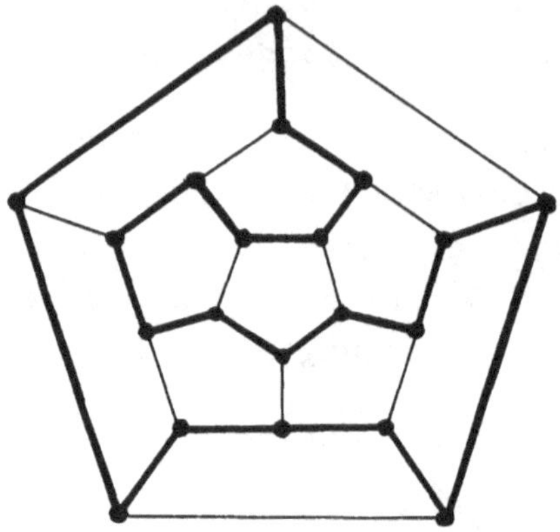

durchlaufen, der jede der zwanzig Ecken genau einmal passiert. Wir bezeichnen einen Kantenzug $(p_o, K_1, p_1, K_2, \ldots, p_{n-1}, K_n, p_n)$ in einem Graphen (P, K) als *HAMILTONschen Weg*, falls $|P| = n+1$ und $P = \{p_o, p_1, \ldots, p_n\}$ oder $|P| = n$, $P = \{p_1, p_2, \ldots, p_n\}$ und $p_o = p_n$ gilt. HAMILTONsche Wege sind also Kantenzüge, in denen jede Ecke des Graphen genau einmal passiert wird. Jeder vollständige Graph K_v gestattet offensichtlich HAMILTONsche Wege:

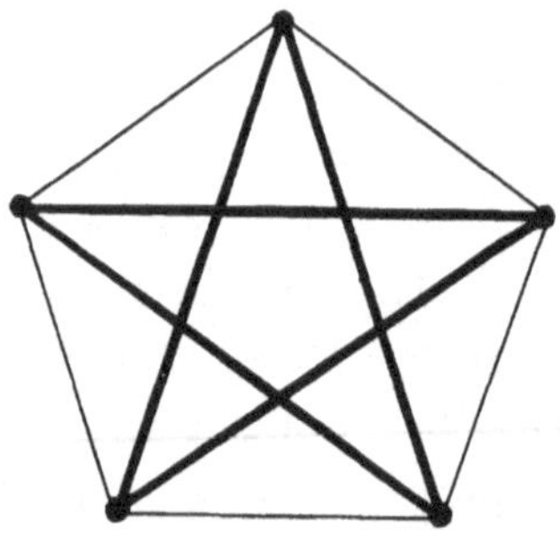

[6]

Die Charakterisierung der Graphen, die HAMILTONsche Wege besitzen, ist allgemein noch nicht gelungen.

---

[6] Die hier gegebene Abbildung eines HAMILTONschen Weges im K_5 wird auch als *Drudenfuß*, *Pentagramma* oder *Salomonis Schlüssel* bezeichnet; vgl. J. W. VON GOETHE, *Faust I*, Verse 1258, 1395 1396.

8.4 PLANARE GRAPHEN

Ein Graph $G=(P,K)$ heißt ***planar***, wenn es eine injektive Abbildung $\varphi: P \longrightarrow R^2$ gibt, so daß jeder Kante $\{p,q\} \in K$ eine rektifizierbare Kurve mit den Endpunkten $\varphi(p)$ und $\varphi(q)$ entspricht, wobei sich die den Kanten zugeordneten Kurven höchstens in gemeinsamen Endpunkten schneiden. Wir nennen nun, um unnötigen sprachlichen Aufwand zu ersparen, eine solche Darstellung eines planaren Graphen in der reellen Ebene R^2 oder auf der 2-dimensionalen Sphäre (die homöomorph zur ALEXANDROFF-Kompaktifizierung von R^2 ist) selbst einen ***planaren Graphen***.

G. KURATOWSKI hat gezeigt [7], daß ein Graph genau dann planar ist, wenn er keinen zu einem KURATOWSKIschen Graphen isomorphen Teilgraphen enthält. Als ***KURATOWSKIsche Graphen*** werden dabei die beiden nachfolgend gezeichneten Graphen bezeichnet,

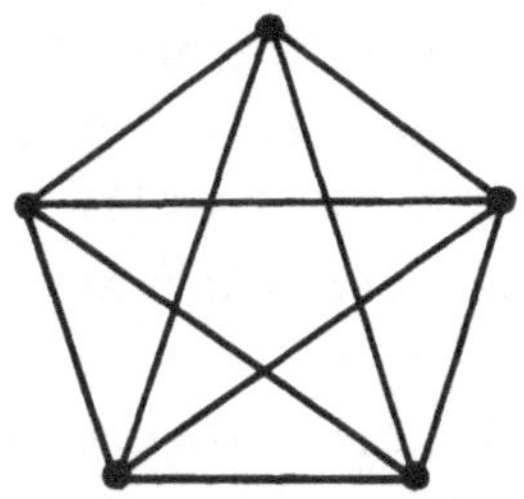

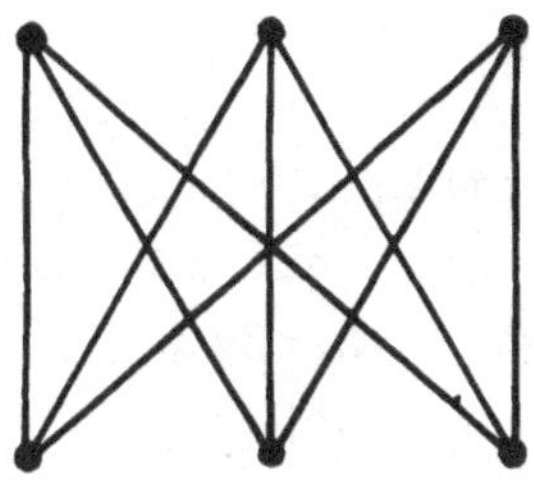

sowie die Graphen, die man erhält, wenn man die Kanten der hier abgebildeten beiden Graphen durch "kantendisjunkte" Kantenzüge ersetzt. Daß der Graph, der durch die rechts abgebildete Figur dargestellt wird, nicht planar ist, besagt, daß drei untereinander verfeindete Nachbarn ihre Zugangswege zur Dorfkirche, zum Wirtshaus und zum Rathaus nicht kreuzungsfrei wählen können. Wir übergehen den KURATOWSKIschen Beweis, da er

---

[7] *Sur le problème des courbes gauches en topologie*, Fund. Math. 15 (193o) 271-283; vgl. auch C. BERGE, *Theorie des graphes et ses applications*, Dunod, Paris 1963, S. 2o5.

topologischer und nicht kombinatorischer Natur ist. In (8.2o) aber zeigen wir, daß die KURATOWSKIschen Graphen nicht planar sind.

Die Menge $V \subset P(K)$ der Vereinigungen beliebig vieler, aber jeweils paarweise disjunkter Kreise eines (nicht notwendig planaren) Graphen $G=(P,K)$ bildet bezüglich der *(mengentheoretischen) symmetrischen Differenz*

$$V \Delta W := (V \cup W) \setminus (V \cap W)$$

als Verknüpfung (Summe) eine abelsche Gruppe, in der bis auf das neutrale Element $\emptyset$ alle Elemente die Ordnung 2 haben. Daher läßt sich V als Vektorraum über dem Primkörper $GF(2)$ der Charakteristik 2 auffassen. Hierbei gilt:

• <u>(8.15)</u> <u>Satz</u>. In einem nicht-leeren zusammenhängenden (nicht notwendig planaren) Graphen $G=(P,K)$ hat der Vektorraum V über $GF(2)$ die Dimension $b-v+1$.

Beweis. Nach (8.5) gibt es in G ein Gerüst $T=(P,K')$. Die Kanten aus $K \setminus K'$ nennen wir *Sehnen*. Zu jeder Sehne $S=\{p,q\}$ gibt es genau einen Kreis $B(S)$ in G, der diese, aber keine andere Sehne enthält, nämlich $\{S,K_1,K_2,\ldots,K_n\}=B(S)$; dabei sind $K_1,K_2,\ldots,K_n$ die sämtlichen Kanten des einzigen einfachen Kantenzugs im Gerüst T, der p und q miteinander verbindet. Es sei nun $\mathcal{B}:=\{B(S);\ S \in K \setminus K'\}$ die Menge dieser Kreise. Nach (8.4) gilt $|\mathcal{B}|=|K \setminus K'|=b-v+1$.

Es ist nun noch zu zeigen, daß $\mathcal{B}$ eine Basis von V ist: Einerseits ist nämlich jede Summe paarweise verschiedener Kreise aus $\mathcal{B}$ von der leeren Menge, also vom Nullvektor verschieden; somit ist $\mathcal{B}$ linear unabhängig. Andererseits besteht jeder Vektor $V \in V$ zugleich aus Kanten des Gerüsts sowie aus Sehnen. Ist nun $W:=B(S_1)\Delta B(S_2)\Delta\ldots\Delta B(S_r)$ die Summe der den Sehnen $S_1,S_2,\ldots,S_r$ aus V zugeordneten Kreise $B(S_1)$, $B(S_2),\ldots,B(S_r)$, so folgt $V\Delta W \subset K'$, da $V \Delta W \in V$ gilt und V und W dieselben Sehnen enthalten. Da die leere Menge der einzige Kreis ist, den $T=(P,K')$ gestattet und $V\Delta W$ ein Kreis ist, folgt $V\Delta W=\emptyset$, also $V=W$. Somit wird V von $\mathcal{B}$ erzeugt. □

Nach dem JORDANschen Kurvensatz (aus der Topologie) zerlegt die Vereinigung der Kreise eines planaren Graphen $G=(P,K)$ die Ebene R^2 in *Flächen* genannte, einfach zusammenhängende Gebiete, von denen genau eines, das wir mit F_∞ bezeichnen, nicht beschränkt ist; mit $\mathcal{F}$ bezeichnen wir die Menge der Flächen von G. Weiter sei $f:=|\mathcal{F}|$. Für $F\in\mathcal{F}$ sei $\rho(F)$ der Kreis, der die Fläche F berandet. Die Menge $\{\rho(F);\ F\in\mathcal{F}\setminus\{F_\infty\}\}$ bildet eine Basis des Vektorraumes $\mathcal{V}$ (vgl. die Erläuterungen auf Seite 124). Mit diesen Bezeichnungen folgt nach (8.15):

• <u>(8.16)</u> <u>*EULERsche*</u> <u>*Polyederformel*</u>. In einem nicht-leeren zusammenhängenden planaren Graphen G gilt

$$v-b+f = 2. \quad \square$$

• <u>(8.17)</u> <u>Satz</u>. In einem planaren Graphen G gilt

$$v-b+f = \mathrm{Zsh}(G)+1 \geq 2. \quad \square$$

Da jeder (nicht-leere) Kreis mindestens 3 Kanten enthält und da jede Kante eines planaren Graphen im Rand von maximal 2 Flächen liegt, folgt $2b \geq \sum_{F\in\mathcal{F}} |\rho(F)| \geq 3f$ und somit

• <u>(8.18)</u> <u>Satz</u>. Hat der planare Graph G mindestens 2 Kanten, so gilt

$$2b \geq 3f. \quad \square$$

Nach (8.17) und (8.18) ergibt sich

$$v \geq b-f+2 \geq b-\tfrac{2}{3}b+2 = \tfrac{1}{3}b+2.$$

Damit erhält man:

• <u>(8.19)</u> <u>Satz</u>. Hat der planare Graph G mindestens 2 Kanten, so gilt

$$3v \geq b+6. \quad \square$$

Mit Hilfe dieser Ungleichungen beweisen wir:

• (8.2o) Satz. Die KURATOWSKIschen Graphen sind nicht planar.

Beweis. Es genügt, aus den beiden Klassen KURATOWSKIscher Graphen jeweils den Graphen mit der geringsten Eckenanzahl zu betrachten, also die beiden auf Seite 123 abgebildeten Graphen.

Der Vertreter der zweiten Klasse hat die Parameter $v=6$ und $b=9$; er enthält keinen geschlossenen Kantenzug der Länge 3. Wäre dieser planar, so würde jede Fläche von mindestens 4 Kanten berandet und somit folgte $2b \geq 4f$. Nach (8.16) gilt $f=5$. Aus der Planarität erhielte man also das merkwürdige Ergebnis $18 \geq 2o$.
Für die erste Klasse KURATOWSKIscher Graphen - *für solche halbe Höllenbrut ist Salomonis Schlüssel gut* [8] - betrachten wir den Vertreter K_5. Dessen Planarität würde nach (8.19) die Ungleichung $15 \geq 16$ implizieren. □

• (8.21) Satz. Jeder planare Graph $G=(P,K)$ besitzt eine Ecke, deren Grad kleiner als 6 ist.

Beweis. Wäre die Behauptung falsch, so folgte nach (8.1)

$$2b = \sum_{p \in P} r_p \geq 6v.$$

Mit (8.19) erhielte man nun die falsche Ungleichung

$$2b \geq 6v \geq 2b+12. \quad \square$$

Ein planarer Graph $G=(P,K)$, dessen Flächen von geschlossenen JORDAN-Kurven berandet werden, heißt *PLATONischer Körper*, wenn es zwei natürliche Zahlen $n \geq 3$ und m gibt, so daß

$$r_p = n \qquad \text{für alle } p \in P,$$

$$|\rho(F)| = m \qquad \text{für alle } F \in \mathcal{F}$$

und

$$|\rho(E) \cap \rho(F)| \leq 1$$

für je zwei verschiedene Flächen E und F gilt.

---

[8] J. W. v. GOETHE, *Faust I*, Vers 1257f.

Da jede Kante eines PLATONischen Körpers G im Rand von genau zwei Flächen auftritt, folgt nach (8.1):

• <u>(8.22)</u> <u>Satz</u>. In einem PLATONischen Körper G gilt

$$2b = vn = fm. \quad \square$$

Mit der Bezeichnung $s:=2(n+m)-nm$ erhält man aus (8.16) nun:

• <u>(8.23)</u> <u>Satz</u>. In einem PLATONischen Körper G gilt

$$f = \frac{4n}{s}, \qquad b = \frac{2nm}{s}, \qquad v = \frac{4m}{s}. \quad \square$$

Da m als Anzahl der Kanten eines Kreises größer als 2 ist und wegen (8.23) $s>0$ gilt, erhalten wir nun für $n\in\{3,4,5\}$ die folgenden fünf (und damit alle) PLATONischen Körper:

$n=3$, $m=3$
Tetraeder

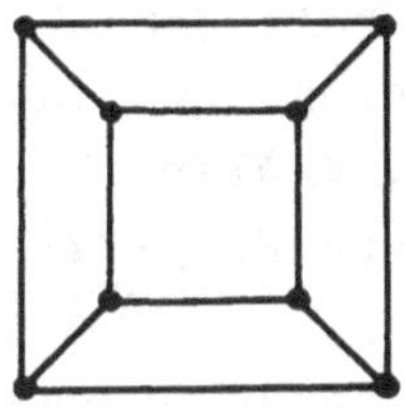

$n=3$, $m=4$
Würfel

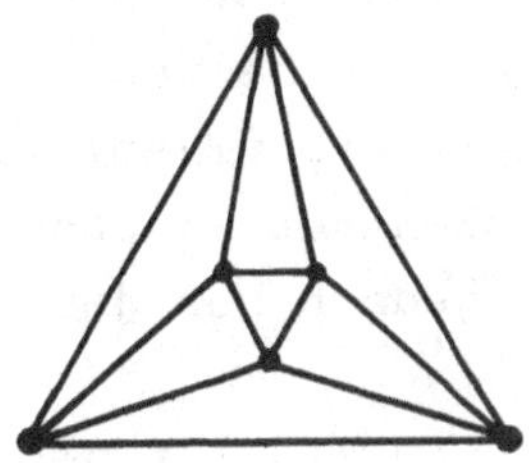

$n=4$, $m=3$
Oktaeder

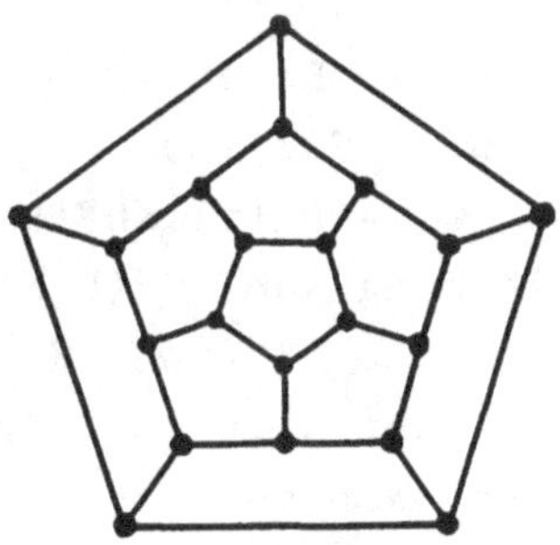

$n=3$, $m=5$
Dodekaeder

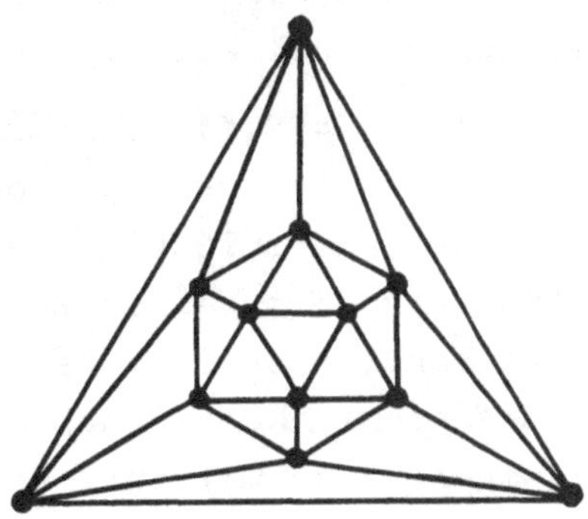

$n=5$, $m=3$
Ikosaeder

Es sei nun $G=(P,K)$ ein nicht notwendig planarer Graph und C eine Menge, deren Elemente wir ***Farben*** nennen. Eine Abbildung $\varphi: P \longrightarrow C$ heißt ***zulässige Färbung von*** G, wenn $\varphi(p) \neq \varphi(q)$ für jede Kante $\{p,q\} \in K$ gilt. Die kleinste aller Kardinalzahlen $|C|$, für die es eine zulässige Färbung $\varphi: P \longrightarrow C$ gibt, heißt ***chromatische Zahl von*** G und wird mit $\chi(G)$ bezeichnet.

Die bislang unbewiesene ***Vier-Farben-Vermutung*** besagt, daß bei jeder möglichen Aufteilung der Erde in zusammenhängende Staatsgebilde 4 Farben genügen, um eine politische Landkarte so zu färben, daß keine zwei gleichgefärbten Staaten eine gemeinsame Grenzlinie besitzen. Wir übersetzen dieses Problem in die Sprache der Graphentheorie, indem wir die Menge aller Staaten als Eckenmenge P betrachten und die Kantenmenge K wie folgt definieren: Für $p,q \in P$ gilt $\{p,q\} \in K$ genau dann, wenn $p \neq q$ gilt und die beiden Staaten eine gemeinsame Grenzlinie besitzen. Die Vier-Farben-Vermutung besagt nun, daß die chromatische Zahl jedes planaren Graphen nicht größer als 4 ist. Bewiesen ist bisher jedoch nur der folgende ***Fünf-Farben-Satz***: [9]

• <u>(8.24)</u> <u>Satz</u>. Für jeden planaren Graphen G gilt $\chi(G) \leq 5$.

Beweis. Für planare Graphen mit weniger als sechs Ecken ist die Behauptung trivialerweise richtig. Nun sei $w \in \mathbb{N}$. Wir nehmen an, daß die Behauptung für alle planaren Graphen mit einer Eckenanzahl aus Z_w bereits bewiesen sei.

Es sei also $G=(P,K)$ ein Graph mit $v=w+1$ Ecken. Nach (8.21) besitzt G eine Ecke p vom Grad $r_p \leq 5$. Gilt nun $r_p < 5$, so können wir jede zulässige Färbung von $G' := (P \setminus \{p\}, K \cap P(P \setminus \{p\}))$ mit fünf Farben zu einer zulässigen Färbung von $G=(P,K)$ mit fünf Farben fortsetzen. Es sei daher nun $r_p = 5$ und G' wie eben definiert. Nach Induktionsannahme läßt sich G' in zulässiger Weise mit fünf Farben färben. Wir betrachten dabei den Fall, daß bei einer solchen Färbung keine zwei (ehemaligen)

---

[9] P. J. HEAWOOD, *Map-colour theorems*, Quart. J. Math. Oxford Ser. 24 (189o) 322-338.

Nachbarn von p gleich gefärbt sind. Der Nachbar a bzw. b von p sei rot bzw. blau gefärbt. Mit G_a bzw. G_b bezeichnen wir den maximalen zusammenhängenden Teilgraphen von G', der die Ecke a bzw. b enthält und dessen Ecken nur die Farben Rot und Blau tragen. Ändern wir nun die Färbung von G', indem wir im Teilgraphen G_a die Farben Rot und Blau vertauschen, so erhalten wir wiederum eine zulässige Färbung von G'. Gilt nun $(P_a,K_a):=G_a\neq G_b=:(P_b,K_b)$, so können wir wegen $P_a\cap P_b=\emptyset$ davon ausgehen, daß G' so umgefärbt ist, daß a und b doch die gleichen Farben tragen. Gilt aber $G_a=G_b$, so gibt es in G_a einen einfachen doppelpunktfreien Kantenzug $(a,K_1,p_1,K_2,\dots,p_{n-1},K_n,b)$. Dann aber ist $L_{ab}:=(a,K_1,p_1,K_2,\dots,p_{n-1},K_n,b,\{a,b\},a)$ ein einfacher geschlossener Kantenzug. Wird nun G in R^2 dargestellt, so ist dabei L_{ab} eine doppelpunktfreie JORDAN-Kurve.

Es sei nun c ein gelb und d ein grün gefärbter (ehemaliger) Nachbar von p. Analog wie oben $G_c=(P_c,K_c)$, $G_d(P_d,K_d)$ und L_{cd}, falls $G_c=G_d$ gilt. O.B.d.A. können wir annehmen, daß in der Darstellung von G in R^2 die Punkte p,a,b,c,d wie in der hier gegebenen Figur angeordnet sind.

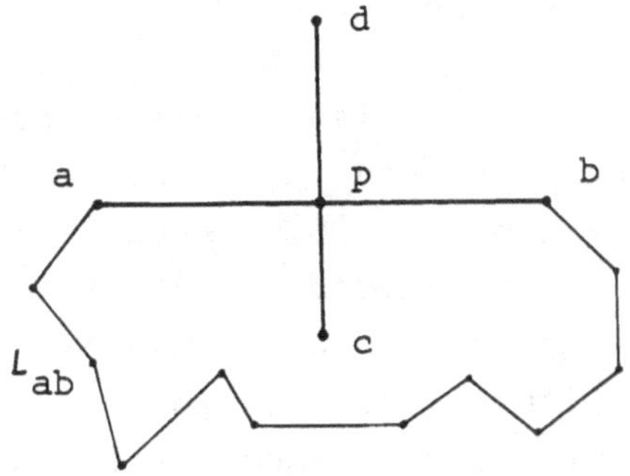

Folglich würden sich im Fall $G_c=G_d$ die JORDAN-Kurven L_{ab} und L_{cd} neben p in einem weiteren Punkt q schneiden. Dann aber wäre q wegen $q\in P_a$ rot oder blau, wegen $q\in P_c$ jedoch gelb oder grün gefärbt. Folglich gilt $P_c\cap P_d=\emptyset$ und wir können somit G' so färben, daß c und d die gleiche Farbe tragen, daß also die 5 Nachbarn von p nur in vier verschiedenen Farben gefärbt sind. Dann aber läßt sich die Färbung von G' zu einer zulässigen Färbung von G mit 5 Farben fortsetzen. □

8.5 INZIDENZGRAPHEN

Es sei $J=(P,\mathcal{B},I)$ eine Inzidenzstruktur mit den Parametern $|P|=v$ und $|\mathcal{B}|=b$. Weiter sei $K:=\{\{p,B\};\ p\in P,\ B\in\mathcal{B},\ pIB\}$. Wegen $P\cap\mathcal{B}=\emptyset$ gilt $|K|=2$ für alle $K\in K$. Somit ist $(P\cup\mathcal{B},K)$ ein Graph, der *Inzidenzgraph von* J. Es sei jetzt umgekehrt ein Graph $G=(P\cup\mathcal{B},K)$ gegeben, dessen Eckenmenge in zwei disjunkte Mengen P und $\mathcal{B}$ derart zerfällt, daß keine Kante ganz in P oder $\mathcal{B}$ liegt. Definieren wir nun durch

$$pIB :\longleftrightarrow \{p,B\}\in K \qquad \text{für } p\in P \text{ und } B\in\mathcal{B}$$

die Inzidenzrelation I, so ist $(P,\mathcal{B},I)$ eine Inzidenzstruktur mit dem Inzidenzgraphen G. Ein Graph G heißt *paarer Graph*, wenn jeder Kreis in G eine gerade Anzahl von Kanten enthält. Insbesondere sind damit auch die Wälder paare Graphen. D. KÖNIG [10] charakterisierte die paaren Graphen:

• (8.25) Satz. Die Klasse der Inzidenzgraphen stimmt mit der Klasse der paaren Graphen überein.

Beweis. Es sei $G=(E,K)$ ein paarer Graph, G_i eine Zusammenhangskomponente von G und p_i eine Ecke aus G_i. Wir teilen die Ecken von G_i auf folgende Weise in die beiden Mengen P_i und $\mathcal{B}_i$ ein: Zu jeder Ecke p von G_i wählen wir einen einfachen Kantenzug L_p, der p und p_i verbindet; die Ecke p gehöre zu P_i, wenn L_p von gerader Länge ist, andernfalls gehöre p zu $\mathcal{B}_i$. Gäbe es zu p zwei einfache Kantenzüge L_p und L'_p unterschiedlicher Parität, die beide p und p_i verbinden, so enthielte die symmetrische Differenz der Kantenmengen von L_p und L'_p einen Kreis mit einer ungeraden Anzahl von Kanten; G wäre also nicht paar. Somit ist die gegebene Einteilung der Ecken von G_i in die beiden Mengen P_i und $\mathcal{B}_i$ unabhängig von der Auswahl der bentzten Kantenzüge. Setzen wir $P:=P_1\cup P_2\cup\ldots\cup P_{Zsh(G)}$ und $\mathcal{B}:=\mathcal{B}_1\cup\mathcal{B}_2\cup\ldots\cup\mathcal{B}_{Zsh(G)}$, so ist $E=P\cup\mathcal{B}$ eine disjunkte Vereinigung. Da für jede Kante $\{p,B\}\in K$ der

[10] *Über Graphen und ihre Anwendung auf Determinantentheorie und Mengenlehre,* Mat. Ann. 77 (1916) 453-465.

Kantenzug $(p,\{p,B\},B)$ die ungerade Länge 1 hat, gehören p und B verschiedenen Mengen unserer Einteilung $E=P\cup\mathcal{B}$ an. Definieren wir nun die Inzidenzrelation wie auf Seite 130, so ist $(P,\mathcal{B},I)$ eine Inzidenzstruktur, G also ein Inzidenzgraph.

Ist nun umgekehrt $G=(P\cup\mathcal{B},K)$ ein Inzidenzgraph mit $P\cap\mathcal{B}=\emptyset$ und der Eigenschaft, daß benachbarte Ecken jeweils den verschiedenen disjunkten Mengen P und $\mathcal{B}$ angehören, so gilt: Ist $(p_o,K_1,p_1,K_2,\ldots,p_{n-1},K_n,p_o)$ ein geschlossener Kantenzug der Länge n, so gilt $p_i\in P$ $(i\geq 2)$ genau dann, wenn $p_{i-2}\in P$ gilt. Folglich ist n gerade. Jeder Kreis von G enthält also eine gerade Anzahl von Kanten. □

Dieser Satz erlaubt es uns, Aussagen über (0,1)-Matrizen, die ja als Inzidenzmatrizen von Inzidenzstrukturen gedeutet werden können, als Aussagen über paare Graphen zu interpretieren. In diesem Zusammenhang verweisen wir insbesondere auf den Abschnitt 1o.3.

Zweiter Teil. Existenzprobleme

Kapitel 9. Zwei graphentheoretische Extremalprobleme

In diesem Kapitel behandeln wir zwei tiefliegende Verallgemeinerungen des DIRICHLETschen Taubenschlagprinzips.

Es sei P eine v-Menge und $M \subset P_2(P)$. Wir können das Paar (P,M) als einen Graphen betrachten. Für $N := P_2(P) \setminus M$ bezeichnen wir (P,N) als den zu (P,M) *komplementären Graphen*. Wir stellen uns im vollständigen Graphen $K_v = (P, M \cup N)$ die Kanten aus M rot und die aus N blau gefärbt vor und bezeichnen einen Teilgraphen von K_v als *rot*, *blau* oder *monochromatisch*, wenn seine Kanten alle rot bzw. blau bzw. nur in einer Farbe gefärbt sind. Wir nennen den K_v (m,n)-*gefärbt*, wenn er keinen roten K_m und keinen blauen K_n enthält.

P. TURAN [1] löste 1941 das Extremalproblem, eine genaue Anzahlbedingung für M zu bestimmen, die die Existenz eines roten vollständigen Teilgraphen mit einer vorgeschriebenen Eckenanzahl garantiert. F. P. RAMSEY [2], der Bruder des unlängst zurückgetretenen Erzbischofs von Canterbury, bewies 193o für gegebene Zahlen m und n die Existenz eines maximalen vollständigen (m,n)-gefärbten Graphen K_v.

Trotz der bemerkenswerten Analogie dieser beiden Extremalaufgaben ist es bisher nicht gelungen, eine scharfe untere Schranke für v im Satz von F. P. RAMSEY zu finden.

---

[1] *Egy gráfelméleti szélsöétekfeladatról*, Mat. Fiz. Lapok 48 (1941) 436-452

[2] *On a problem of formal logic*, Proc. London Math. Soc., 2nd series, 3o (193o) 264-286

9.1 Ein Satz von P. Turan

Es seien $v,m\in\mathbb{N}$ mit $m\geq 2$. Durch $v=t(m-1)+r$ mit $1\leq r\leq m-1$ seien die nicht-negativen ganzen Zahlen t und r bestimmt. Wir setzen

$$M(v,m) := \frac{(m-2)(v^2-r^2)}{2(m-1)} + \binom{r}{2}.$$

Damit ergibt sich:

• (9.1) Satz. Für $v,m\in\mathbb{N}$ mit $2\leq m\leq v$ gibt es einen Graphen $G=(P,K)$ mit $|P|=v$ und $|K|=M(v,m)$, der keinen zu K_m isomorphen Teilgraphen enthält.

Beweis. Es sei P eine v-Menge und $r,t\in\mathbb{N}_0$ wie oben bestimmt. Wir zerlegen P disjunkt in r $(t+1)$-Mengen und $m-r-1$ t-Mengen und fassen je zwei Punkte aus verschiedenen Teilmengen dieser Zerlegung zu einer Kante zusammen. Der dabei entstehende Graph $G=(P,K)$ enthält keinen zu K_m isomorphen Teilgraphen, weil von je m Punkten aus P nach dem DIRICHLETschen Taubenschlagprinzip mindestens zwei gemeinsam in einer der $m-1$ Mengen der Zerlegung liegen und damit nach Konstruktion von G nicht durch eine Kante verbunden sind. Wir betten nun G in den vollständigen Graphen K_v ein und färben die Kanten aus K rot und die aus $P_2(P)\setminus K$ blau. Die Zusammenhangskomponenten des zu G komplementären Graphen $(P,P_2(P)\setminus K)$ sind zu K_t oder K_{t+1} isomorph. Damit folgt

$$\begin{aligned}|P_2(P)\setminus K| &= r\binom{t+1}{2} + (m-1-r)\binom{t}{2}\\ &= \frac{t}{2}(v-m+r+1)\end{aligned}$$

und wir erhalten

$$\begin{aligned}|K| &= \binom{v}{2} - |P_2(P)\setminus K| = \frac{v^2m-2v^2-rm+r+r^2}{2(m-1)}\\ &= \frac{(m-2)(v^2-r^2)}{2(m-1)} + \binom{r}{2} = M(v,m).\end{aligned}$$ □

• (9.2) Satz. Für $m,v\in\mathbb{N}$ mit $2\leq m$ besitzt ein Graph $G=(P,K)$ mit $|P|=v$, der keinen zu K_m isomorphen Teilgraphen enthält, höchstens $M(v,m)$ Kanten.

Beweis. Es seien $r,t \in \mathbb{N}_0$ in Abhängigkeit von v und m wie oben bestimmt. Für $t=0$ gilt $v=r<m$ und somit $M(v,m)=\binom{v}{2}$. In diesem Fall ist die Behauptung trivial. Wir nehmen nun an, die Behauptung sei für $t-1 \geq 0$ bereits bewiesen. Unter den Graphen mit v Ecken, die keinen zu K_m isomorphen Teilgraphen enthalten, sei $G=(P,K)$ ein Graph mit maximaler Kantenanzahl b. Offensichtlich enthält G jedoch einen zu K_{m-1} isomorphen Teilgraphen $G'=(P',K')$. Jede der $v-m+1$ Ecken aus $P \setminus P'$ kann mit höchstens $m-2$ Ecken aus P' durch Kanten aus K verbunden sein, da andernfalls G einen zu K_m isomorphen Teilgraphen enthielte. Nach unserer Induktionsannahme können aus dem gleichen Grunde die $v-m+1=(t-1)(m-1)+r$ Ecken aus $P \setminus P'$ untereinander durch höchstens $M(v-m+1,m)$ Kanten verbunden sein. Damit folgt

$$
\begin{aligned}
|K| &\leq \binom{m-1}{2} + (v-m+1)(m-2) + M(v-m+1,m) \\
&= \frac{(m-1)^2(m-2)+2(m-1)(v-m+1)(m-2)+(m-2)((v-m+1)^2-r^2)}{2(m-1)} + \binom{r}{2} \\
&= M(v,m). \quad \square
\end{aligned}
$$

Die beiden Aussagen dieses Abschnitts fassen wir zusammen:

• (9.3) Satz von P. TURAN. Für $m,v \in \mathbb{N}$ mit $2 \leq m \leq v$ enthält jeder Graph mit v Ecken und mehr als $M(v,m)$ Kanten einen zu K_m isomorphen Teilgraphen. Die Schranke $M(v,m)+1$ für die Anzahl der Kanten kann nicht verbessert werden. □

Tabelle 17. Die *TURAN-Zahlen* $M(v,m)$

m \ v	1	2	3	4	5	6	7	8	9	10	11	12	13	14	15	16	17	18	19
2	0	0	0	0	0	0	0	0	0	0	0	0	0	0	0	0	0	0	0
3	0	1	2	4	6	9	12	16	20	25	30	36	42	49	56	64	72	81	90
4	0	1	3	5	8	12	16	21	27	33	40	48	56	65	75	85	96	108	120
5	0	1	3	6	9	13	18	24	30	37	45	54	63	73	84	96	108	121	135
6	0	1	3	6	10	14	19	25	32	40	48	57	67	78	90	102	115	129	144
7	0	1	3	6	10	15	20	26	33	41	50	60	70	81	93	106	120	135	150
8	0	1	3	6	10	15	21	27	34	42	51	61	72	84	96	109	123	138	154
9	0	1	3	6	10	15	21	28	35	43	52	62	73	85	98	112	126	141	157

9.2 Ein Satz von F. P. RAMSEY

Der hier betrachtete Satz von F. P. RAMSEY verallgemeinert das DIRICHLETsche Taubenschlagprinzip. Wir schicken eine für avantgardistische Musikanten bedeutsame Illustration voraus:

Es seien $r,m,n\in\mathbb{N}$ mit $r\leq m,n$. Dann gibt es eine nur von r, m und n abhängige Zahl $\rho=\rho(r,m,n)$, so daß in jeder Tonleiter P, die mindestens ρ Töne enthält, eine Untertonleiter existiert, die

a) m Töne enthält, so daß alle aus dieser Untertonleiter bildbaren r-stimmigen Akkorde konsonant sind,

oder die

b) n Töne enthält, so daß alle aus dieser Untertonleiter bildbaren r-stimmigen Akkorde dissonant sind;

dabei ist es belanglos, wie die Konsonanz eines r-stimmigen Akkordes definiert ist.

• <u>(9.4)</u> <u>Satz von F. P. RAMSEY</u>. Es seien $r,m,n\in\mathbb{N}$ mit $r\leq m,n$. Dann gibt es eine kleinste natürliche Zahl $\rho=\rho(r,m,n)$, so daß für jede v-Menge P mit $\rho\leq v$ und jede Teilmenge $\mathcal{M}$ von $P_r(P)$ eine m-Teilmenge M von P mit $P_r(M)\subset\mathcal{M}$ oder eine n-Teilmenge N von P mit $P_r(N)\subset P_r(P)\setminus\mathcal{M}=:\mathcal{N}$ existiert.

Die Zahlen $\rho=\rho(r,m,n)$ heißen *RAMSEY-Zahlen*.

Beweis. Zunächst stellen wir fest: Halten sich $m+n-1$ Tauben in den beiden Taubenschlägen $\mathcal{M}$ und $\mathcal{N}$ auf und befinden sich in $\mathcal{M}$ weniger als m Tauben, so sind in $\mathcal{N}$ mindestens n Tauben. Damit folgt

$$\text{(i)} \qquad \rho(1,m,n) = m+n-1 \qquad \text{für } m,n\in\mathbb{N}.$$

Es seien nun $r,m\in\mathbb{N}$ mit $r\leq m$, P eine v-Menge mit $m\leq v$ und $\mathcal{M}\subset P_r(P)$. Gilt $\mathcal{M}\neq P_r(P)$, so gibt es in $\mathcal{N}=P_r(P)\setminus\mathcal{M}$ eine r-Teilmenge $N\subset P$ und man erhält $P_r(N)=\{N\}\subset\mathcal{N}$. Gilt hingegen $\mathcal{M}=P_r(P)$, so folgt $P_r(M)\subset P_r(P)=\mathcal{M}$ für alle m-Teilmengen $M\subset P$. Somit gilt $\rho(r,m,r)\leq m$ und damit

$$\text{(ii)} \qquad \rho(r,m,r) = m \qquad \text{für } r,m\in\mathbb{N} \text{ mit } r\leq m.$$

Sind die RAMSEY-Zahlen $\rho(r,m,n)$ und $\rho(r,n,m)$ als existent erkannt, so gilt trivialerweise

(iii) $\rho(r,m,n) = \rho(r,n,m)$ für $r,m,n \in \mathbb{N}$ mit $r \leq m,n$.

Mit (ii) folgt daher

(iv) $\rho(r,r,n) = n$ für $r,n \in \mathbb{N}$ mit $r \leq n$.

Gibt es die RAMSEY-Zahl $\rho(r,m,n)$, so ist für jede v-Menge P mit $v \geq \rho(r,m,n)$ die Existenz einer m- oder n-Teilmenge von P gesichert; sofern $\rho(r,m,n)$ existiert, gilt also

(v) $\rho(r,m,n) \geq \min\{m,n\}$ für $r,m,n \in \mathbb{N}$ mit $r \leq m,n$.

Für $r \in \mathbb{N}$ bezeichnen wir mit $R(r)$ die folgende Aussage: Für alle $m,n \in \mathbb{N}$ mit $r \leq m,n$ existiert die RAMSEY-Zahl $\rho(r,m,n)$.

Für $r,k \in \mathbb{N}$ mit $2r \leq k$ bezeichnen wir mit $R(r,k)$ die folgende Aussage: Für alle $m,n \in \mathbb{N}$ mit $m+n=k$ und $r \leq m,n$ existiert die RAMSEY-Zahl $\rho(r,m,n)$.

Unsere Behauptung (9.4) besagt gerade, daß $R(r)$ gültig für alle $r \in \mathbb{N}$ ist; dies nun beweisen wir durch Induktion über r. Den Induktionsanfang $R(1)$ liefert uns dabei (i). Es sei nun $r \in \mathbb{N}$ mit $r>1$. Wir setzen die Gültigkeit von $R(r-1)$ als Induktionsannahme voraus. Daß damit $R(r)$ folgt, d.h. die Gültigkeit von $R(r,k)$ für alle $k \geq 2r$, beweisen wir wiederum durch Induktion über k in einem "untergeordneten" Induktionsbeweis. Aus (ii) und (iv) folgt die Richtigkeit von $R(r,2r)$ und $R(r,2r+1)$; für den untergeordneten Induktionsbeweis dient $R(r,2r+1)$ als Induktionsanfang. Es sei nun $k \in \mathbb{N}$ mit $k>2r+1$. Als Induktionsannahme des untergeordneten Induktionsbeweises setzen wir die Gültigkeit von $R(r,k-1)$ voraus. Weiter seien $m,n \in \mathbb{N}$ mit $m+n=k$. Ist nun $m=r$ oder $n=r$, so existiert $\rho(r,m,n)$ wegen (ii) bzw. (iv). Im weiteren dürfen wir daher

(vi) $m,n>r$

voraussetzen. Die Induktionsannahme $R(r,k-1)$ ergibt:

(vii) Es existieren die RAMSEY-Zahlen $\rho_m := \rho(r,m-1,n)$ und $\rho_n := \rho(r,m,n-1)$.

Die Induktionsannahme $R(r-1)$ des übergeordneten Induktionsbeweises besagt:

(viii) Es existieren die RAMSEY-Zahlen $\rho(r-1,s,t)$ für alle $s,t\in\mathbb{N}$ mit $r-1\le s,t$.

Es sei jetzt P eine v-Menge mit

(ix) $v \ge 1+\rho(r-1,\rho_m,\rho_n)$

und $M\cup N=\mathcal{P}_r(P)$ eine disjunkte Vereinigung. Die in (ix) auftretende RAMSEY-Zahl existiert wegen (viii), denn es gilt $\rho_m,\rho_n\ge r>r-1$ nach (v), (vi) und (vii). Weiterhin sei $p\in P$ gegeben. Wir setzen

$$M^p := \{X\in\mathcal{P}_{r-1}(P\setminus\{p\});\ X\cup\{p\}\in M\}$$

und

$$N^p := \{X\in\mathcal{P}_{r-1}(P\setminus\{p\});\ X\cup\{p\}\in N\}.$$

Die Vereinigung $M^p\cup N^p=\mathcal{P}_{r-1}(P\setminus\{p\})$ ist disjunkt. Nach (ix) gilt $|P\setminus\{p\}|\ge\rho(r-1,\rho_m,\rho_n)$. Nach (viii) gibt es daher eine ρ_m-Menge $A\subset P\setminus\{p\}$ mit $\mathcal{P}_{r-1}(A)\subset M^p$ oder eine ρ_n-Menge $B\subset P\setminus\{p\}$ mit $\mathcal{P}_{r-1}(B)\subset N^p$. O.B.d.A. gehen wir von der ersten Alternative aus.
Es ist $(M\cap\mathcal{P}_r(A))\cup(N\cap\mathcal{P}_r(A))=\mathcal{P}_r(A)$ eine disjunkte Vereinigung. Nach (vii) gibt es daher in der ρ_m-Menge A eine $(m-1)$-Teilmenge M' mit $\mathcal{P}_r(M')\subset M\cap\mathcal{P}_r(A)$ oder eine n-Teilmenge N mit $\mathcal{P}_r(N)\subset N\cap\mathcal{P}_r(A)\subset N$. Im zweiten Fall sind wir wegen $N\subset A\subset P$ bereits fertig; deshalb brauchen wir nurmehr zu zeigen, daß im ersten Fall eine m-Teilmenge $M\subset P$ mit $\mathcal{P}_r(M)\subset M$ existiert.
Es sei also $M:=M'\cup\{p\}$. Dann gilt $|M|=m$. Weiter sei $T\in\mathcal{P}_r(M)$. Für $p\notin T$ gilt nun $T\in\mathcal{P}_r(M')\subset M\cap\mathcal{P}_r(A)\subset M$, während für $p\in T$ $T\setminus\{p\}\subset\mathcal{P}_{r-1}(M')\subset\mathcal{P}_{r-1}(A)\subset M^p$ folgt. Für $p\notin T$ wie auch für $p\in T$ folgt also $T\in M$.
Damit existiert also die RAMSEY-Zahl $\rho(r,m,n)$ auch im Falle (vi) und es gilt $R(r,k)$. Dies beendet den untergeordneten Induktionsbeweis und man erhält $R(r,k)$ für alle $k\in\mathbb{N}$ mit $k\ge 2r$, d.h. es gilt $R(r)$. Dies wiederum beendet den übergeordneten Induktionsbeweis. □

Formel (ix) des Beweises von (9.4) liefert die folgende, allerdings sehr grobe Abschätzung:

• <u>(9.5)</u> <u>Satz</u>. Für alle $r,m,n\in\mathbb{N}$ mit $1<r<m,n$ gilt

$$\rho(r,m,n) \le 1+\rho(r-1,\rho(r,m-1,n),\rho(r,m,n-1)). \quad \square$$

Wir betrachten den Fall $r=2$ genauer: Hier besagt der Satz von F. P. RAMSEY, daß ein (m,n)-gefärbter vollständiger Graph weniger als $\rho(2,m,n)$ Ecken besitzt.

• <u>(9.6)</u> <u>Satz</u>. Für $m,n\ge 3$ gilt

$$\rho(2,m,n) \le \rho(2,m-1,n) + \rho(2,m,n-1).$$

Beweis. Es sei p eine Ecke eines (m,n)-gefärbten vollständigen Graphen K_v mit der größtmöglichen Eckenanzahl $v=\rho(2,m,n)-1$ und G der vollständige Teilgraph von K_v auf den v_p Ecken, die mit p durch eine rote Kante verbunden sind. Da G Teilgraph des (m,n)-gefärbten Graphen K_v ist, enthält G keinen blauen K_n. Enthielte G einen roten K_{m-1}, so würde K_v einen roten K_m enthalten, da alle Verbindungskanten von p mit Ecken aus G rot sind. Es folgt

$$v_p \le \rho(2,m-1,n)-1.$$

Daher besitzt K_v maximal

$$\text{(x)} \qquad \tfrac{v}{2}(\rho(2,m-1,n)-1)$$

rote und entsprechend maximal

$$\text{(xi)} \qquad \tfrac{v}{2}(\rho(2,m,n-1)-1)$$

blaue Kanten. Damit folgt

$$\binom{v}{2} = \frac{v(v-1)}{2} \le \tfrac{v}{2}(\rho(2,m-1,n)+\rho(2,m,n-1)-2)$$

und somit

$$\rho(2,m,n) = v+1 \le \rho(2,m-1,n) + \rho(2,m,n-1). \quad \square$$

• <u>(9.7)</u> <u>Satz</u>. Sind für $m,n\in\mathbb{N}$ mit $m,n\ge 3$ die RAMSEY-Zahlen $\rho(2,m-1,n)$ und $\rho(2,m,n-1)$ gerade, so gilt

$$\rho(2,m,n) < \rho(2,m-1,n) + \rho(2,m,n-1).$$

Beweis. Die Schranken (x) und (xi) aus dem Beweis von (9.6) sind für gerade Zahlen $\rho(2,m-1,n)$ und $\rho(2,m,n-1)$ höchstens dann scharf, wenn v gerade ist. Die Abschätzung (9.6) ist aber höchstens dann scharf, wenn die Schranken (x) und (xi) scharf sind. □

• <u>(9.8)</u> <u>Satz</u>. Es gilt $\rho(2,3,3) = 6$.

Beweis. Nach (9.6) und (ii) aus dem Beweis von (9.4) gilt

$$\rho(2,3,3) \leq \rho(2,2,3) + \rho(2,3,2) = 3+3 = 6.$$

Wenn wir die Seiten eines regelmäßigen 5-Ecks rot und die Diagonalen blau färben, so erhalten wir einen (3,3)-gefärbten K_5. Daher gilt $5 \leq \rho(2,3,3)-1$. □

• <u>(9.9)</u> <u>Satz</u>. Es gilt $\rho(2,4,3) = 9$.

Beweis. Nach (ii), (9.7) und (9.8) gilt $\rho(2,4,3)<6+4$, also $\rho(2,4,3) \leq 9$. Wir färben nun die im Bild eingezeichneten Kanten des K_8 rot;

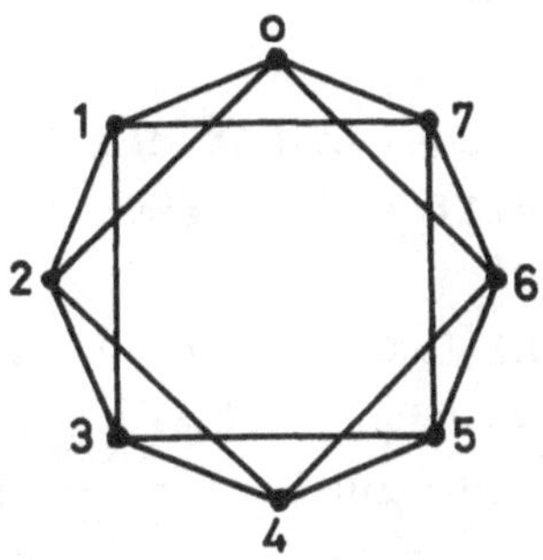

die restlichen Kanten des K_8 färben wir blau. Offensichtlich enthält dieser so gefärbte K_8 keinen roten K_4. Enthielte er einen blauen K_3, so können wir o.B.d.A. annehmen, daß 0 eine Ecke dieses K_3 ist; die mit 0 durch blaue Kanten verbundenen Ecken 3,4,5 sind aber paarweise durch rote Kanten verbunden. Der gegebene K_8 enthält also auch keinen blauen K_3, er ist also (4,3)-gefärbt. Es folgt $\rho(2,4,3)-1 \geq 8$. □

Neben den durch (ii) und (iv) aus dem Beweis von (9.4) bestimmten RAMSEY-Zahlen sind bislang nur die folgenden bekannt:

Tabelle 18. RAMSEY-Zahlen $\rho(2,m,n)$

n \ m	3	4	5	6	7
3	6	9	14	18	23
4	9	18			
5	14				
6	18				
7	23				

Die RAMSEY-Zahlen $\rho(2,3,5)=14$ und $\rho(2,4,4)=18$ werden entsprechend (9.8) und (9.9) bestimmt. Für die Berechnung der Zahlen $\rho(2,3,6)=18$ und $\rho(2,3,7)=23$ reichen die Ungleichungen (9.5), (9.6) und (9.7) nicht mehr aus. Diese Zahlen wurden von G. KÉRY [3] sowie J. E. GRAVER und J. YACKEL [4] gefunden.

9.3 Ein kombinatorisches Problem in der Geometrie

P. ERDÖS und G. SZEKERES [5] lösten mit dem folgenden Satz ein von Fräulein E. KLEIN gestelltes Problem:

• (9.1o) Satz. Zu jeder Zahl $m\in\mathbb{N}$ gibt es eine kleinste Zahl $\kappa(m)$, so daß für alle $\nu\in\mathbb{N}$ mit $\nu\geq\kappa(m)$ jede ν-Menge P von Punkten der EUKLIDischen Ebene zumindest m kollineare Punkte oder ein konvexes m-Eck enthält. Es gilt dabei $\kappa(m)\leq\rho(3,m,\rho(4,m,5))$.

Beweis. Wir dürfen $m\geq4$ voraussetzen. Nun wählen wir $\nu\geq\rho(3,m,\rho(4,m,5))$ und bezeichnen die Menge aller 3-Teilmengen kollinearer Punkte aus P mit M. Dann ist $N:=P_3(P)\setminus M$ die

[3] *Ramsey egy Gráfelmeléti Tételéről*, Mat. Lapok 15 (1964) 2o4-224.

[4] *Some Graph Theoretic Results Associated with Ramsey's Theorem*, J. Comb. Theory 4 (1968) 125-175.

[5] *A combinatorial problem in geometry*, Compositio Math. 2 (1935) 463-47o.

Menge aller Dreiecke von P. Nach (9.4) gibt es nun eine m-Teilmenge M von P mit $P_3(M) \subset M$ oder eine $\rho(4,m,5)$-Teilmenge N von P mit $P_3(N) \subset N$. Im ersten Fall ist M eine Menge von m kollinearen Punkten; P enthält also in diesem Fall m kollineare Punkte. Im zweiten Fall bilden wir die Menge M' aller konvexen Vierecke mit Eckpunkten aus N und setzen $N' := P_4(N) \setminus M'$. Nach (9.4) gibt es in N ein m-Eck M' mit $P_4(M') \subset M'$ oder ein 5-Eck N' mit $P_4(N') \subset N'$. Im Fall der zweiten Alternative liegt ein 5-Eck $N' = \{e_1,e_2,e_3,e_4,e_5\}$ vor, das kein konvexes 4-Eck enthält. Die konvexe Hülle von N' wird also von 3 Punkten aus N', etwa von $\{e_1,e_2,e_3\}$ erzeugt. Die Verbindungsgerade von e_4 und e_5 schneidet zwei Seiten des von e_1,e_2,e_3 gebildeten Dreiecks; keiner dieser beiden Schnittpunkte fällt wegen $N' \subset N$ mit einem Punkt aus $\{e_1,e_2,e_3\}$ zusammen. Die beiden Eckpunkte der Seite, die von der Verbindungsgeraden von e_4 und e_5 nicht geschnitten wird, bilden dann aber zusammen mit e_4 und e_5 ein konvexes 4-Eck, das im Widerspruch zur Definition von N' nicht in N' liegt. Daher muß der erste Fall eintreten, d.h. es gibt ein m-Eck $M' = \{d_1,d_2,\ldots,d_m\}$, dessen sämtliche 4-Ecke konvex sind. Die konvexe Hülle von M' ist ein konvexes n-Eck mit $n \leq m$. Wäre nun $n < m$, so gäbe es einen Punkt, etwa d_1, der im Innern eines aus drei Ecken der konvexen Hülle von M' gebildeten Dreiecks, etwa $\{d_2,d_3,d_4\}$, läge. Wegen $d_2,d_3,d_4 \in M'$ wäre dann aber $\{d_1,d_2,d_3,d_4\}$ ein nicht konvexes 4-Eck in M' im Widerspruch zur Definition von M'. Damit folgt $n = m$ und damit die Behauptung. □

9.4 Eine zahlentheoretische Anwendung des Satzes von F. P. Ramsey

• <u>(9.11)</u> <u>Satz</u>. Zu jedem (n+1)-Tupel $(r,m_1,m_2,\ldots,m_n)$ natürlicher Zahlen mit $r \leq m_1,m_2,\ldots,m_n$ gibt es eine kleinste Zahl $\rho = \rho(r,m_1,m_2,\ldots,m_n) \in \mathbb{N}$, so daß für jede v-Menge P mit $v \geq \rho$ und jede disjunkte Vereinigung $M_1 \cup M_2 \cup \ldots \cup M_n = P_r(P)$ ein $j \in Z_n$ und eine m_j-Teilmenge M von P mit $P_r(M) \subset M_j$ existiert.

Die Zahlen $\rho = \rho(\mathbf{r},m_1,m_2,\ldots,m_n)$ heißen ebenfalls *RAMSEY-Zahlen*.

Beweis. Für $n=1$ ist (9.11) mit $\rho(r,m_1)=m_1$ richtig. Der Induktionsbeweis über n "greift" allerdings erst mit dem Induktionsanfang $n=2$. Dieser Fall wurde in (9.4) bewiesen. Es seien also $n\geq 2$, $r\in\mathbb{N}$ und $r\leq m_1,m_2,\ldots,m_n$ gegeben. Weiter sei $v\geq\rho(r,m_1,m_2,\ldots,m_{n-2},\rho(r,m_{n-1},m_n))$; dabei benützen wir die Induktionsannahme, daß die Behauptung für $n-1$ bereits bewiesen sei, daß also $\rho(r,m_1,m_2,\ldots,m_{n-2},\rho(r,m_{n-1},m_n))$ existiert. Fürderhin sei P eine v-Menge und $M_1\cup M_2\cup\ldots\cup M_n=P_r(P)$ eine disjunkte Vereinigung. Nach Induktionsannahme gibt es ein $j\in Z_{n-2}$ und eine m_j-Teilmenge M von P mit $P_r(M)\subset M_j$ oder es gibt eine $\rho(r,m_{n-1},m_n)$-Teilmenge N von P mit $P_r(N)\subset M_{n-1}\cup M_n$. Im ersten Fall erhalten wir unmittelbar die Behauptung. Im zweiten Fall existiert nach dem Induktionsanfang (9.4) eine m_{n-1}-Teilmenge M' von N mit $P_r(M')\subset M_{n-1}\cap P_r(N)\subset M_{n-1}$ oder eine m_n-Teilmenge M'' von N mit $P_r(M'')\subset M_n\cap P_r(N)\subset M_n$. Gerade dies wird aber in (9.11) behauptet. □

Abgesehen vom DIRICHLETschen Taubenschlagprinzip

$$\rho(1,m_1,m_2,\ldots,m_n) = m_1+m_2+\ldots+m_n-n+1$$

ist für $n>2$ nur die RAMSEY-Zahl

$$\rho(2,3,3,3) = 17$$

bekannt. [6]

Auf I. SCHUR [7] geht folgendes Ergebnis zurück:

• (9.12) Satz. Für alle $m,n\in\mathbb{N}$ mit $m\geq 2$ gibt es eine kleinste Zahl $\sigma(m,n)\in\mathbb{N}$ derart, daß für jede Zahl $v\in\mathbb{N}$ mit $v\geq\sigma(m,n)$ in jeder n-Partition $\{A_1,A_2,\ldots,A_n\}$ von Z_v ein A_j m (nicht notwendig verschiedene) Zahlen $a_1,a_2,\ldots,a_m$ mit $a_1+a_2+\ldots+a_{m-1}=a_m$ enthält.

---

[6] R. E. GREENWOOD and A. M. GLEASON, *Combinatorial relations and chromatic graphs*, Can. J. Math. 7 (1955) 1-7.

[7] *Gesammelte Abhandlungen III*, Springer Berlin-Heidelberg (1973) 461 f.

Beweis. Es sei $v \geq \rho(2,m_1,m_2,\ldots,m_n)$ mit $m_1=m_2=\ldots=m_n=m$. Wir zerlegen $P_2(Z_v)$ in n disjunkte Teilmengen M, die durch $M_i:=\{\{x,y\}\in P_2(Z_v);\ |x-y|\in A_i\}$ für $i\in Z_n$ gegeben sind. Nach (9.11) gibt es ein $j\in Z_n$ und eine m-Teilmenge M von Z_v mit $P_2(M)\subset M_j$. Es sei $M=\{b_1,b_2,\ldots,b_m\}$ mit $b_s<b_t$ für $s<t$. Für $i\in Z_{m-1}$ setzen wir $a_i:=b_{i+1}-b_i$ und weiter $a_m:=b_m-b_1$. Nun gilt $a_1,a_2,\ldots,a_m\in A_j$ und

$$\begin{aligned} a_1+a_2+\ldots+a_{m-1} &= b_2-b_1+b_3-b_2+\ldots+b_m-b_{m-1} \\ &= b_m-b_1 = a_m. \end{aligned}$$

Es folgt $\sigma(m,n)\leq\rho(2,m,m,\ldots,m)$. □

Kapitel 10. Vertretersysteme

Es sei $m\in\mathbb{N}$ und $M:=(M_1,M_2,\ldots,M_m)$ eine (m-)*Familie*, d.h. ein m-Tupel endlicher Mengen M_i. Eine n-Familie $N=(N_1,N_2,\ldots,N_n)$ heißt *Teilfamilie von* M, wenn es eine monoton wachsende injektive Abbildung ζ von Z_n nach Z_m mit $N_i=M_{\zeta(i)}$ für alle $i\in Z_n$ gibt. Mit $\cup M$ sei die Menge $M_1\cup M_2\cup\ldots\cup M_m$ und mit $|M|$ die Anzahl der Komponenten von M, also die Zahl m bezeichnet. Sind $M=(M_1,M_2,\ldots,M_m)$ und $N=(N_1,N_2,\ldots,N_n)$ zwei Familien, so bezeichnen wir mit (M,N) die Familie $(M_1,M_2,\ldots,M_m,N_1,N_2,\ldots,N_n)$. Ist $M=(M_1,M_2,\ldots,M_m)$ eine m-Familie, so heißt ein m-Tupel $(x_1,x_2,\ldots,x_m)$ mit $x_i\in M_i$ für alle $i\in Z_m$ und $x_i\neq x_j$ für alle $i\neq j$ ein *Vertretersystem von* M. Für $M:=(M_1,M_2,M_3,M_4)$ mit $M_1=\{3\}$, $M_2=M_3=\{1,2,3\}$ und $M_4=\{1,3,4\}$ beispielsweise ist das Quadrupel $(3,2,1,4)$ ein Vertretersystem von M; neben diesem besitzt M offenbar nurmehr das Vertretersystem $(3,1,2,4)$.

10.1 Das Heiratsproblem

Wir nehmen an, jeder einzelne einer Menge von Burschen will aus dem Kreis seiner (unverheirateten) Freundinnen ein Mädchen heiraten; es soll dabei durchaus möglich sein, daß ein Mädchen mit mehreren dieser Burschen befreundet ist. P. HALL [1] gab 1935 eine notwendige und hinreichende Bedingung dafür an, daß jeder Bursche eine seiner Freundinnen zur Frau erhält:

• (1o.1) Satz. Eine Familie M endlicher Mengen besitzt genau dann ein Vertretersystem, wenn die *P. HALL-Bedingung* erfüllt ist, d.h. wenn gilt:

$$|\cup N| \geq |N| \quad \text{für alle Teilfamilien } N \text{ von } M. \qquad \square$$

---

[1] *On Representatives of Subsets*, J. London Math. Soc. 1o (1935) 26-3o.

Die P. HALL-Bedingung ist sicher notwendig; denn damit eine solche Massenhochzeit stattfinden kann, müssen je n Burschen insgesamt mindestens n Freundinnen haben.

In (1o.3) verfeinern wir das Resultat von P. HALL, indem wir eine Anzahlabschätzung für die Menge $V(M)$ aller Vertretersysteme einer Familie M angeben. Es ist dabei keine Einschränkung der Problemstellung, wenn wir die Familie $M = (M_1, M_2, \ldots, M_m)$ als *aufsteigend* voraussetzen, d.h. wenn wir

$$|M_1| \le |M_2| \le \ldots \le |M_m|$$

voraussetzen. M. HALL [2] zeigte 1948, daß für eine aufsteigende m-Familie $M = (M_1, M_2, \ldots, M_m)$, die der P. HALL-Bedingung genügt,

$$|V(M)| \ge \prod_{i=1}^{k} (|M_1| - i + 1)$$

mit $k := \min\{m, |M_1|\}$ gilt. Dieses Ergebnis wurde 1967 von R. RADO [3] zu

$$|V(M)| \ge \prod_{i=1}^{k} (|M_i| - i + 1)$$

verbessert, wobei k wie oben bestimmt sei. Wir geben hier eine in einem gewissen Sinne (vgl. (1o.4)) optimale Schranke an, die 197o von P. A. OSTRAND [4] gefunden wurde. Bevor wir jedoch dieses Ergebnis bringen, führen wir noch einige Hilfsüberlegungen durch.

Es sei $M = (M_1, M_2, \ldots, M_m)$ eine aufsteigende Familie endlicher Mengen und N eine n-Menge. Wir wählen eine Permutation $\sigma \in S_m$ derart, daß

$$|M_{\sigma(1)} \setminus N| \le |M_{\sigma(2)} \setminus N| \le \ldots \le |M_{\sigma(m)} \setminus N|$$

gilt. Setzen wir nun

---

[2] *Distinct Representatives of Subsets*, Bull. Am. Math. Soc. 54 (1948) 922-926.

[3] *On the Number of Systems of Distinct Representatives of Sets*, J. London Math. Soc. 42 (1967) 1o7-1o9.

[4] *Systems of Distinct Representatives II*, J. of Math. Analysis and Applic. 32 (197o) 14.

$$M_i[N] := M_{\sigma(i)} \setminus N \quad \text{für } i \in Z_m ,$$

so ist

$$\mathcal{M}[N] := (M_1[N], M_2[N], \ldots, M_m[N])$$

eine aufsteigende Familie. $\mathcal{M}[N]$ und $M_i[N]$ sind dabei durch $\mathcal{M}$ und N bzw. durch M_i und N im allgemeinen nicht eindeutig bestimmt, sondern abhängig von der Wahl von σ. Unabhängig von σ gilt jedoch:

• (1o.2) Satz. Es sei $\mathcal{M}=(M_1,M_2,\ldots,M_m)$ eine aufsteigende m-Familie endlicher Mengen und N eine n-Menge. Dann gilt

$$|M_i|-n \le |M_j[N]| \quad \text{für } i,j \in Z_m \text{ und } i \le j. \quad \square$$

Eine Teilfamilie $\mathcal{N}$ einer Familie $\mathcal{M}$ von endlichen Mengen heißt *kritisch*, falls $|\cup\mathcal{N}|=|\mathcal{N}|$ gilt.

• (1o.3) Satz (P. A. OSTRAND). Es sei $\mathcal{M}=(M_1,M_2,\ldots,M_m)$ eine aufsteigende m-Familie endlicher Mengen, die der P. HALL-Bedingung genügt. Dann gilt

$$|\mathcal{V}(\mathcal{M})| \ge \prod_{i=1}^{m} \max\{1,|M_i|-i+1\}.$$

Beweis. Für $m=1$ besagt die P. HALL-Bedingung, daß M_1 nicht leer ist. Damit gilt für $m=1$ als Induktionsanfang

$$|\mathcal{V}(\mathcal{M})| = |M_1| = \max\{1,|M_1|-1+1\}.$$

Es sei nun $m>1$ und $\mathcal{M}=(M_1,M_2,\ldots,M_m)$ eine aufsteigende Familie endlicher Mengen, die der P. HALL-Bedingung genügt. Als Induktionsannahme setzen wir voraus, daß die Behauptung bereits für jede aufsteigende n-Familie endlicher Mengen mit $n<m$, die der P. HALL-Bedingung genügt, bewiesen sei. Dabei unterscheiden wir die beiden folgenden Fälle:

1) Die (m-1)-Familie $\mathcal{M}':=(M_2,M_3,\ldots,M_m)$ enthält keine kritische Teilfamilie. Ist nun $x_1 \in M_1$ gewählt, so gibt es genauso viele Vertretersysteme von $\mathcal{M}'[\{x\}]$, wie es solche Vertretersysteme von $\mathcal{M}$ gibt, in denen M_1 von x repräsentiert wird. Somit gilt

(i) $\quad |V(M)| = \sum_{x\in M_1} |V(M'[\{x\}])|$.

Weil M' keine kritische Teilfamilie enthält, gilt $|\cup N|\geq|N|+1$ für jede Teilfamilie N von M'. Daher genügt für jedes $x\in M_1$ die Familie $M'[\{x\}]$ der P. HALL-Bedingung. Auf Grund unserer Induktionsannahme folgt daher

(ii) $\quad |V(M'[\{x\}])| \geq \prod_{i=1}^{m-1} \max\{1,|M_{i+1}[\{x\}]|-i+1\}$.

Wegen (i), (ii) und $|M_{i+1}[\{x\}]|\geq|M_{i+1}|-1$ ergibt sich somit

$$|V(M)| \geq |M_1|\cdot\prod_{i=1}^{m-1} \max\{1,|M_{i+1}|-1-i+1\}$$

$$= |M_1|\cdot\prod_{i=2}^{m} \max\{1,|M_i|-i+1\}$$

$$= \prod_{i=1}^{m} \max\{1,|M_i|-i+1\} .$$

2) Die (m-1)-Familie $(M_2,M_3,\ldots,M_m)$ enthält eine kritische Teilfamilie $N:=(M_{\sigma(1)},M_{\sigma(2)},\ldots,M_{\sigma(n)})$, die dann auch eine kritische Teilfamilie von M ist. Mit L bezeichnen wir die zu N "komplementäre" Teilfamilie $(M_{\sigma(n+1)},M_{\sigma(n+2)},\ldots,M_{\sigma(m)})$ von M. Es ist also $\sigma\in S_m$ eine Permutation mit $\sigma(i)<\sigma(j)$, falls $i<j$ und $i,j\in Z_n$ oder falls $i<j$ und $i,j\in Z_m\setminus Z_n$. Wir setzen $N_i:=M_{\sigma(i)}$ für $i\in Z_n$ und $L_i:=M_{\sigma(n+i)}$ für $i\in Z_{m-n}$. Die Familien $N=(N_1,N_2,\ldots,N_n)$ und $L=(L_1,L_2,\ldots,L_{m-n})$ sind aufsteigend und es gilt

(iii) $\quad |M_i| \leq |N_i| \quad$ für $i\in Z_n$.

Da N kritisch ist, gilt insbesondere $|N_n|\leq n$ und damit $|M_i|\leq|N_n|\leq n$ für $i\in Z_{\sigma(n)}$. Damit erhält man wegen $n\leq\sigma(n)$

(iv) $\quad \max\{1,|M_i|-i+1\} = 1 \quad$ für $i\in Z_{\sigma(n)}\setminus Z_n$.

Mit der Induktionsannahme folgt daher wegen $n<m$

(v) $\quad |V(N)| \geq \prod_{i=1}^{n} \max\{1,|N_i|-i+1\}$

$$\geq \prod_{i=1}^{n} \max\{1,|M_i|-i+1\} \qquad \text{nach (iii)}$$

$$= \prod_{i=1}^{\sigma(n)} \max\{1,|M_i|-i+1\} \qquad \text{nach (iv).}$$

Mit der Bezeichnung $r:=\sigma(n)-n$ gilt offenbar

(vi) $L_i = M_{i+n}$ für $i>r$.

Setzen wir weiter $N:=\cup\mathcal{N}$, so folgt wegen $|N|=n$ und (1o.2)

(vii) $|L_i[N]| \geq |L_i|-n$ für $i\in Z_{m-n}$.

Aus (vi) und (vii) ergibt sich

(viii) $|L_i[N]|-i \geq |M_{i+n}|-(i+n)$ für $i>r$.

Wir zeigen nun, daß $\mathcal{L}[N]$ der P. HALL-Bedingung genügt. Es sei also $\mathcal{K}=(L_{i_1}[N],L_{i_2}[N],\ldots,L_{i_k}[N])$ eine Teilfamilie von $\mathcal{L}[N]$. Da $\mathcal{M}$ der P. HALL-Bedingung genügt, gilt für $\mathcal{K}^*:=(L_{i_1},L_{i_2},\ldots,L_{i_k})$ die Abschätzung $|\cup(\mathcal{N},\mathcal{K}^*)|\geq n+k$. Da nun die Komponenten von $\mathcal{K}$ definitionsgemäß zu denen aus $\mathcal{N}$ disjunkt sind, folgt

$$|\cup\mathcal{N}|+|\cup\mathcal{K}| = |\cup(\mathcal{N},\mathcal{K})| = |\cup(\mathcal{N},\mathcal{K}^*)| \geq n+k$$

und somit wegen $|\cup\mathcal{N}|=|N|=n$

$$|\cup\mathcal{K}| \geq k.$$

Damit erfüllt $\mathcal{L}[N]$ die P. HALL-Bedingung.

Wir wenden nun auf $\mathcal{L}[N]$ die Induktionsannahme an und erhalten

$$\text{(ix)}\qquad |\mathcal{V}(\mathcal{L}[N])| \geq \prod_{i=1}^{m-n} \max\{1,|L_i[N]|-i+1\}$$
$$\geq \prod_{i=r+1}^{m-n} \max\{1,|M_{i+n}|-(i+n)+1\} \qquad \text{nach (vi) und (vii)}$$
$$\geq \prod_{i=\sigma(n)+1}^{m} \max\{1,|M_i|-i+1\}\ .$$

Nach (v) und (ix) gilt also

$$\text{(x)}\qquad |\mathcal{V}(\mathcal{N})|\cdot|\mathcal{V}(\mathcal{L}[N])| \geq \prod_{i=1}^{m} \max\{1,|M_i|-i+1\}\ .$$

Ist nun $(x_1,x_2,\ldots,x_n)$ bzw. $(y_1,y_2,\ldots,y_{m-n})$ ein Vertretersystem von $\mathcal{N}$ bzw. $\mathcal{L}[N]$, so folgt wegen $\{x_1,x_2,\ldots,x_n\}=N$ also $\{x_1,x_2,\ldots x_n\}\cap\{y_1,y_2,\ldots,y_{m-n}\}=\emptyset$. Daher ist $(x_1,x_2,\ldots,x_n,y_1,y_2,\ldots,y_{m-n})$ ein Vertretersystem von $(\mathcal{N},\mathcal{L})$. Da $\mathcal{M}$ und $(\mathcal{N},\mathcal{L})$ sich nur durch die Permutation σ unterscheiden, folgt $|\mathcal{V}(\mathcal{M})|=|\mathcal{V}((\mathcal{N},\mathcal{L}))|\geq|\mathcal{V}(\mathcal{N})|\cdot|\mathcal{V}(\mathcal{L}[N])|$. Mit (x) folgt die Behauptung. □

J. H. VAN LINT [5] hat darauf hingewiesen, daß es für die Anzahl der Vertretersysteme einer Familie $(M_1,M_2,...,M_m)$, von der nur die Kardinalzahlen $|M_i|$ bekannt sind, keine bessere Abschätzung gibt. Der folgende Satz zeigt dies:

• <u>(1o.4)</u> <u>Satz</u>. Zu jedem m-Tupel $(m_1,m_2,...,m_m)$ mit $m_i \in N$ für $i \in Z_m$ und $m_1 \leq m_2 \leq ... \leq m_m$ gibt es eine m-Familie $\mathcal{M}=(M_1,M_2,...,M_m)$ mit $|M_i|=m_i$ für $i \in Z_m$ und $|\mathcal{V}(\mathcal{M})|=\prod_{i=1}^{m}\max\{1,m_i-i+1\}$.

Beweis. Es seien die Zahlen $m_i \in N$ mit $m_1 \leq m_2 \leq ... \leq m_m$ gegeben. Wir setzen $M_i:=Z_{m_i}$ für $i \leq m_i$ und $M_i:=Z_{m_i-1} \cup \{i\}$ für $i>m_i$. Konstruieren wir nun ein Vertretersystem von $\mathcal{M}:=(M_1,M_2,...,M_m)$, so gibt es offenbar höchstens m_1 Möglichkeiten, aus M_1 einen Vertreter auszuwählen. Nun sei $n \in Z_m \setminus \{1\}$. Im Fall $n \leq m_n$ gibt es wegen $M_1 \cup M_2 \cup ... \cup M_{n-1}=Z_{\max\{m_{n-1},n-1\}}$ höchstens m_n-n+1 Möglichkeiten, aus M_n einen noch nicht "benutzten" Vertreter auszuwählen. Im Fall $n>m_n$ hingegen bleibt nur die Wahl $n \in M_n$. Damit folgt $|\mathcal{V}(\mathcal{M})| \leq \prod_{i=1}^{m}\max\{1,m_i-i+1\}$. Da $\mathcal{M}$ die P. HALL-Bedingung erfüllt, ergibt sich die Behauptung mit (1o.3). □

Im Gegensatz zu der Abschätzung nach unten von P. A. OSTRAND ist eine obere Schranke für die Anzahl der Vertretersysteme trivial anzugeben; sie wird von Familien paarweise disjunkter endlicher Mengen angenommen:

• <u>(1o.5)</u> <u>Satz</u>. Ist $\mathcal{M}=(M_1,M_2,...,M_m)$ eine Familie endlicher Mengen, so gilt

$$|\mathcal{V}(\mathcal{M})| \leq \prod_{i=1}^{m} |M_i|. \qquad \square$$

P. HALMOS und H. VAUGHAN [6] gaben 195o eine orientalische Verallgemeinerung des Heiratsproblems: Jeder der Söhne des Nach-

---

[5] *Combinatorial Theory Seminar*, Eindhoven Univ. of Technology Lecture Notes in Math. <u>382</u>, Springer Berlin/Heidelberg 1974.

[6] *The Marriage Problem*, Amer. J. of Math. <u>72</u> (195o) 214-215.

folgers des Gesandten Allāhs, des Kalifen al-'Mutadid ibn al-Muwaffaq ibn al-Mutawakkil [7] will sich aus dem Kreise der ihm bekannten Frauen einen Harem vorgegebener Größe einrichten. Wann ist dies möglich? Eine hinreichende und notwendige Bedingung, daß jeder Sohn s sich einen Harem mit $n(s)$ Frauen einrichten kann, ist, daß für jede Teilmenge S von Söhnen die Gesamtanzahl der Frauen, die Söhnen aus S bekannt sind, mindestens gleich $\sum_{s\in S} n(s)$ ist. Der Beweis beruht auf der Möglichkeit, jeden Sohn s durch $n(s)$ Ebenbilder zu ersetzen und diese Ebenbilder zu verheiraten. Dabei soll jedes Ebenbild von s seine Frau aus der Menge der dem Sohn s bekannten Frauen wählen. Die angegebene Bedingung ist dann äquivalent zur P. HALL-Bedingung. Eine Anwendung von (1o.1) und anschliessende Identifizierung der Ebenbilder verhilft den Söhnen des Kalifen zu ihren (disjunkten) Harems. In der zitierten Arbeit weisen P. HALMOS und H. VAUGHAN darauf hin, daß mit dieser Verallgemeinerung auch das berühmte Mönchsproblem von H. BALZAC [8] gelöst wird.

Mit Hilfe dieser Überlegungen erhält man unmittelbar:

• (1o.6) Satz. Ist $J=(P,\mathcal{B},I)$ eine taktische Konfiguration mit den Parametern v,b,r,k und k ein Teiler von r, so gibt es eine v-Partition $\{\mathcal{B}_1,\mathcal{B}_2,\dots,\mathcal{B}_v\}$ von $\mathcal{B}$ mit $|\mathcal{B}_i|=\frac{r}{k}$ für alle $i\in Z_v$ und eine Bijektion φ von P nach $\{\mathcal{B}_1,\mathcal{B}_2,\dots,\mathcal{B}_v\}$ mit $\varphi(p)\subset\mathcal{B}(p)$ für alle $p\in P$. □

---

[7] Kalif al-'Mutadid regierte 892-9o2 n. Chr. in Baghdad. Er ist der Ururenkel des uns allen aus den Erzählungen aus 1001 Nacht wohlbekannten Abbāsidenkalifen Hārūn ar Rašid ibn al Mahdi; dieser Zeitgenosse Karls des Großen und Nachfahre des al-'Abbas ibn 'Aldulmuttalib ibn Hāsim, eines Onkels des Propheten und Schatten Allāhs auf Erden war von 786 bis 8o9 der amīr al-mu'minīn, d.h. der Gebieter der Gläubigen.

[8] *Die hundert tolldreisten Geschichten, IV,9. Die Mönche bei den Novizinnen von Poissy,* Wien 1869.

10.2 Gemeinsame Vertretersysteme

Es sei P eine endliche Menge, $m,m'\in\mathbb{N}$ mit $m\geq m'$ und $\mathcal{M}=(M_1,M_2,\ldots,M_m)$ sowie $\mathcal{M}'=(M_1',M_2',\ldots,M_{m'}')$ jeweils Familien von nicht-leeren Teilmengen von P. Ein Vertretersystem $(x_1,x_2,\ldots,x_m)$ von $\mathcal{M}$ heißt *gemeinsames Vertretersystem von* $\mathcal{M}$ *und* $\mathcal{M}'$, wenn es eine m'-Anordnung $(i_1,i_2,\ldots,i_{m'})$ von Z_m gibt, so daß $(x_{i_1},x_{i_2},\ldots,x_{i_{m'}})$ ein Vertretersystem von $\mathcal{M}'$ ist. Ist $\mathcal{B}=\{B_1,B_2,\ldots,B_m\}$ eine m-Partition einer Menge P, so bezeichnen wir die m-Familie $(B_1,B_2,\ldots,B_m)$ als *geordnete Partition*. Folgender Satz über geordnete Partitionen geht auf die in Fußnote 1, Seite 144 zitierte Arbeit von P. HALL zurück:

• (1o.7) Satz. Zwei geordnete Partitionen $\mathcal{M}=(M_1,M_2,\ldots,M_m)$ und $\mathcal{M}'=(M_1',M_2',\ldots,M_{m'}')$ von P mit $m\geq m'$ besitzen genau dann ein gemeinsames Vertretersystem, wenn für je zwei Teilfamilien $\mathcal{N}\subset\mathcal{M}$ und $\mathcal{N}'\subset\mathcal{M}'$ mit $\bigcup\mathcal{N}'\subset\bigcup\mathcal{N}$ stets $|\mathcal{N}'|\leq|\mathcal{N}|$ gilt.

Beweis. Die Notwendigkeit der genannten Bedingung ist offenkundig. Um nun zu zeigen, daß diese Bedingung auch hinreichend ist, definieren wir die m'-Familie $\mathcal{L}:=(L_1,L_2,\ldots,L_{m'})$ vermöge $L_i:=\{M_j\in\mathcal{M};\ M_j\cap M_i'\neq\emptyset\}$ für $i\in Z_{m'}$ und weisen für $\mathcal{L}$ die Gültigkeit der P. HALL-Bedingung nach.

Es sei also $(L_{i_1},L_{i_2},\ldots,L_{i_l})$ eine Teilfamilie von $\mathcal{L}$. Mit $\mathcal{N}$ bezeichnen wir die Teilfamilie von $\mathcal{M}$, deren Komponenten gerade die Elemente der Vereinigungsmenge

$$\bigcup_{k\in Z_l} L_{i_k} = \bigcup_{k\in Z_l}\{M_j\in\mathcal{M};\ M_j\cap M_{i_k}'\neq\emptyset\}$$

sind. Da jedes Element $x\in M_{i_1}'\cup M_{i_2}'\cup\ldots\cup M_{i_k}'$ in einer Menge M_j von $\mathcal{M}$ liegt und da dieses M_j dann definitionsgemäß eine Komponente von $\mathcal{N}$ ist, gilt $M_{i_1}'\cup M_{i_2}'\cup\ldots\cup M_{i_l}'\subset\bigcup\mathcal{N}$. Wir können die Familie $\mathcal{N}':=(M_{i_1}',M_{i_2}',\ldots,M_{i_l}')$ so umordnen, daß wir eine Teilfamilie von $\mathcal{M}'$ erhalten; daher dürfen wir die genannte Bedingung aus (1o.7) auf $\mathcal{N}$ und $\mathcal{N}'$ anwenden:

$$|L_{i_1} \cup L_{i_2} \cup \ldots \cup L_{i_l}| = |N| \geq |N'| = l$$

L erfüllt also die P. HALL-Bedingung und besitzt somit ein Vertretersystem $(M_{j_1}, M_{j_2}, \ldots, M_{j_{m'}})$. Dieses Vertretersystem ist selbst eine m'-Familie paarweise disjunkter nicht-leerer Mengen; es folgt daher die Existenz eines Vertretersystems $(x_1, x_2, \ldots, x_{m'})$ dieser m'-Familie mit $x_i \in M_{j_i} \cap M'_i$. Somit ist $(x_1, x_2, \ldots, x_{m'})$ auch ein Vertretersystem von M'. Wählen wir nun aus jeder der restlichen $m-m'$ Komponenten von M, die durch $x_1, x_2, \ldots, x_{m'}$ nicht repräsentiert werden, einen Repräsentanten y_r, so ist $(x_1, x_2, \ldots, x_{m'}, y_1, y_2, \ldots, y_{m-m'})$ nach einer eventuellen Umordnung ein Vertretersystem von M und daher ein gemeinsames Vertretersystem von M und M'. □

Folgendes auf G. SCORZA [9] zurückgehendes gruppentheoretisches Ergebnis erhält man als Korollar zu (1o.7):

• (1o.8) Satz. Es sei G eine endliche Gruppe und V und W zwei Untergruppen vom Index m. Dann gibt es m Elemente $x_1, x_2, \ldots, x_m \in G$ mit $x_1V \cup x_2V \cup \ldots \cup x_mV = Wx_1 \cup Wx_2 \cup \ldots \cup Wx_m = G$.

Beweis. Sind $M_1, M_2, \ldots, M_m$ bzw. $M'_1, M'_2, \ldots, M'_m$ die sämtlichen Linksnebenklassen von V bzw. die sämtlichen Rechtsnebenklassen von W in G und setzen wir in (1o.7) $P := G$, $M := (M_1, M_2, \ldots, M_m)$ und $M' := (M'_1, M'_2, \ldots, M'_m)$, so ist die Bedingung aus (1o.7) wegen $|M_i| = |M'_j|$ für $i, j \in Z_m$ trivialerweise erfüllt. Damit folgt die Behauptung. □

Von B. L. VAN DER WAERDEN [10] stammt eine weiter Folgerung:

---

[9] *A propositione di un teorema del Chapman*, Boll. d. Unione Mat. Ital. 6 (1927) 1-6. Für $V=W$ stammt der Satz von G. A. Miller, *On a method due to Galois*, Quart. J. Math. 41 (191o) 382-384.

[10] *Ein Satz über Klasseneinteilungen von endlichen Mengen*, Abh. Math. Sem. Univ. Hamburg 5 (1927) 185-188. Einen kurzen Beweis bringt E. SPERNER, *Note zu der Arbeit von Herrn B. L. van der Waerden: "Ein Satz ..."*, Abh. Math. Sem. Univ. Hamburg 5 (1927) 232.

• (1o.9) Satz. Es sei P eine $m\cdot m'$-Menge mit $m,m'\in\mathbb{N}$ und $m\geq m'$; weiter sei $\mathcal{M}=(M_1,M_2,\ldots,M_m)$ eine geordnete m-Partition von P in m'-Mengen und $\mathcal{M}'=(M_1',M_2',\ldots,M_{m'}')$ eine geordnete m'-Partition von P in m-Mengen. Dann gibt es ein gemeinsames Vertretersystem von $\mathcal{M}$ und $\mathcal{M}'$.

Beweis. Wir prüfen die Bedingung von (1o.7): Es seien $\mathcal{N}\subset\mathcal{M}$ und $\mathcal{N}'\subset\mathcal{M}'$ zwei Teilfamilien mit $\cup\mathcal{N}'\subset\cup\mathcal{N}$. Dann gilt $|\mathcal{N}'|\cdot m=|\cup\mathcal{N}'|\leq|\cup\mathcal{N}|=|\mathcal{N}|\cdot m'$, also $|\mathcal{N}'|\leq|\mathcal{N}|\cdot\frac{m'}{m}\leq|\mathcal{N}|$. □

10.3 (0,1)-Matrizen

Es sei $A=(a_{i,j})$ eine $b\times v$-(0,1)-Matrix. A läßt sich dann als Inzidenzmatrix einer Inzidenzstruktur $J=(P,\mathcal{B},I)$ mit $P=\{p_1,p_2,\ldots,p_v\}$, $\mathcal{B}=\{B_1,B_2,\ldots,B_b\}$ und $a_{i,j}=1 \Longleftrightarrow p_j I B_i$ auffassen. Weiter sei $\alpha\in S_b(v)$ eine b-Anordnung von Z_v. Das b-Tupel $(a_{1,\alpha(1)},a_{2,\alpha(2)},\ldots,a_{b,\alpha(b)})$ heißt ein *Vertretersystem von* A, wenn $\prod_{i\in Z_b} a_{i,\alpha(i)}=1$ gilt. Dies ist äquivalent dazu, daß das b-Tupel $(p_{\alpha(1)},p_{\alpha(2)},\ldots,p_{\alpha(b)})$ ein Vertretersystem der Familie $(\{x\in P;\ xIB_1\},\{x\in P;\ xIB_2\},\ldots,\{x\in P;\ xIB_b\})$ ist. Die Existenz eines Vertretersystems von A impliziert $b\leq v$. Die Matrix

$$\begin{pmatrix}1&1&1\\1&0&0\\1&0&0\end{pmatrix}$$

besitzt beispielsweise kein Vertretersystem.

Aus der Definition der Permanente auf Seite 50 folgt unmittelbar:

• (1o.1o) Satz. Die Anzahl der Vertretersysteme einer $b\times v$-(0,1)-Matrix A berechnet sich als per(A). □

Nach (1o.3) erhalten wir daraus eine untere Abschätzung der Permanente von (0,1)-Matrizen:

• (1o.11) Satz. Es sei A eine $b\times v$-(0,1)-Matrix, deren Zeilen nach der Größe ihrer Zeilensummen angeordnet sind. Dann gilt

$$\operatorname{per}(A) = 0$$

oder

$$\operatorname{per}(A) \geq \prod_{i=1}^{b} \max\{1, z_i - i + 1\} ,$$

wobei mit z_i die Zeilensumme der i-ten Zeile bezeichnet sei. □

Unter dem *Termrang* $\rho(A)$ einer (0,1)-Matrix A verstehen wir die maximale Anzahl von Einsen aus A, von denen keine zwei in einer Zeile oder Spalte stehen. Äquivalent dazu kann man $\rho(A)$ als die Zeilenanzahl der größten quadratischen Untermatrix von A bezeichnen, deren Permanente nicht verschwindet, die nach (1o.1o) also ein Vertretersystem besitzt. D. KÖNIG [11] und E. EGERVÁRY [12] haben den Termrang folgendermaßen charakterisiert:

• (1o.12) Satz. Es sei A eine (0,1)-Matrix und $\rho'(A)$ die Minimalanzahl der Zeilen und Spalten, die jede Eins von A enthalten. Dann ist $\rho'(A)$ gleich dem Termrang $\rho(A)$.

Beweis. Da keine Spalte und keine Zeile von A zwei der $\rho(A)$ Einsen enthält, die zur Ermittlung des Termrangs von A herangezogen werden, folgt $\rho(A) \leq \rho'(A)$.
ρ und ρ' sind gegenüber Zeilen- und Spaltenvertauschungen invariant. Wir dürfen daher annehmen, daß eine minimale Überdeckung der Einsen unserer $b\times v$-Matrix $A=(a_{i,j})$ durch die ersten d Zeilen und die ersten e Spalten realisiert wird. Damit ist $\rho'(A)=d+e$ und A hat die Gestalt

$$A = \begin{pmatrix} A_1 & A_2 \\ A_3 & 0 \end{pmatrix} ,$$

wobei A_1 eine $d\times e$-Matrix, A_2 eine $d\times(v-e)$-Matrix, A_3 eine $(b-d)\times e$-Matrix und 0 eine entsprechende Nullmatrix ist.

---

[11] *Graphok és matrixok*, Mat. Fiz. Lapok 38 (1931) 116-119.

[12] *Matrixok kombinatorius tulajdonságairól*, Mat. Fiz. Lapok 38 (1931) 16-28.

Wir zeigen nun, daß A_2 ein Vertretersystem besitzt: Für $i \in Z_d$ definieren wir $D_i := \{j \in Z_v;\ a_{i,j}=1,\ j>e\}$ und weisen für die Familie $\mathcal{D} := (D_1, D_2, \ldots, D_d)$ die P. HALL-Bedingung nach: Gäbe es nämlich eine Teilfamilie $(D_{i_1}, D_{i_2}, \ldots, D_{i_k})$ von $\mathcal{D}$ mit $D_{i_1} \cup D_{i_2} \cup \ldots \cup D_{i_k} = \{j_1, j_2, \ldots, j_m\}$ und $m<k$, so könnten die Zeilen mit den Nummern $i_1, i_2, \ldots, i_k$ zur Überdeckung der Einsen in A durch die Spalten mit den Nummern $j_1, j_2, \ldots, j_m$ ersetzt werden; dies bedeutete aber $\rho'(A) \leq e+(d-k)+m < e+d = \rho'(A)$. Da also A_2 ein Vertretersystem besitzt, folgt $\rho(A_2)=d$. Analog erhält man $\rho(A_3)=e$. Insgesamt gibt es in A also mindestens $d+e=\rho'(A)$ Einsen, von denen keine zwei in einer Spalte oder Zeile stehen; folglich gilt $\rho(A) \geq \rho'(A)$. □

Der zitierte Beweis von D. KÖNIG für (1o.12) ist erstens graphentheoretischer Natur und zweitens in ungarischer Sprache verfaßt. Diese Umstände sind wohl der Hauptgrund dafür, daß in der Literatur über Vertretersysteme der in Fußnote 1, Seite 144 zitierte Satz von P. HALL über die Existenz von Vertretersystemen eine ungleich wichtigere Stellung als Satz (1o.12) einnimmt, obwohl sich beide Sätze so leicht auseinander herleiten lassen, daß sie als identisch gelten können. Wir zeigen nun, wie der P. HALLsche Satz aus (1o.12) folgt:

Es sei $\mathcal{M}=(M_1, M_2, \ldots, M_b)$ eine Familie von endlichen Mengen, die der P. HALL-Bedingung genügt, und $P := \cup\mathcal{M} =: \{p_1, p_2, \ldots, p_v\}$. Wir ordnen dem Paar $(P,\mathcal{M})$ die $b\times v$-(0,1)-Matrix $A=(a_{i,j})$ zu, die durch $a_{i,j}=1 \Longleftrightarrow p_j \in M_i$ zu. Die P. HALL-Bedingung für $\mathcal{M}$ besagt nun, daß jede Familie von n Zeilen mit $n \leq b$ insgesamt mindestens n Einsen in verschiedenen Spalten enthält. Hätte nun $\mathcal{M}$ kein Vertretersystem, so gäbe es nach (1o.12) d Zeilen und e Spalten mit $d+e=\rho(A)<b$, die alle Einsen aus A überdecken. Die Einsen derjenigen $n:=b-d$ Zeilen, die zur Überdeckung nicht herangezogen werden, stehen damit in den $e<b-d=n$ "Überdeckungsspalten". Mit diesem Widerspruch folgt der P. HALLsche Satz. □

<u>(1o.13)</u> <u>Satz</u>. Es seien $k,b,v\in\mathbb{N}$ und $A=(a_{i,j})$ eine $b\times v$-(0,1)-Matrix, deren Zeilen- und Spaltensummen alle gleich k sind. Dann gilt $b=v$ und A besitzt ein Vertretersystem.

Beweis. Wegen $bk = \sum_{i=1}^{b}\sum_{j=1}^{v} a_{i,j} = vk$ und $k\geq 1$ folgt $b=v$. Nach (1o.12) gibt es d Zeilen und e Spalten mit $d+e=\rho(A)$, die alle Einsen aus A überdecken. Somit gilt $vk\leq dk+ek=\rho(A)k$. Der Termrang $\rho(A)$ kann aber nicht größer als v sein. Daher folgt $vk\leq\rho(A)k\leq vk$ und damit $\rho(A)=v$. Also besitzt A ein Vertretersystem. □

An einer Universität gibt es b Professoren; in einem Semester sollen v Vorlesungen angeboten werden. Jede dieser Vorlesungen gehöre zum Lehrgebiet von genau $k\geq 1$ dieser b Dozenten. Das Lehrgebiet eines jeden Professors umfasse jeweils genau k dieser v Vorlesungen. Nach (1o.13) ist es unter diesen Voraussetzungen möglich, daß jede Vorlesung von einem kompetenten Dozenten gehalten wird, ohne daß ein Dozent mehr als eine Vorlesung geben muß und ohne daß ein Dozent beurlaubt werden muß. Falls der geneigte Leser verschiedentlich feststellt, daß an manchen Universitäten die Dozenten ihre Vorlesung nicht verstehen, möge er nochmals die Richtigkeit des Beweises von Satz (1o.13) überprüfen, bevor er die Berufungs- und Habilitationspolitik dafür verantwortlich macht.

Subtrahieren wir von einer $v\times v$-(0,1)-Matrix A, deren Spalten- und Zeilensummen jeweils gleich $k\geq 1$ sind, eine Permutationsmatrix, die ein Vertretersystem von A beschreibt, so erhalten wir eine $v\times v$-(0,1)-Matrix, deren Zeilen- und Spaltensummen jeweils gleich $k-1$ sind. Durch Induktion erhalten wir damit aus (1o.13) einen - laut G. FROBENIUS [13] - ganz speziellen Satz von geringem Wert:

---

[13] *Über zerlegbare Determinanten*, Sitzungsbericht Preuß. Akad. Wiss. (1917) 274-277. D. KÖNIG, der Satz (1o.14) in *Über Graphen und ihre Anwendungen auf Determinanten und Mengenlehre*, Math. Ann. <u>77</u> (1916) 453-465, bewies, beantwortet auf Seite 24of seines Buches *Theorie der endlichen und unendlichen Graphen*, Akad. Verlagsges. Leipzig 1936, diese Kritik.

• <u>(1o.14)</u> <u>Satz</u>. Zu jeder $v \times v$-(0,1)-Matrix A, deren Spalten- und Zeilensummen jeweils gleich k sind, gibt es k v-reihige Permutationsmatrizen $P_1, P_2, \ldots, P_k$ mit $A = P_1 + P_2 + \ldots + P_k$. □

In der Sprache der Graphentheorie besagt (1o.14), daß sich die Kanten eines jeden paaren Graphen $G = (P \cup \mathcal{B}, K)$ mit $|P| = |\mathcal{B}| = v$ und $P \cap \mathcal{B} = \emptyset$, dessen Ecken alle den Grad k haben, mit k verschiedenen Farben so färben lassen, daß die von jeder Ecke ausgehenden Kanten paarweise verschieden gefärbt sind.

Eine $v \times v$-Matrix mit nicht-negativen reellen Koeffizienten heißt *doppelt stochastisch*, wenn alle Zeilen- und Spaltensummen jeweils gleich 1 sind. Satz (1o.14) läßt sich zu einem Ergebnis von G. BIRKHOFF [14] erweitern:

• <u>(1o.15)</u> <u>Satz</u>. Zu jeder v-reihigen doppelt stochastischen Matrix A gibt es Permutationsmatrizen $P_1, P_2, \ldots, P_t$ und reelle Zahlen $\lambda_1, \lambda_2, \ldots, \lambda_t$ mit $0 \leq \lambda_i \leq 1$ für alle $i \in Z_t$ und $A = \lambda_1 P_1 + \lambda_2 P_2 + \ldots + \lambda_t P_t$ sowie $t \leq v^2 - 2v + 2$. □

Mit anderen Worten: Die doppelt stochastischen Matrizen bilden die konvexe Hülle der Permutationsmatrizen. Der Beweis, der auf demselben Prinzip wie der von (1o.14) beruht, übergehen wir. Aus (1o.15) folgt:

• <u>(1o.16)</u> <u>Satz</u>. Für jede doppelt stochastische Matrix A gilt $0 < \mathrm{per}(A) \leq 1$. □

Für die doppelt stochastische v-reihige Matrix $A = (a_{i,j})$ mit $a_{i,j} = \frac{1}{v}$ gilt $\mathrm{per}(A) = \frac{v!}{v^v}$. Bislang unbewiesen ist die Vermutung von B. L. VAN DER WAERDEN [15], daß für alle doppelt stochastischen Matrizen A die Abschätzung $\mathrm{per}(A) \geq \frac{v!}{v^v}$ gilt

---

[14] *Tres observaciones sobre el algebra lineal*, Univ. Nac. Tucumán Rev. Ser. A <u>5</u> (1946) 147-151.

[15] *Aufgabe 45*, Jber. Deutsche Math. Ver. <u>35</u> (1926) 117. In ihrem Übersichtsartikel *Permanents*, Amer. Math. Monthly <u>72</u> (1965) 577-591, berichten M. MARCUS und W. MINC über den damaligen Wissenstand bezüglich dieser Vermutung.

und $per(A)=\frac{v!}{v^v}$ genau dann gilt, wenn alle Koeffizienten von A den Wert $\frac{1}{v}$ annehmen. Der interessierte Leser sei auch auf H. J. RYSER's Bericht [16] hingewiesen.

10.4 Disjunkte Teilvertretersysteme

Ein Vertretersystem $(x_1,x_2,\dots,x_k)$ einer k-Teilfamilie einer v-Familie $\mathcal{M}=(M_1,M_2,\dots,M_v)$ von endlichen Mengen heißt *Teilvertretersystem von* $\mathcal{M}$; die Zahl $v-k$ bezeichnen wir als dessen *Defekt*. In diesem Abschnitt beweisen wir, einer Darstellung von L. MIRSKY [17] folgend, einen Satz von P. J. HIGGINS [18], der uns über die Existenz von paarweise disjunkten Teilvertretersystemen mit vorgeschriebenen Defekten Auskunft gibt; dabei heißen $(x_1,x_2,\dots,x_k)$ und $(y_1,y_2,\dots,y_l)$ *disjunkt*, wenn $\{x_1,x_2,\dots,x_k\}\cap\{y_1,y_2,\dots,y_l\}=\emptyset$ gilt.

• (1o.17) Satz. Es sei $\mathcal{M}=(M_1,M_2,\dots,M_v)$ eine Familie von Teilmengen einer endlichen Menge M, $b\in\mathbb{N}$ und $d_1,d_2,\dots,d_b\in Z_v$. Es besitzt $\mathcal{M}$ genau dann b paarweise disjunkte Teilvertretersysteme $T_1,T_2,\dots,T_b$ mit den entsprechenden Defekten $d_1,d_2,\dots,d_b$, wenn für jede Teilfamilie $\mathcal{N}\subset\mathcal{M}$ die Bedingung

$$|\cup\mathcal{N}| \geq \sum_{i=1}^{b} \max\{0,|\mathcal{N}|-d_i\}$$

gilt.

Beweis. $\mathcal{M}$ besitze b paarweise disjunkte Teilvertretersysteme $T_1,T_2,\dots,T_b$ mit den zugehörigen Defekten $d_1,d_2,\dots,d_b$. Es sei weiter $\mathcal{N}\subset\mathcal{M}$. Jedes der b Teilvertretersysteme T_i hat mit $\cup\mathcal{M}$ genau $v-d_i$ Elemente, mit $\cup\mathcal{N}$ also mindestens $\max\{0,|\mathcal{N}|-d_i\}$ Elemente gemeinsam. Da die Teilvertretersysteme disjunkt sind, folgt

$$|\cup\mathcal{N}| \geq \sum_{i=1}^{b} \max\{0,|\mathcal{N}|-d_i\}.$$

---

[16] *Permanents and Systems of Distinct Representatives* in *Combinatorial Mathematics and its Applications*, Proc. of the conference held at the Univ. of North Carolina 1967, The Univ. of North Carolina Press, Chapel Hill 1969.

[17] *Transversal Theory*, Acad. Press New York/London 1971, 74f.

Es gelte nun

$$|\cup N| \geq \sum_{i=1}^{b} \max\{0,|N|-d_i\}$$

für jede Teilfamilie $N \subset M$. Weiter seien $D_1,D_2,\ldots,D_b$ paarweise untereinander und zu M disjunkte Mengen mit $|D_i|=d_i$ für alle $i \in Z_b$. Wir zeigen nun, daß die bv-Familie $M' := (D_1 \cup M_1, D_1 \cup M_2, \ldots, D_i \cup M_j, \ldots, D_b \cup M_v)$ der P. HALL-Bedingung genügt. Es sei also $N' := (D_{i_1} \cup M_{j_1}, D_{i_2} \cup M_{j_2}, \ldots, D_{i_n} \cup M_{j_n})$ eine Teilfamilie von M'. Wir bemerken, daß aus $k \neq l$ nicht notwendig $i_k \neq i_l$ oder $j_k \neq j_l$ folgt, und führen die folgenden Bezeichnungen ein: $I := \{i_1,i_2,\ldots,i_n\}$, $J := \{j_1,j_2,\ldots,j_n\}$, $s := |I|$ und $t := |J|$. Damit gilt $s \cdot t \geq n$ und

$$|\cup N'| = \left|\bigcup_{i\in I} D_i \cup \bigcup_{j\in J} M_j\right| = \sum_{i\in I} |D_i| + \left|\bigcup_{j\in J} M_j\right| .$$

Für die Teilfamilie $(M_j)_{j\in J}$ von M gilt nun nach Voraussetzung

$$\left|\bigcup_{j\in J} M_j\right| \geq \sum_{i=1}^{b} \max\{0,t-d_i\} .$$

Damit folgt

$$\begin{aligned} |\cup N'| &\geq \sum_{i\in I} d_i + \sum_{i=1}^{b} \max\{0,t-d_i\} \\ &\geq \sum_{i\in I} d_i + \sum_{i\in I} (t-d_i) + \sum_{i\in Z_b\setminus I} \max\{0,t-d_i\} \\ &\geq \sum_{i\in I} t \\ &= st \geq n = |N'| . \end{aligned}$$

M' erfüllt also die P. HALL-Bedingung und besitzt damit nach (1o.1) ein Vertretersystem $(x_{1,1},x_{1,2},\ldots,x_{i,j},\ldots,x_{b,v})$. Da die Komponenten eines Vertretersystems untereinander alle verschieden sind, gibt es zu jedem $i \in Z_b$ wegen $|D_i|=d_i$ mindestens $v-d_i$ Elemente $x_{i,j} \in D_i \cup M_j$ mit $x_{i,j} \notin D_i$ in diesem Vertretersystem. Diese Elemente $x_{i,j}$ liegen damit also jeweils in M_j und sind daher die Komponenten eines Teilvertretersystems T_i von M vom Defekt $d_i' \leq d_i$. Da die Elemente

---

[18] *Disjoint transversals of subsets*, Canad. J. Math. 11 (1959) 28o-285.

$x_{1,1}, x_{1,2}, \ldots, x_{i,j}, \ldots, x_{b,v}$ paarweise verschieden sind, sind auch die b Teilvertretersysteme T_i paarweise disjunkt. □

Satz (1o.17) wurde für den Fall $b=1$ von O. ORE [19] bewiesen.

10.5 Das GALE-RYSER-Kriterium

In diesem Abschnitt beweisen wir mit Hilfe von (1o.17) in der Sprache der (0,1)-Matrizen ein Kriterium für die Existenz von Inzidenzstrukturen. Die Existenzbedingung stellt Forderungen an die Parameter der Inzidenzstruktur.

$A=(a_{i,j})$ sei eine $b\times v$-(0,1)-Matrix mit dem Zeilensummenvektor $Z=(z_1,z_2,\ldots,z_b)$ und dem Spaltensummenvektor $S=(s_1,s_2,\ldots,s_v)$, d.h. es gelte $z_i=a_{i,1}+a_{i,2}+\ldots+a_{i,v}$ und $s_j=a_{1,j}+a_{2,j}+\ldots+a_{b,j}$ für alle $i\in Z_b$ bzw. $j\in Z_v$. Ausgehend von A konstruieren wir die $b\times v$-(0,1)-Matrix $\overline{A}$, indem wir in jeder Zeile die Einsen nach links und die Nullen nach rechts versetzen, d.h. die i-te Zeile von $\overline{A}$ hat die Gestalt $(1,1,\ldots,1,0,0,\ldots,0)$, wobei die ersten z_i Komponenten dieser Zeile gleich 1 und die übrigen Komponenten gleich 0 sind. $\overline{A}$ besitzt also den gleichen Zeilensummenvektor Z wie A. Der Spaltensummenvektor von $\overline{A}$ sei mit $\overline{S}=(\overline{s}_1,\overline{s}_2,\ldots,\overline{s}_v)$ bezeichnet. Offensichtlich gilt $\overline{s}_j=|\{i\in Z_b;\ z_i\geq j\}|$.
Wir nennen einen Vektor *absteigend*, wenn seine Komponenten eine (schwach) monoton fallende Folge bilden. Wir sagen von zwei v-Tupeln $X=(x_1,x_2,\ldots,x_v)$ und $Y=(y_1,y_2,\ldots,y_v)$ mit Komponenten aus N_o, daß X von Y *majorisiert werde*, wenn es zwei Permutationen $\varphi,\psi\in S_v$ gibt, so daß $(x_{\varphi(1)},x_{\varphi(2)},\ldots,x_{\varphi(v)})$ und $(y_{\psi(1)},y_{\psi(2)},\ldots,y_{\psi(v)})$ absteigend sind, und wenn

$$\sum_{i=1}^{n} x_{\varphi(i)} \leq \sum_{i=1}^{n} y_{\psi(i)} \quad \text{für alle } n\in Z_{v-1}$$

[19] *Graphs and matching theorems*, Duke Math. J. 22 (1955) 625-639.

sowie

$$\sum_{i=1}^{v} x_i = \sum_{i=1}^{v} y_i$$

gilt.

Nehmen wir nun an, daß der Spaltensummenvektor S der zu Beginn dieses Abschnitts eingeführten Matrix A absteigend ist, so folgt aus der Konstruktionsvorschrift für die Matrix $\overline{A}$, daß S von $\overline{S}$ majorisiert wird. Wir bemerken, daß eine Spaltenpermutation von A keinen Einfluß auf die Gestalt von $\overline{A}$ hat; die Voraussetzung, S sei absteigend, ist also nicht wesentlich.

D. GALE [20] fand eine notwendige und hinreichende Bedingung für die Existenz einer (0,1)-Matrix mit vorgeschriebenem Zeilen- und Spaltensummenvektor. Unabhängig davon entdeckte H. J. RYSER [21] dasselbe Kriterium. Es besagt im wesentlichen, daß die Majorisierung von S durch $\overline{S}$ auch hinreichend ist.

• <u>(1o.18)</u> <u>GALE-RYSER-Kriterium</u>. Es seien $b,v \in \mathbb{N}$, $Z=(z_1,z_2,\ldots,z_b)$ bzw. $S=(s_1,s_2,\ldots,s_v)$ ein b-Tupel bzw. ein v-Tupel nicht-negativer ganzer Zahlen, $\overline{s}_j := |\{i \in Z_b;\ z_i \geq j\}|$ für alle $j \in Z_v$ und $\overline{S} := (\overline{s}_1,\overline{s}_2,\ldots,\overline{s}_v)$. Es gibt unter diesen Voraussetzungen genau dann eine $b \times v$-(0,1)-Matrix A mit Zeilensummenvektor Z und Spaltensummenvektor S, wenn S von $\overline{S}$ majorisiert wird und $z_i \leq v$ für alle $i \in Z_b$ gilt.

Beweis. Die Notwendigkeit der angegebenen Bedingung haben wir oben bereits eingesehen.

Wir setzen nun voraus, daß S absteigend ist und von $\overline{S}$ majorisiert werde. Weiter sei $M=(M_1,M_2,\ldots,M_v)$ eine Familie von paarweise disjunkten Mengen M_j mit $|M_j|=s_j$. Wir zeigen nun, daß M paarweise disjunkte Teilvertretersysteme $T_1,T_2,\ldots,T_b$ besitzt, wobei T_i jeweils ein z_i-Tupel ist.

---

[20] *A theorem on flows in networks*, Pacific J. Math. <u>7</u> (1957) 1o73-1o82.

[21] *Combinatorial properties of matrices of zeros and ones*, Canad. J. Math. <u>9</u> (1957) 371-377.

Aus $\sum_{j=1}^{n} s_j \leq \sum_{j=1}^{n} \bar{s}_j$ für alle $n \in Z_{v-1}$ und $\sum_{j=1}^{v} s_j = \sum_{j=1}^{v} \bar{s}_j$ folgt

$$\text{(i)} \qquad \sum_{j=v-n+1}^{v} s_j \geq \sum_{j=v-n+1}^{v} \bar{s}_j \qquad \text{für alle } n \in Z_v \; .$$

Es sei nun $N=(M_{j_1}, M_{j_2}, \ldots, M_{j_n})$ eine Teilfamilie von M. Dann gilt

$$
\begin{aligned}
|\cup N| &= \Big|\bigcup_{l=1}^{n} M_{j_l}\Big| \\
&= \sum_{l=1}^{n} s_{j_l} \\
&\geq \sum_{j=v-n+1}^{v} s_j \qquad \text{weil } S \text{ absteigend ist} \\
\text{(ii)} \quad &\geq \sum_{j=v-n+1}^{v} \bar{s}_j \qquad \text{nach (i)} \\
&= \sum_{j=v-n+1}^{v} |\{i \in Z_b ;\ z_i \geq j\}| \\
&= \sum_{j=v-n+1}^{v} \sum_{i=1}^{b} \varepsilon_{i,j} \qquad \text{mit } \varepsilon_{i,j} := \begin{cases} 1 & \text{falls } z_i \geq j \\ 0 & \text{sonst} \end{cases} \\
&= \sum_{i=1}^{b} \sum_{j=v-n+1}^{v} \varepsilon_{i,j} \\
\text{(iii)} \quad &= \sum_{i=1}^{b} \sum_{j=v-n+1}^{z_i} 1 \qquad \text{wegen } z_i \leq v \text{ für alle } i \in Z_b \\
&= \sum_{i=1}^{b} \max\{0, n-v+z_i\} \\
&= \sum_{i=1}^{b} \max\{0, |N|-(v-z_i)\} \; .
\end{aligned}
$$

Nach (1o.17) besitzt M also b paarweise disjunkte Teilvertretersysteme $T_i=(x_{i,1}, x_{i,2}, \ldots, x_{i,z_i})$ mit den jeweiligen Defekten $v-z_i$.

Wir definieren nun eine $b \times v$-(0,1)-Matrix $A=(a_{i,j})$ durch

$$a_{i,j} := \begin{cases} 0 & \text{falls } \{x_{i,1}, x_{i,2}, \ldots, x_{i,z_i}\} \cap M_j = \emptyset \\ 1 & \text{sonst} \end{cases} .$$

Offenbar ist Z der Zeilensummenvektor von A. Die Spaltensummen $s'_1, s'_2, \ldots, s'_v$ von A genügen wegen $|M_j| = s_j$ der Ungleichnung

(iv) $\quad s'_j \le s_j \quad$ für alle $j \in Z_v$.

Durch zweifaches Abzählen der Einsen in A erhält man

(v) $$\sum_{i=1}^{b} z_i = \sum_{j=1}^{v} s'_j \ .$$

Setzen wir in (iii) $n := v$, so ergibt sich (vgl. (ii),(iii))

(vi) $$\sum_{j=1}^{v} \bar{s}_j = \sum_{i=1}^{b} \sum_{j=1}^{z_i} 1 = \sum_{i=1}^{b} z_i \ .$$

Mit $s_1+s_2+\ldots+s_v = \bar{s}_1+\bar{s}_2+\ldots+\bar{s}_v$ sowie (v) und (vi) folgt

(vii) $$\sum_{j=1}^{v} s'_j = \sum_{j=1}^{v} s_j \ .$$

Induktiv folgt aus (iv) und (vii) $s'_j = s_j$ für alle $j \in Z_v$. □

Wir spezialisieren (1o.18) auf Inzidenzmatrizen taktischer Konfigurationen, d.h. wir setzen $z_1 = z_2 = \ldots = z_b := k$ und $s_1 = s_2 = \ldots = s_v := r$.

• <u>(1o.19)</u> <u>Satz</u>. Es seien $v,b,r,k \in \mathbb{N}$. Eine taktische Konfiguration $(P,\mathcal{B},I)$ mit den Parametern $|P| = v$, $|\mathcal{B}| = b$, $|B| = k$ für alle $B \in \mathcal{B}$ und $|\mathcal{B}(p)| = r$ für alle $p \in P$ existiert genau dann, wenn $k \le v$ und die Parametergleichung für taktische Konfigurationen $vr = bk$ gilt.

Beweis. Wir führen den Beweis über die Inzidenzmatrizen. Da keine Zeilensumme einer (0,1)-Matrix größer als ihre Spaltenanzahl ist, gilt $k \le v$ für jede Inzidenzmatrix. Die Gültigkeit von $vr = bk$ für taktische Konfigurationen wurde in der Einleitung bereits bewiesen. Damit ist eine Richtung der Behauptung gezeigt.

Es sei nun $k \le v$ und $vr = bk$. Mit den Bezeichnungen von (1o.18) gilt

$$\bar{s}_j = \begin{cases} b & \text{für } j \in Z_k \\ 0 & \text{für } j \in Z_v \setminus Z_k \end{cases} .$$

Aus $k \le v$ folgt $r = b \cdot \frac{k}{v} \le b$. Damit ergibt sich

$$\sum_{j=1}^{n} s_j = nr \le nb = \sum_{j=1}^{n} \overline{s}_j \qquad \text{für alle} \quad n \in Z_k.$$

Für $n \in Z_v \setminus Z_k$ gilt

$$\sum_{j=1}^{n} s_j = nr \le vr = kb = \sum_{j=1}^{k} \overline{s}_j = \sum_{j=1}^{n} \overline{s}_j \; .$$

Schließlich ist

$$\sum_{j=1}^{v} s_j = vr = kb = \sum_{j=1}^{v} \overline{s}_j \; .$$

Damit wird S von $\overline{S}$ majorisiert. Die Existenz einer $b \times v$-(0,1)-Matrix mit dem Zeilensummenvektor $Z=(k,k,\ldots,k)$ und dem Spaltensummenvektor $S=(r,r,\ldots,r)$ folgt nun aus (1o.18). □

Eine $b \times v$-(0,1)-Matrix A heißt *Anordnungsmatrix*, wenn $Z=(1,1,\ldots,1)$ der Zeilensummenvektor ist und wenn keine Spaltensumme größer als 1 ist. Für $b=v$ ist A eine Permutationsmatrix. Jede $b \times v$-Anordnungsmatrix $A=(a_{i,j})$ definiert (und wird eindeutig definiert durch) eine b-Anordnung $\alpha \in S_b(v)$ von Z_v; dabei bildet α die Zahl $i \in Z_b$ auf denjenigen Spaltenindex $j \in Z_v$ ab, für den $a_{i,j}=1$ gilt.

Als Korollar zum GALE-RYSER-Kriterium beweisen wir eine Verallgemeinerung [22] des Satzes (1o.14) von D. KÖNIG.

• (1o.2o) Satz. Es seien $b,v,z \in \mathbb{N}$ mit $b,z \le v$ und $A=(a_{i,j})$ eine $b \times v$-(0,1)-Matrix mit dem Zeilensummenvektor $Z=(z,z,\ldots,z)$ und dem Spaltensummenvektor $S=(s_1,s_2,\ldots,s_v)$. Gilt nun $0 \le z-s_j \le v-b$ für alle $j \in Z_v$, so läßt sich A als Summe von z $b \times v$-Anordnungsmatrizen darstellen.

Beweis. Der Fall $b=v$ ist mit Satz (1o.14) bereits erledigt. Es sei also $b<v$. Nach (1o.18) gibt es eine $(v-b) \times v$-(0,1)-Matrix A' mit dem Zeilensummenvektor $Z'=(z,z,\ldots,z)$ und dem Spaltensummenvektor $S'=(z-s_1,z-s_2,\ldots,z-s_v)$, denn der Vektor $\overline{S}':=(\overline{s}'_1,\overline{s}'_2,\ldots,\overline{s}'_v)$ mit $\overline{s}'_j=v-b$ für $j \le z$ und $\overline{s}'_j=0$

---

[22] H. J. RYSER, *A combinatorial theorem with an application to Latin Rectangles*, Proc. Amer. Math. Soc. 2 (1951) 55o-552.

für $j>z$ majorisiert wegen der Voraussetzung $0 \le z-s_j \le v-b$ den Vektor S'. Die Matrix $A^* := \binom{A}{A'}$ ist eine $v \times v$-Matrix, deren sämtliche Zeilen- und Spaltensummen gleich z sind. Nach (1o.14) läßt sich A^* somit als Summe von z Permutationsmatrizen darstellen. Entfernen wir von diesen Permutationsmatrizen die letzten $v-b$ Zeilen, so erhalten wir die Behauptung. □

Kapitel 11. Lateinische Quadrate

Es seien $n,r,s \in \mathbb{N}$. Unter einem *lateinischen* $r\times s$-*Rechteck* auf Z_n verstehen wir eine $r\times s$-Matrix $A=(a_{i,j})$ mit Komponenten aus Z_n, deren Zeilen und Spalten jeweils paarweise verschiedene Elemente enthalten. Für ein lateinisches $r\times s$-Rechteck auf Z_n gilt also $r,s \leq n$. Im Falle $r=s=n$ sprechen wir von einem *lateinischen Quadrat der Ordnung* n. Ein lateinisches $r\times s$-Rechteck $A=(a_{i,j})$ mit $s=n$ heißt *normiert*, wenn $a_{1,j}=j$ für alle $j\in Z_n$ gilt. Ein lateinisches Quadrat $A=(a_{i,j})$ der Ordnung n heißt *reduziert*, wenn $a_{1,l}=a_{l,1}=l$ für alle $l\in Z_n$ gilt. [1]

11.1 Lateinische Rechtecke

Es sei $L(r,n)$ die Anzahl der lateinischen $r\times n$-Rechtecke und $K(r,n)$ die Anzahl der normierten lateinischen $r\times n$-Rechtecke jeweils auf Z_n. Da ein lateinisches Rechteck durch eine Spaltenpermutation (wie auch durch eine Zeilenpermutation) in ein ebensolches übergeht, gilt:

• (11.1) Satz. Es ist $L(r,n)=n!K(r,n)$ für alle $n\geq r\geq 1$. □

Trivialerweise folgt:

• (11.2) Satz. Es ist $K(1,n)=1$ für alle $n\in\mathbb{N}$. □

Ein normiertes lateinisches $2\times n$-Rechteck läßt sich als Wertetabelle einer fixpunktfreien Permutation von Z_n auffassen. Damit folgt:

• (11.3) Satz. Es ist $K(2,n)=D(n)$ für alle $n\in\mathbb{N}$. □

---

[1] Früher wählte man die Komponenten $a_{i,j}$ aus dem lateinischen Alphabet; so erklärt sich der Name.

J. RIORDAN [2] berechnete die Anzahl der 3-zeiligen lateinischen Rechtecke. Wir notieren sein Ergebnis, das die Rencontre-Zahlen D(v) und die Zahlen U(v) aus Abschnitt 3.4 benutzt, ohne Beweis. [3]

• <u>(11.4)</u> <u>Satz</u>. Es ist

$$K(3,n) = \frac{1}{2}\sum_{i=0}^{n} \binom{n}{i} D(n-i)D(i)U(n-2i) \qquad \text{für alle } n\in\mathbb{N},$$

wobei wir $U(0):=2$, $U(1):=-1$ und $U(n-2i)=U(2i-n)$ setzen. □

Für $r>3$ ist die Anzahl $K(r,n)$ nicht bekannt. M. HALL Jr. [4] benutzte die Theorie der Vertretersysteme um Abschätzungen für die Anzahlen $K(r,n)$ zu erhalten:

• <u>(11.5)</u> <u>Satz</u>. Jedes lateinische $r\times n$-Rechteck auf Z_n mit $r<n$ läßt sich auf mindestens $(n-r)!$ verschiedene Weisen zu einem lateinischen $(r+1)\times n$-Rechteck auf Z_n erweitern.

Beweis. Für $j\in Z_n$ sei M_j die Menge derjenigen Zahlen aus Z_n, die nicht in der j-ten Spalte des lateinischen $r\times n$-Rechtecks $A=(a_{i,j})$ auftreten; es ist also $|M_j|=n-r$. Wir zeigen nun, daß die n-Familie $\mathcal{M}:=(M_1,M_2,\ldots,M_n)$ der P. HALL-Bedingung genügt: Es sei daher $\mathcal{N}=(M_{j_1},M_{j_2},\ldots,M_{j_k})$ eine Teilfamilie von $\mathcal{M}$ mit $|\cup\mathcal{N}|=k'$. Es ist $|M_{j_1}|+|M_{j_2}|+\ldots+|M_{j_k}|=k(n-r)$. Jede der k' Zahlen aus $\cup\mathcal{N}$ kommt in jeder der r Zeilen von A genau einmal vor, liegt also in genau $n-r$ Komponenten von $\mathcal{M}$. Es folgt daher

$$k(n-r) = \sum_{l=1}^{k} |M_{j_l}| \le k'(n-r) ,$$

also $k'\ge k$. Nach (1o.3) besitzt $\mathcal{M}$ somit mindestens

[2] *Three-line Latin rectangles*, Amer. Math. Monthly <u>51</u> (1944) 45o-452.

[3] Vgl. J. RIORDAN, *An Introduction to Combinatorial Analysis*, Wiley, New York 1958, 2o4 ff.

[4] *An Existence Theorem for Latin Squares*, Bull. Amer. Math. Soc. <u>51</u> (1945) 387-388.

$$\prod_{j=1}^{n} \max\{1,|M_j|-j+1\} = \prod_{j=1}^{n} \max\{1,n-r-j+1\} = (n-r)!$$

verschiedene Vertretersysteme $X=(x_1,x_2,\ldots,x_n)$. Die $(r+1)\times n$-Matrix $\binom{A}{X}$ ist für jedes Vertretersystem X von M ein lateinisches Rechteck. □

Wiederholte Anwendung des in (11.5) angegebenen Verfahrens ergibt:

• (11.6) Satz. Für $n\in\mathbb{N}$ gibt es mindestens $\prod_{i=0}^{n-2} i!$ reduzierte lateinische Quadrate der Ordnung n. □

Wie grob diese Abschätzung ist, zeigen die für die ersten Werte von n bekannten Anzahlen $l(n)$ der reduzierten lateinischen Quadrate der Ordnung n:

Tabelle 19. Die bekannten Anzahlen[5] $l(n)$ der reduzierten lateinischen Quadrate der Ordnung n und deren Abschätzung nach (11.6)

n	1	2	3	4	5	6	7	8	9
$l(n)$	1	1	1	4	56	9408	16942080	535281401856	377597570964258816
$\prod_{i=0}^{n-2} i!$	1	1	1	2	12	288	34560	24883200	125411328000

Im Anschluß an (11.5) stellt sich die Frage, unter welchen Umständen es möglich ist, ein *partielles lateinisches Quadrat* zu vervollständigen, d.h. in einer $n\times n$-Matrix, deren Stellen mit den Zahlen $0,1,2,\ldots,n$ so besetzt sind, daß nur die Null in jeder Zeile und Spalte mehrfach auftreten kann, die Nullen durch Zahlen aus Z_n solchermaßen zu ersetzen, daß die Matrix ein lateinisches Quadrat wird. Daß dies nicht immer möglich ist, zeigt beispielsweise das folgende partielle lateinische Quadrat $\begin{pmatrix} 0 & 1 & 2 \\ 3 & 0 & 0 \\ 0 & 0 & 0 \end{pmatrix}$. Allgemein ist das hier gestellte Problem

[5] Für $n=9$ wurde $l(n)$ von S. E. BAMMEL und J. ROTHSTEIN (*The number of 9×9 Latin squares*, J. Discrete Math. 11 (1975) 93-95) auf einer Rechenanlage ermittelt.

noch ungelöst. Einen wertvollen Beitrag dazu jedoch liefert H. J. RYSER [6] mit folgendem Satz:

• <u>(11.7)</u> <u>Satz</u>. Es seien $n,r,s\in\mathbb{N}$ mit $r,s\leq n$ und $B=(b_{i,j})$ ein lateinisches $r\times s$-Rechteck auf Z_n. Es läßt sich B genau dann zu einem lateinischen Quadrat der Ordnung n ergänzen, wenn für alle $k\in Z_n$ die Anzahl $\nu(k):=|\{(i,j)\in Z_r\times Z_s;\ b_{i,j}=k\}|$ nicht kleiner als $r+s-n$ ist.

Beweis. Für $i\in Z_r$ sei $M_i:=\{k\in Z_n;\ b_{i,j}\neq k$ für alle $j\in Z_s\}$. Dann ist $|M_i|=n-s$. Für $k\in Z_n$ sei $\mu(k):=|\{i\in Z_r;\ k\in M_i\}|$. Wenn B zu einem lateinischen Quadrat ergänzt werden kann, so ist offensichtlich $\mu(k)\leq n-s$ für alle $k\in Z_n$. Aus $\nu(k)+\mu(k)=r$ folgt daher $\nu(k)\geq r+s-n$ für alle $k\in Z_n$, sofern B zu einem lateinischen Quadrat ergänzt werden kann.

Es sei nun umgekehrt B ein lateinisches $r\times s$-Rechteck auf Z_n, $\mu(k)$ und M_i seien wie oben definiert und es gelte $\nu(k)\geq r+s-n$ für alle $k\in Z_n$. Weiter sei $A=(a_{i,j})$ die Inzidenzmatrix der Inzidenzstruktur $(Z_n,\{M_1,M_2,\ldots,M_r\},\in)$. Dann hat A den Zeilensummenvektor $Z=(n-s,n-s,\ldots,n-s)$ und den Spaltensummenvektor $S=(\mu(1),\mu(2),\ldots,\mu(n))$. Da B ein lateinisches Rechteck ist, folgt wegen $\nu(k)=r-\mu(k)\geq r+s-n$ nun $\nu(k)=r-\mu(k)\leq s$ für alle $k\in Z_n$. Nach (10.20) läßt sich somit A als Summe von $n-s$ $r\times n$-Anordnungsmatrizen $A_1,A_2,\ldots,A_{n-s}$ darstellen. Diese Matrizen definieren r-Anordnungen von Z_n. Adjungieren wir diese r-Anordnungen als Spalten an die Matrix B, so erhalten wir ein lateinisches $r\times n$-Rechteck. Mit (11.5) folgt nun die Behauptung. □

---

[6] *A combinatorial theorem with an application to Latin rectangles*, Proc. Amer. Math. Soc. <u>2</u> (1951) 550-552.

11.2 GEWEBE

Es sei P eine endliche Menge und $G \subset P(P)$. Die Inzidenzstruktur (P,G) heißt *Gewebe* [7], wenn die folgenden Axiome erfüllt sind:

(G 1) *EUKLIDisches Parallelenpostulat*: Zu jedem Block $G \in G$ und jedem Punkt $p \notin G$ gibt es genau einen Block $H \in G$ mit $G \cap H = \emptyset$ und $p \in H$.

(G 2) Je zwei verschiedene Blöcke schneiden sich in höchstens einem Punkt.

(G 3) Jeder Block inzidiert mit mindestens zwei Punkten. Es gibt einen Punkt, der mit mindestens drei verschiedenen Blöcken inzidiert.

Die Blöcke eines Gewebes werden auch *Geraden* genannt. Auf der Geradenmenge G eines Gewebes wird durch

$$G \parallel H \;:\Longleftrightarrow\; G = H \quad \text{oder} \quad G \cap H = \emptyset$$

eine binäre Relation, die *Parallelität* definiert. Nach (G 1) bestimmen eine Gerade G und ein Punkt p eines Gewebes genau eine Gerade H mit $p \in H$ und $G \parallel H$; diese Gerade H bezeichnen wir mit $\{p \parallel G\}$. Sind G und H nicht parallele Geraden, so schreiben wir $G \nparallel H$.

• (11.8) Satz. In jedem Gewebe ist die Parallelität eine Äquivalenzrelation.

Beweis. Definitionsgemäß ist die Parallelität reflexiv und symmetrisch. Es seien nun $G,H,K \in G$ mit $G \parallel H$ und $H \parallel K$. Schneiden sich G und K im Punkt p, so gilt $G = \{p \parallel H\} = K$ Somit ist die Parallelität auch transitiv. □

---

[7] Der Begriff des Gewebes wurde in W. BLASCHKE und G. BOL, *Geometrie der Gewebe*, Springer, Berlin 1938, zu topologischen Untersuchungen in der Differentialgeometrie benutzt. W. BLASCHKE hat später das Wort "Gewebe" durch "Waben" ersetzt, da ihm das zitierte Werk eine Einladung zu einer Textilfachtagung eingetragen hätte, und ihm Bienen und Imker angenehmere Zeitgenossen waren als Weber; vgl. dazu das Vorwort in W. BLASCHKE, *Einführung in die Geometrie der Waben*, Birkhäuser, Basel 1955.

Aufgrund von (11.8) zerfällt die Geradenmenge $\mathcal{G}$ eines Gewebes $(P,\mathcal{G})$ in *Parallelbüschel* genannte Äquivalenzklassen

$$[G] := \{H\in\mathcal{G};\ G\|H\}.$$

Ist r die Anzahl der Parallelbüschel eines Gewebes $(P,\mathcal{G})$, so nennen wir $(P,\mathcal{G})$ ein *r-Gewebe*. Aus (11.8) und (G 2) folgt damit unmittelbar:

• <u>(11.9)</u> <u>Satz</u>. Sind G und H zwei nicht parallele Geraden eines Gewebes, dann schneidet jede Gerade aus $[G]$ jede Gerade aus $[H]$ in genau einem Punkt. □

Sind G,H,R drei Geraden eines Gewebes $(P,\mathcal{G})$ mit $G\nparallel R$ und $H\nparallel R$, so ist die als *Parallelperspektivität von* G *auf* H *in Richtung* R bezeichnete Abbildung

$$\pi_{G,H,R} : \begin{cases} G \longrightarrow H \\ x \longrightarrow \{x\|R\}\cap H \end{cases}$$

eine Bijektion. Eine Abbildung von G nach H, die sich als Hintereinanderausführung von Parallelperspektivitäten darstellen läßt, nennen wir *Parallelprojektivität*.

Nach (G 3) besitzt jedes r-Gewebe $(P,\mathcal{G})$ mindestens 3 Parallelbüschel. Zu zwei Geraden $G,H\in\mathcal{G}$ gibt es also stets eine Gerade $R\in\mathcal{G}$, die zu G und H nicht parallel ist. Damit gibt es von jeder Geraden auf jede Gerade eine Parallelperspektivität. Insbesondere sind je zwei Geraden gleichmächtig. Die Anzahl n der mit einer Geraden $G\in\mathcal{G}$ inzidenten Punkte heißt ***Ordnung*** von $(P,\mathcal{G})$. Nach (G 1) inzidiert jeder Punkt $p\in P$ mit genau r Geraden. Wir zählen die Punkte, die auf diesen r Geraden liegen: Nach (G 2) haben je zwei verschiedene Geraden aus $\mathcal{G}(p)$ nur den Punkt p gemeinsam; es folgt $|\cup\mathcal{G}(p)| = r(n-1)+1$. Wegen (11.9) ist die Mächtigkeit jedes Parallelbüschels gleich der Ordnung des Gewebes und es gilt daher $r\le n+1$. Wir fassen diese Ergebnisse zusammen:

• (11.1o) Satz. Jedes r-Gewebe (P,G) der Ordnung n ist eine taktische Konfiguration mit den Parametern $|P|=n^2$, $|G|=rn$, $|G|=n$ für alle $G\in G$ und $|G(p)|=r$ für alle $p\in P$. Es gilt $3\le r\le n+1$. □

Eine (nicht notwendig endliche) Inzidenzstruktur (P,G), die den Axiomen (G 1) und (G 3) genügt, und in der es zu je zwei verschiedenen Punkten $p,q\in P$ genau eine Gerade $G\in G$ mit $p,q\in G$ gibt, heißt *affine Ebene*. Somit ist jedes $(n+1)$-Gewebe der Ordnung n eine affine Ebene.

Im folgenden untersuchen wir das Transitivitätsverhalten der Gruppe aller Parallelprojektivitäten einer Geraden K eines Gewebes auf sich. Es sei $m\in\mathbb{N}$. Wir sagen, eine Permutationsmenge $\Gamma\subset S_K$ vom Grad $|K|=n$ erfülle die (n,m)-*Transitivitätsbedingung*, wenn die beiden folgenden Axiome erfüllt sind:

(T 1) Γ gestattet eine Partition in m reguläre Teilmengen $\Gamma^{(1)},\Gamma^{(2)},\ldots,\Gamma^{(m)}$.

(T 2) Zu je zwei 2-Anordnungen (x,x') und (y,y') von K gibt es höchstens ein $\gamma\in\Gamma$ mit $\gamma(x)=y$ und $\gamma(x')=y'$.

Es seien $m,n\in\mathbb{N}$ mit $n\ge 2$ und $\Gamma\subset S_n$ eine Permutationsmenge, die der (m,n)-Transitivitätsbedingung genügt: Im Fall $m=1$ ist Γ regulär; wir indizieren in diesem Fall die Permutationen aus Γ folgendermaßen: Für $i\in Z_n$ sei $\gamma_i\in\Gamma$ durch $\gamma_i(1)=i$ bestimmt. Nun können wir der Permutationsmenge Γ das lateinische Quadrat

$$L(\Gamma) := \begin{pmatrix} \gamma_1(1) & \gamma_1(2) & \ldots & \gamma_1(n) \\ \gamma_2(1) & \gamma_2(2) & \ldots & \gamma_2(n) \\ \vdots & & & \\ \gamma_n(1) & \gamma_n(2) & \ldots & \gamma_n(n) \end{pmatrix}$$

zuordnen. Ist nun umgekehrt ein lateinisches Quadrat $A=(a_{i,j})$ der Ordnung n gegeben, so ist das Bild $\Gamma:=f(Z_n)$ von Z_n unter der Abbildung

$$f:\begin{cases} Z_n \longrightarrow S_n \\ i \longrightarrow \begin{pmatrix} 1 & 2 & & n \\ a_{i,1} & a_{i,2} & \ldots & a_{i,n} \end{pmatrix} \end{cases}$$

eine reguläre Permutationsmenge, deren zugeordnetes lateinisches Quadrat $L(\Gamma)$ sich nur um eine Zeilenpermutation von A unterscheidet. Damit folgt:

• <u>(11.11)</u> <u>Satz</u>. Es sei K eine endliche Menge und $\Gamma \subset S_K$ mit $|\Gamma| = |K|$. Es ist Γ genau dann regulär, wenn für je zwei verschiedene Permutationen $\gamma, \delta \in \Gamma$ stets $\gamma(z) \neq \delta(z)$ für alle $z \in K$ gilt. □

Nun betrachten wir den Fall $m>1$: Hier besagt (T 2), daß die lateinischen Quadrate $L(\Gamma^{(1)}), L(\Gamma^{(2)}), \ldots, L(\Gamma^{(m)})$ paarweise verflochten sind; wir nennen dabei zwei lateinische Quadrate $A=(a_{i,j})$ und $B=(b_{i,j})$ *verflochten*, wenn sie der *PAIGE-WEXLER-Bedingung* [8]

(PW) Für je zwei verschiedene Spaltenindizes $j_1, j_2 \in Z_n$ und je zwei (nicht notwendig verschiedene) Zeilenindizes $i_1, i_2 \in Z_n$ gilt: $(a_{i_1,j_1}, a_{i_1,j_2}) \neq (b_{i_2,j_1}, b_{i_2,j_2})$

genügen. Umgekehrt liefert jede Menge von m paarweise verflochtenen lateinischen Quadraten $A_1, A_2, \ldots, A_m$ der Ordnung n eine Permutationsmenge $\Gamma \subset S_n$, die der (n,m)-Transitivitätsbedingung genügt. Bei entsprechender Numerierung der regulären Teilmengen $\Gamma^{(1)}, \Gamma^{(2)}, \ldots, \Gamma^{(m)}$ von Γ gilt dabei, daß sich $L(\Gamma^{(i)})$ von A_i höchstens um eine Zeilenpermutation unterscheidet.

Gehen wir von einer Menge $A=\{A_1, A_2, \ldots, A_m\}$ lateinischer Quadrate der Ordnung n zu einer Menge $A'=\{A'_1, A'_2, \ldots, A'_m\}$ von lateinischen Quadraten über, indem wir

(i) auf alle Komponenten von $A_1, A_2, \ldots, A_m$ zugleich dieselbe Permutation oder

(ii) auf $A_1, A_2, \ldots, A_m$ zugleich dieselbe Spaltenpermutation oder

(iii) auf $A_1, A_2, \ldots, A_m$ jeweils eine beliebige Zeilenpermutation anwenden,

---

[8] Nach L. J. PAIGE und G. WEXLER, *A canonical form for incidence matrices of finite projective planes and their associated latin squares*, Portugaliae Math. <u>12</u> (1953) 1o5-112.

so sind die Quadrate aus A genau dann paarweise miteinander verflochten, wenn die Quadrate aus A' dies sind.

Für die A zugeordnete Permutationsmenge Γ bedeutet die Operation (i) den Übergang zur Linksnebenklasse $\sigma\Gamma$ und die Operation (ii) den Übergang zur Rechtsnebenklasse $\Gamma\sigma^{-1}$; dabei sei $\sigma \in S_n$ die in (i) bzw. (ii) angewandte Permutation. Die Operation (iii) schließlich läßt Γ unverändert.

Jede m-Menge $A=\{A_1,A_2,\ldots,A_m\}$ lateinischer Quadrate läßt sich mit Hilfe der Operationen (i) und (iii) oder mit (ii) und (iii) *standardisieren* wie folgt: Wir wählen eine beliebige Zeile $(a_1,a_2,\ldots,a_n)$ von A_1 aus, setzen $\sigma:=\begin{pmatrix}1 & 2 & \ldots & n\\ a_1 & a_2 & \ldots & a_n\end{pmatrix}$ und wenden entweder die Permutation σ^{-1} auf alle Komponenten der Quadrate $A_1,A_2,\ldots,A_m$ zugleich oder die Permutation σ auf die Spalten der Quadrate $A_1,A_2,\ldots,A_m$ zugleich an. In beiden Fällen geht die Zeile $(a_1,a_2,\ldots,a_n)$ in die Zeile $(1,2,\ldots,n)$ über. Durch anschließende Zeilenpermutationen in den einzelnen lateinischen Quadraten erreichen wir, daß A_1 reduziert und $A_2,A_3,\ldots,A_m$ normiert sind. Die einer standardisierten Menge lateinischer Quadrate zugeordnete Permutationsmenge ist unitär. Als Beispiel bringen wir 8 paarweise verflochtene lateinische Quadrate der Ordnung 9 in standardisierter Form [9]:

```
123456789   178592364   145827936   152389647
264538917   219367485   273649158   237814569
349682571   397258146   358964712   374126895
456217398   431786952   489153267   415698723
538179426   562843791   516732849   583261974
682794135   643915827   621378594   698437251
795341862   786429513   734295681   761952438
817923654   854671239   892516473   829745316
971865243   925134678   967481325   946573182

136948275   194763528   187635492   169274853
248751693   285976341   251493876   296185734
312475968   326891457   365719284   381547629
427569831   468325179   493872615   472931586
591624387   579418632   524987163   547396218
675283419   657142983   639521748   614859372
759836124   713584296   742168359   728613945
863197542   841239765   876354921   835462197
984312756   932657814   918246537   953728461
```

[9] Diese Quadrate wurden mit Hilfe der Figur 8.4.3 aus J. DÉNES und A. KEEDWELL, *Latin squares and their applications*, English

• (11.12) Satz. Es sei K eine n-Menge. Eine Permutationsmenge $\Gamma\subset S_K$ operiert genau dann scharf 2-fach transitiv auf K, wenn sie der $(n,n-1)$-Transitivitätsbedingung genügt.

Beweis. Es sei Γ scharf 2-fach transitiv. Für $\gamma\in\Gamma$ definieren wir $N(\gamma):=\{\gamma\in\Gamma;\ \pi\gamma^{-1}=id$ oder $\pi\gamma^{-1}$ ist fixpunktfrei$\}$. Nach (2.5) ist $\Delta:=\Gamma\gamma^{-1}$ eine scharf 2-fach transitive unitäre Permutationsmenge. Wir zeigen, daß die Menge $N(\gamma)\cdot\gamma$, die aus der Identität und allen fixpunktfreien Permutationen aus Δ besteht, regulär auf K operiert. Es seien $x,y\in K$. Im Fall $x=y$ ist id die einzige Permutation aus $N(\gamma)\cdot\gamma$, die x in y überführt. Wenn $x\neq y$ ist, so liegt in jedem der $n-2$ (regulären) Stabilisatoren Δ_z von Δ mit $z\neq x,y$ genau eine der $n-1$ Permutationen $\delta\in\Delta$ mit $\delta(x)=y$. Es gibt also genau ein $\delta\in N(\gamma)\cdot\gamma$ mit $\delta(x)=y$. Nach (2.5) ist $N(\gamma)$ regulär.
Nun seien γ und γ' zwei verschiedene Permutationen eines Stabilisators Γ_p von Γ, dann gilt $N(\gamma)\cap N(\gamma')=\emptyset$, denn wenn es eine Permutation $\pi\in N(\gamma)\cap N(\gamma')$ gäbe, so lägen γ und γ' in $N(\pi)$, denn mit $\pi\gamma^{-1}$ bzw. $\pi\gamma'^{-1}$ ist auch $\gamma\pi^{-1}$ bzw. $\gamma'\pi^{-1}$ fixpunktfrei. Da aber $N(\pi)$ regulär auf K operiert, folgte mit (11.11) $\gamma=\gamma'$ im Widerspruch zur Voraussetzung $\gamma\neq\gamma'$.
Lassen wir nun γ den Stabilisator Γ_p durchlaufen, so erhalten wir $n-1$ paarweise disjunkte, auf K regulär operierende Teilmengen $N(\gamma)$ von Γ.

Nun erfülle umgekehrt die Menge $\Gamma\subset S_K$ die $(n,n-1)$-Transitivitätsbedingung. Sind (x,x') und (y,y') zwei 2-Anordnungen von K, so gibt es in Γ nach (T 1) genau $n-1$ Permutationen $\gamma_1,\gamma_2,\dots,\gamma_{n-1}$, die x nach y abbilden. Nach (T 2) folgt nun aus $\gamma_i(x')=\gamma_j(x')$ für $i,j\in Z_{n-1}$ stets $i=j$ und somit $\{\gamma_1(x'),\gamma_2(x'),\dots,\gamma_{n-1}(x')\}=K\setminus\{y\}$. Es gibt also genau ein $\gamma\in\Gamma$ mit $\gamma(x)=y$ und $\gamma(x')=y'$. □

In den folgenden Sätzen zeigen wir, daß jedes r-Gewebe der Ordnung n eine Menge von $r-2$ paarweise verflochtenen lateini-

---

Universities Press Ltd. London 1974, S.285 gewonnen. Sie koordinatisieren gemäß (11.14) die sogenannte HUGHES-Ebene der Ordnung 9.

schen Quadraten der Ordnung n definiert und daß umgekehrt $r-2$ paarweise verflochtene lateinische Quadrate der Ordnung n ein r-Gewebe der Ordnung n "koordinatisieren".
Wir beachten, daß zwei Permutationsmengen Γ und Γ', die auf den Mengen K bzw. K' operieren, genau dann *isomorph* genannt werden, wenn es Bijektionen $\kappa: K \longrightarrow K'$ und $g: \Gamma \longrightarrow \Gamma'$ mit $\kappa(\gamma(x))=g(\gamma)(\kappa(x))$ für alle $\gamma\in\Gamma$ und alle $x\in K$ gibt.

• <u>(11.13)</u> <u>Satz</u>. Es seien $n,r\in\mathbb{N}$ mit $n\geq 2$ und $r\geq 3$. In jedem r-Gewebe $(P,\mathcal{G})$ der Ordnung n enthält die Gruppe der Parallelprojektivitäten einer jeden Geraden $K\in\mathcal{G}$ auf sich eine unitäre Permutationsmenge, die der $(n,r-2)$-Transitivitätsbedingung genügt.

Beweis. Es sei $p\in P$ und $E,L,K\in\mathcal{G}(p)$ drei paarweise verschiedene Geraden durch p. Wir setzen $\tilde{\mathcal{G}}:=\mathcal{G}\setminus([K]\cup[L])$ und ordnen nun jeder Geraden $G\in\tilde{\mathcal{G}}$ die Parallelprojektivität

$$\tilde{G} := \pi_{E,K,L}\cdot\pi_{G,E,K}\cdot\pi_{K,G,L}$$

zu und setzen $\Gamma:=\{\tilde{G}\in S_K;\ G\in\tilde{\mathcal{G}}\}$. Hierbei ist $\tilde{E}=id_K$ und somit

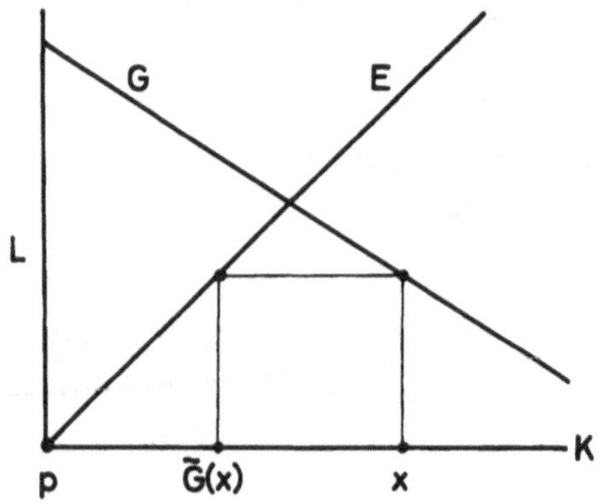

Γ eine unitäre Permutationsmenge vom Grad n. Wir weisen nun die Axiome (T 1) und (T 2) für Γ nach:
Für je zwei parallele Geraden $G,H\in\tilde{\mathcal{G}}$ mit $G\neq H$ gilt $\tilde{G}(z)\neq\tilde{H}(z)$ für alle $z\in K$. Damit bilden nach (11.11) die den Geraden eines Parallelbüschels $[G]$ mit $G\in\tilde{\mathcal{G}}$ zugeordneten Permutationen aus Γ eine reguläre Teilmenge von Γ. Da $\tilde{\mathcal{G}}$ in $r-2$ Parallelbüschel zerfällt, folgt (T 1).

Es seien nun (x,x') und (y,y') zwei 2-Anordnungen von K und $\tilde{\mathfrak{G}},\tilde{\mathfrak{H}}\in\Gamma$ mit $\tilde{\mathfrak{G}}(x)=\tilde{\mathfrak{H}}(x)=:y$ sowie $\tilde{\mathfrak{G}}(x')=\tilde{\mathfrak{H}}(x')=:y'$. Dann liegen $q:=\{x\|L\}\cap\{\{y\|L\}\cap E\|K\}$ und $q':=\{x'\|L\}\cap\{\{y'\|L\}\cap E\|K\}$ beide in $G\cap H$. Aus $q\neq q'$ und (G 2) folgt $G=H$ und damit $\tilde{\mathfrak{G}}=\tilde{\mathfrak{H}}$, also (T 2).

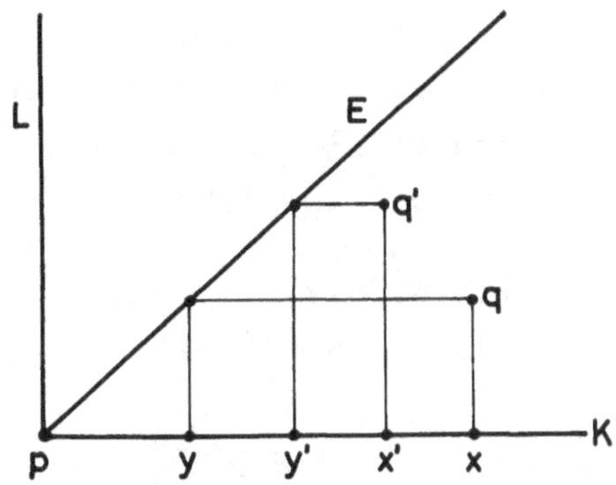

□

Die Konstruktion von $\Gamma\subset S_K$ im Beweis zu (11.13) hängt wesentlich von der Wahl der Hilfselemente E und L ab. Als Umkehrung von (11.13) beweisen wir:

• <u>(11.14)</u> <u>Satz</u>. Es seien $n,r\in\mathbb{N}$ mit $n\geq 2$ und $r\geq 3$, weiterhin $\Gamma\subset S_n$ eine Permutationsmenge, die der $(n,r-2)$-Transitivitätsbedingung genügt. $G(\Gamma):=(P,G)$ sei die Inzidenzstruktur, die aus der Punktmenge $P:=Z_n\times Z_n$ und den Geraden $K_c:=\{(x,c);\ x\in Z_n\}$ und $L_c:=\{(c,y);\ y\in Z_n\}$ für alle $c\in Z_n$, sowie den Geraden $\tilde{\gamma}:=\{(x,\gamma(x));\ x\in Z_n\}$ für alle $\gamma\in\Gamma$ besteht. Dann ist $G(\Gamma)$ ein r-Gewebe der Ordnung n und Γ ist isomorph zu einer Menge von Parallelprojektivitäten der Geraden K_1 auf sich.

Beweis. Wir weisen die Axiome (G 1), (G 2) und (G 3) für $G(\Gamma)$ nach.

Zu (G 1): Für die Geraden K_c und L_c ist das Parallelenpostulat (G 1) trivialerweise erfüllt. Es sei also $\gamma\in\Gamma$ und $(x,y)\in P$ mit $(x,y)\notin\tilde{\gamma}$, d.h. mit $\gamma(x)\neq y$. Ist nun Φ eine regulär operierende Teilmenge von Γ, so gilt $|\tilde{\varphi}\cap\tilde{\psi}|=1$ für alle $\varphi\in\Phi$ und $\psi\in\Gamma\setminus\Phi$ (wegen (T 2)). Also gibt es genau eine Permutation $\zeta\in\Gamma$ mit $\zeta(x)=y$ und $\zeta(z)\neq\gamma(z)$ für alle $z\in Z_n$, und zwar in der regulären Teilmenge von Γ, die γ enthält.

Zu (G 2): Wegen (T 2) und der Bijektivität von Permutationen schneiden sich zwei verschiedene Geraden der Inzidenzstruktur $G(\Gamma)$ in höchstens einem Punkt.

Zu (G 3): Dieses Reichhaltigkeitsaxiom folgt aus den Voraussetzungen $n\geq 2$ und $r\geq 3$.

Es sei nun $K:=K_1$, $L:=L_1$, $\varepsilon\in\Gamma$ und $E:=\tilde{\varepsilon}$. Die Abbildung von Z_n nach K, die x nach $(x,1)$ überführt, ist bijektiv. Somit können wir jeder Permutation $\gamma\in\Gamma$ eineindeutig (bezüglich der Geraden E) die Parallelprojektivität

$$\gamma^* := \pi_{E,K,L}\cdot\pi_{\tilde{\gamma},E,K}\cdot\pi_{K,\tilde{\gamma},L}$$

zuordnen; dabei gilt $\gamma^*((x,1))=(\varepsilon^{-1}\gamma(x),1)$.

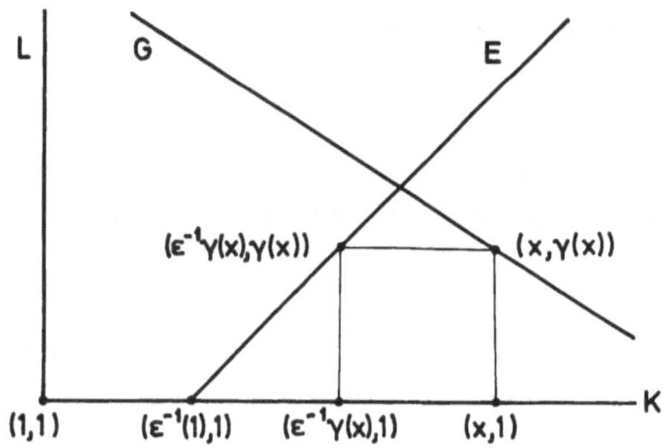

□

In Satz (11.14) ist die Konstruktion des r-Gewebes $G(\Gamma)$ nicht von einer willkürlichen Auswahl von Hilfselementen abhängig. Wir sagen daher: Γ *koordinatisiert* $G(\Gamma)$.

• <u>(11.15)</u> <u>Satz</u>. Es seien $n,r\in\mathbb{N}$ mit $n\geq 2$ und $r\geq 3$ und $\Gamma\subset S_n$ eine Permutationsmenge, die der $(n,r-2)$-Transitivitätsbedingung genügt. Dann sind $G(\Gamma)$, $G(\sigma\Gamma)$, $G(\Gamma\sigma)$ und $G(\Gamma^{-1})$ für alle $\sigma\in S_n$ isomorph.

Beweis. Mit Γ erfüllt jede Nebenklasse von Γ wie auch Γ^{-1} die $(n,r-2)$-Transitivitätsbedingung. Die Abbildung $\bar{\sigma}$ von $Z_n\times Z_n$ auf sich, die (x,y) nach $(x,\sigma(y))$ überführt, ist wegen $\bar{\sigma}(\tilde{\gamma})=\{(x,\sigma\gamma(x));\ x\in Z_n\}=\widetilde{\sigma\gamma}$ für alle $\sigma\in S_n$ ein Isomorphismus von $G(\Gamma)$ auf $G(\sigma\Gamma)$. Entsprechend liefert die Abbildung ι von $Z_n \times Z_n$ auf sich, die (x,y) nach (y,x) überführt, wegen $\iota(\tilde{\gamma})=\{(\gamma(x),x);\ x\in Z_n\}=\{(x,\gamma^{-1}(x));\ x\in Z_n\}=\widetilde{\gamma^{-1}}$ einen Isomorphismus von $G(\Gamma)$ auf das Gewebe $G(\Gamma^{-1})$. Wegen $(\sigma^{-1}\Gamma^{-1})^{-1}=\Gamma\sigma$ folgt mit dem bisher gezeigten auch die Isomorphie von $G(\Gamma)$ und $G(\Gamma\sigma)$. □

Ist nun A eine Menge von $r-2$ paarweise verflochtenen lateinischen Quadraten und Γ die durch A beschriebene Permutationsmenge, so setzen wir $G(A):=G(\Gamma)$ und sagen auch: A *koordinatisiert* $G(A)$.

Es sei $n\in\mathbb{N}$, $n\geq 2$. Wir wenden uns nun dem Spezialfall $r=3$ zu. Weiter sei $\Gamma\subset S_n$ eine unitäre reguläre Permutationsmenge und $L(\Gamma)=(a_{i,j})$ das zugehörige reduzierte lateinische Quadrat. Wir definieren auf Z_n eine binäre Verknüpfung

$$\boxtimes:\begin{cases} Z_n\times Z_n \longrightarrow Z_n \\ (i,j) \longrightarrow i\boxtimes j := a_{i,j} \end{cases}.$$

Das Paar $(Z_n,\boxtimes)$ ist eine *Loop* [10], d.h. es gibt in Z_n bezüglich der Verknüpfung $\boxtimes$ ein neutrales Element und für alle $a,b\in Z_n$ sind die Gleichungen $a=b\boxtimes x$ und $a=x\boxtimes b$ eindeutig nach x auflösbar. Eine Loop ist also genau dann assoziativ, wenn sie eine Gruppe ist. Das reduzierte lateinische Quadrat $L(\Gamma)$ ist also die CAYLEYsche "Gruppen"-tafel der Loop $(Z_n,\boxtimes)$. Zwei Loops $(Z_n,\boxtimes)$ und $(Z_n,\diamond)$ heißen *isotop*, wenn es Bijektionen φ,ψ,σ von Z_n mit $\varphi(x\boxtimes y)=\psi(x)\diamond\sigma(y)$ für alle $x,y\in Z_n$ gibt. Offenbar ist die Isotopie eine Äquivalenzrelation. Für $\varphi=\psi=\sigma$ liegt Isomorphie vor. Wir überlassen es dem Leser zu beweisen, daß es zwischen den durch die Gruppentafeln zweier Loops koordinatisierten 3-Geweben genau dann einen Isomorphismus gibt, wenn diese Loops isotop sind [11]. Jede zu einer Gruppe isotope Loop ist eine zu dieser Gruppe isomorphe Gruppe [12]. Wir gehen

---

[10] Nach Downtown LOOP von Chicago benannt.

[11] vgl. etwa G. PICKERT, *Projektive Ebenen*, Springer, Berlin 1955.

[12] R. BAER, *Nets and groups*, Trans. Amer. Math. Soc. 46 (1939) 11o-141.

auf die algebraische Isotopietheorie nicht näher ein und verweisen auf den Bericht von R. H. BRUCK [13] und die dort angegebene Literatur.

Es sei nun $n \in \mathbb{N}$, $n \geq 2$ und $r := n+1$. Nach (11.12) und (11.14) koordinatisiert jede scharf 2-fach transitive Permutationsmenge eine (endliche) affine Ebene [14]. Für $n=2$, $n=3$ und $n=4$ gibt es nach (2.6), (2.1o) und (2.11) jeweils genau eine unitäre scharf 2-fach transitive Permutationsmenge vom Grad n, nämlich die S_2, S_3 bzw. A_4. Wegen (11.12) und (11.14) gibt es damit bis auf Isomorphie jeweils genau eine affine Ebene der Ordnung 2, 3 bzw. 4. Man beachte hingegen aber, daß es nicht-isomorphe 3-Gewebe der Ordnung 4 gibt, denn zu dem lateinischen Quadrat

$$\begin{matrix} 1 & 2 & 3 & 4 \\ 2 & 3 & 4 & 1 \\ 3 & 4 & 1 & 2 \\ 4 & 1 & 2 & 3 \end{matrix}$$

gibt es kein mit diesem verflochtenes Quadrat, da ein solches eine der Zeilen 2 1 3 4, 2 1 4 3, 2 4 1 3, 2 4 3 1 oder 2 3 1 4 enthalten müßte. Die PAIGE-WEXLER-Bedingung verbietet dies aber. Es gibt also 3-Gewebe der Ordnung 4, die nicht in affine Ebenen einbettbar sind. Wir gehen noch etwas weiter auf die Einbettbarkeit von Geweben in affine Ebenen ein:

Es sei (P,G) ein n-Gewebe der Ordnung n und $p \in P$. Wir bezeichnen die Menge der Punkte aus P, die auf keiner mit p inzidenten Geraden liegen, mit M_p. Es gilt offensichtlich

---

[13] *A survey of binary systems*, Springer, Berlin 1958.

[14] Die Koordinatisierung affiner Ebenen durch scharf 2-fach transitive Permutationsmengen wurde zuerst von E. WITT (*Über Steinersche Systeme*, Abh. Math. Sem. Univ. Hamburg 12 (1938) 265-275) durchgeführt. Nach (11.14) ist diese Koordinatisierung im wesentlichen mit der von L. J. PAIGE und C. WEXLER (loc. cit.) durch paarweise verflochtene (dort *digraph-vollständige* genannte) lateinische Quadrate identisch. Auch die Koordinatisierung durch paarweise orthogonale lateinische Quadrate von R. C. BOSE (*On the application of the properties of Galoisfields to the construction of hyper-Graeco-Latin squares*, Sankhyā 3 (1938) 323-338) ist, wie wir im nächsten Abschnitt sehen werden, davon nicht wesentlich verschieden. Die Verallgemeinerung auf r-Gewebe geht auf R. BAER (loc. cit.) und R. H. BRUCK (*Finite nets, I. Numerical invariants*, Can. J. Math. 3 (1951) 94-1o7) zurück.

$|M_p|=n^2-(n(n-1)+1)=n-1$. Wir setzen $G_p:=M_p\cup\{p\}$ und $\mathcal{L}:=\mathcal{G}\cup\{G_p;\ p\in P\}$. Es erweist sich $(P,\mathcal{L})$ als affine Ebene der Ordnung n. Diese Überlegungen verallgemeinert R. H. BRUCK [15]; er gibt eine hinreichende Bedingung für die Einbettbarkeit eines r-Gewebes in affine Ebenen an:

• <u>(11.16)</u> <u>Satz</u>. Es seien $n,r\in\mathbb{N}$, $d:=n-r$ und $(P,\mathcal{G})$ ein r-Gewebe der Ordnung n. Wenn $n>\frac{1}{2}d^4+d^3+d^2+\frac{3}{2}d$ ist, so gibt es eine affine Ebene $(P,\mathcal{L})$ der Ordnung n mit $\mathcal{G}\subset\mathcal{L}$. □

Es sei $(P,\mathcal{L})$ eine affine Ebene der Ordnung n und $(P,\mathcal{G})$ ein (n-1)-Gewebe mit $\mathcal{G}\subset\mathcal{L}$. Jede Gerade $L\in\mathcal{L}\setminus\mathcal{G}$ ist dann durch je zwei verschiedene und mit ihr inzidente Punkte $p,q\in L$ als die Menge derjenigen Punkte bestimmt, die weder mit p noch mit q durch Geraden aus $\mathcal{G}$ verbindbar sind. Dies bedeutet, daß $(P,\mathcal{L})$ durch $(P,\mathcal{G})$ eindeutig bestimmt ist. R. H. BRUCK (loc. cit.) zeigt allgemeiner:

• <u>(11.17)</u> <u>Satz</u>. Es seien $n,r\in\mathbb{N}$, $d:=n-r$ und $(P,\mathcal{G})$ ein r-Gewebe der Ordnung n. Wenn $n>d^2$ ist, so gibt es höchstens eine affine Ebene $(P,\mathcal{L})$ mit $\mathcal{G}\subset\mathcal{L}$. □

Für jeden Körper K operiert die Gruppe Γ aller Abbildungen

$$\gamma:\begin{cases} K \longrightarrow K \\ x \longrightarrow ax+b \end{cases}$$

mit $a,b\in K$ und $a\neq 0$, der sogenannten *affinen Abbildungen von* K, scharf 2-fach transitiv. Da es zu jeder Primzahlpotenz $n\geq 2$ genau einen Körper mit n Elementen gibt, folgt:

• <u>(11.18)</u> <u>Satz</u>. Zu jeder Primzahlpotenz $n\geq 2$ gibt es eine affine Ebene der Ordnung n. □

Beim systematischen Probieren, vier paarweise verflochtene lateinische Quadrate der Ordnung 5 herzustellen, erkennt man, daß es bis auf Isomorphie genau eine affine Ebene der Ordnung 5

---

[15] *Finite nets, II. Uniqueness and imbedding*, Pacif. J. Math. <u>13</u> 421-457.

gibt. Im Rahmen des Satzes (12.1o) werden wir unter anderem beweisen, daß es keine affine Ebene der Ordnung 6 gibt. Die Eindeutigkeit der affinen Ebene der Ordnung 7 ist mittels geometrischer Überlegungen von M. HALL [16] bewiesen worden. Allerdings hatten R. C. BOSE und K. R. NAIR [17] bereits zwölf Jahre früher durch Auswerten der Tabellen lateinischer Quadrate der Ordnung 7 von H. W. NORTON [18] dieses Ergebnis erhalten. Die Eindeutigkeit der affinen Ebene der Ordnung 8 wurde 1956 von M. HALL, J. D. SWIFT und R. J. WALKER [19] unter Benutzung von H. W. NORTON's Tabellen und elektronischen Rechenanlagen festgestellt.

Die Quadrate A_2 und A_3 der folgenden standardisierten Menge von 3 paarweise verflochtenen lateinischen Quadraten der Ordnung 4

$$A_1 = \begin{matrix} 1 & 2 & 3 & 4 \\ 2 & 1 & 4 & 3 \\ 3 & 4 & 1 & 2 \\ 4 & 3 & 2 & 1 \end{matrix} \qquad A_2 = \begin{matrix} 1 & 3 & 4 & 2 \\ 2 & 4 & 3 & 1 \\ 3 & 1 & 2 & 4 \\ 4 & 2 & 1 & 3 \end{matrix} \qquad A_3 = \begin{matrix} 1 & 4 & 2 & 3 \\ 2 & 3 & 1 & 4 \\ 3 & 2 & 4 & 1 \\ 4 & 1 & 3 & 2 \end{matrix}$$

gehen durch die Spaltenpermutation $(2\ 3\ 4) \in S_4$ bzw. $(2\ 4\ 3) \in S_4$ aus A_1 hervor. In Satz (11.2o) geben wir eine geometrische Bedingung für dieses Phänomen an. Um diese Bedingung zu formulieren , benötigen wir die nachfolgende Definition.

• (11.19) Definition. Es sei R eine Gerade eines Gewebes (P,G). Wir sagen, (P,G) genügt dem *kleinen Axiom von DESARGUES in Richtung* R, wenn zu je drei verschiedenen, zu R paralle-

---

16) *Uniqueness of the projective plane with 57 points*, Proc. Amer. Math. Soc. 4 (1953) 912-916; *Correction to "Uniqueness of the projective plane with 57 points"*, Proc. Amer. Math. Soc. 5 (1954) 994-997. Vgl. auch G. PICKERT, op. cit.

17) *On complete sets of Latin squares*, Sankhya 5 (1941) 361-382.

18) *The 7×7 squares*, Ann. Eugenics 9 (1939) 269-3o7. Dabei ist zu bemerken, daß die von A. SADE (*An omission in Norton's list of 7×7 squares*, Ann. Math. Satist. 22 (1951) 3o6-3o7 und *Omission dans les listes de Norton pour les carrées 7×7*, J. reine angew. Math. 189 (1951) 19o-191) festgestellte Unvollständigkeit NORTONschen Tabellen die Untersuchungen von R. C. BOSE und K. R. NAIR nicht berühren.

19) *Uniqueness of the projective plane of order eight*, Math. Tables Aids Comput. 1o (1956) 186-194.

len Geraden R_1, R_2, R_3 und je sechs Punkten $p_1, q_1 \in R_1$, $p_2, q_2 \in R_2$ und $p_3, q_3 \in R_3$ aus der Existenz von sechs Geraden F, F', G, G', H, H' mit $p_1, p_2 \in F$, $q_1, q_2 \in F'$, $p_2, p_3 \in G$, $q_2, q_3 \in G'$, $p_1, p_3 \in H$, $q_1 \in H'$ und $F \| F'$, $G \| G'$, $H \| H'$ stets $q_3 \in H'$ folgt.

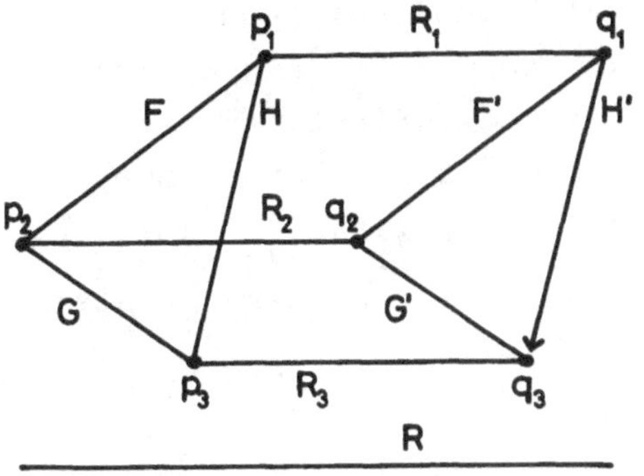

□

Affine Ebenen, in denen das kleine Axiom von DESARGUES für eine Richtung erfüllt ist, werden durch sogenannte *Cartesische Gruppen* [20] koordinatisiert. Gilt das kleine Axiom von DESARGUES für zwei verschiedene Richtungen einer affinen Ebene, so gilt es für alle Richtungen; die *Translationen*, d.h. die fixpunktfreien Automorphismen τ mit $\tau(G) \| G$ für alle Geraden G, bilden dann einen auf den Punkten der Ebene regulär operierenden kommutativen Normalteiler in der vollen Automorphismengruppe dieser affinen Ebene. Solche Ebenen heißen *Translationsebenen* und werden durch sogenannte *Quasikörper* [20] koordinatisiert. Die affinen Ebenen, die durch die scharf 2-fach transitiv auf K operierende Gruppe der affinen Abbildungen eines Körpers K bestimmt sind, genügen, wie wir in Abschnitt 12.1 sehen, noch stärkeren Bedingungen als dem kleinen Axiom von DESARGUES.

• <u>(11.2o)</u> <u>Satz</u>. Es seien $n, r \in \mathbb{N}$, $n \geq 2$, $r \geq 3$ und $A = \{A_1, \ldots, A_{r-2}\}$ eine standardisierte $(r-2)$-Menge paarweise verflochtener lateinischer Quadrate der Ordnung n. Wenn (mit den Bezeichnungen aus Satz (11.14)) das von A koordinatisierte Gewebe $G(A) =: (P, G)$

---

[20] Vgl. G. PICKERT, op. cit.

das kleine Axiom von DESARGUES in Richtung L_1 erfüllt, so gehen die lateinischen Quadrate aus A durch Spaltenpermutationen paarweise auseinander hervor.

Beweis. Es seien $A=(a_{i,j})$ und $B=(b_{i,j})$ zwei lateinische Quadrate aus A. Da A standardisiert ist, gilt $a_{i,1}=b_{i,1}=i$ für alle $i \in Z_n$. Es sei nun $j_1 \neq 1$ ein Spaltenindex. Wir zeigen, daß ein Spaltenindex j_2 existiert, so daß die Spalte j_1 aus A mit der Spalte j_2 aus B übereinstimmt. Es sei dazu j_2 der Spaltenindex, für den $a_{1,j_1}=b_{1,j_2}$ gilt. Nun müssen wir also zeigen, daß für jeden Zeilenindex i stets $a_{i,j_1}=b_{i,j_2}$ gilt: Zunächst erhält man $(1,a_{1,j_1}) \nparallel (1,b_{1,j_1})$ nach (PW), also $j_1 \neq j_2$. Wegen $j_1 \neq 1$ und $1 \neq a_{1,j_1}=b_{1,j_2}$ folgt $j_2 \neq 1$. Schließlich gilt wegen $j_1 \neq 1$ auch $i \neq a_{i,j_1}$. Damit erfüllen die Punkte $p_1:=(1,1)$, $p_2:=(j_1,a_{1,j_1})$, $p_3:=(j_2,a_{1,j_1})$ sowie $q_1:=(1,i)$, $q_2:=(j_1,a_{i,j_1})$, $q_3:=(j_2,a_{i,j_1})$ zusammen mit den Geraden $R_1:=L_1$, $R_2:=L_{j_1}$, $R_3:=L_{j_2}$, $G:=K_{a_{1,j_1}}$, $G':=K_{a_{i,j_1}}$, $F:=\{(j,a_{1,j});\ j \in Z_n\}$, $F':=\{(j,a_{i,j});\ j \in Z_n\}$, $H:=\{(j,b_{1,j});\ j \in Z_n\}$ und $H':=\{(j,b_{i,j});\ j \in Z_n\}$ die Voraussetzungen des kleinen Axioms von DESARGUES in Richtung L_1.

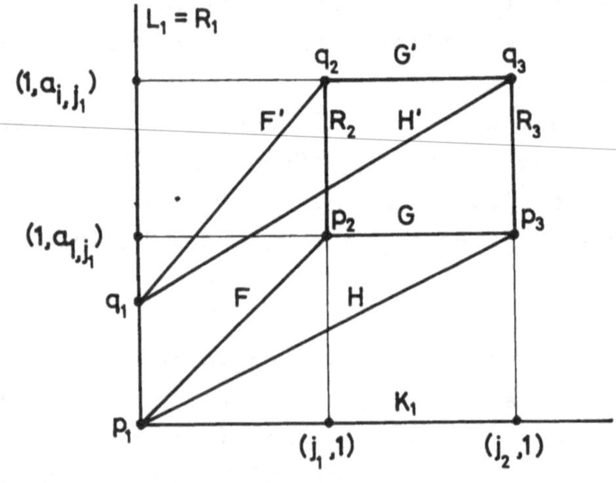

Die der Zeile i aus B zugeordnete Gerade H' inzidiert also mit dem Punkt $q_3=(j_2,a_{i,j_1})$. Damit folgt $a_{i,j_1}=b_{i,j_2}$. □

Wie in Satz (11.2o) und bei der Definition der Isotopie sind in der Theorie der Gewebe in vielen Situationen zwei Parallelbüschel ausgezeichnet. Dieser durch Satz (11.14) begründete unbefriedigende Umstand bewirkt, daß bei Untersuchungen von Geweben nicht die volle Automorphismengruppe, sondern nur die Untergruppe derjenigen Automorphismen, die diese ausgezeichneten Parallelbüschel in sich überführen, studiert wird. In der sehr umfangreichen Literatur [21] über Gewebe wird dieser Umstand verschiedentlich hinter unnatürlichen Definitionen versteckt.

Für affine Ebenen läßt sich (11.2o) umkehren; den Beweis überlassen wir dem Leser:

• <u>(11.21)</u> <u>Satz</u>. Es sei A eine (n-1)-Menge von paarweise verflochtenen lateinischen Quadraten der Ordnung n, die paarweise durch Spaltenpermutationen auseinander hervorgehen. Dann genügt die affine Ebene $G(A)=(P,G)$ dem kleinen Axiom von DESARGUES in Richtung L_1. (Bezüglich der Bezeichnungen vgl. (11.14) bzw. (11.20).) □

Wir bemerken, daß (11.2o) eine Möglichkeit aufzeigt, affine Ebenen zu finden, die von cartesischen Gruppen koordinatisiert werden: Dazu sei A ein reduziertes lateinisches Quadrat der Ordnung n und C ein reduziertes lateinisches Quadrat der Ordnung n-1. Nun wendet man die Zeilen von C als Permutationen auf die Spalten 2,3,...,n von A an und man erhält schließlich n-1 lateinische Quadrate der Ordnung n. Wählt man A und C geeignet, so sind diese n-1 Quadrate paarweise verflochten.

---

[21] Eine ausführliche Bibliographie findet der Leser in J. ACZEL, *Quasigroups, nets and nomograms*, Advances in Math. <u>1</u> (1965) 383-45o, sowie in J. DENES und A. KEEDWELL, *Latin squares and their applications*, English Universities Press Ltd., London 1974.

11.3 Orthogonale lateinische Quadrate

Zwei lateinische Quadrate $A=(a_{i,j})$ und $B=(b_{i,j})$ der Ordnung n heißen *orthogonal* (in Zeichen: $A \perp B$), wenn in der $n \times n$-Matrix $C:=((a_{i,j}, b_{i,j}))_{i,j \in Z_n}$ jedes Zahlenpaar $(k,l) \in Z_n \times Z_n$ einmal (und damit auch genau einmal) auftritt. Mit E. PARKER [22] sagen wir dafür auch, B ist ein *orthogonaler Genosse von* A (engl.: *orthogonal mate*).

Um zu prüfen, ob das Quadrat B zu A orthogonal ist, genügt es also zu prüfen, ob zu je zwei verschiedenen Zeilenindizes $i_1, i_2 \in Z_n$ und je zwei Spaltenindizes $j_1, j_2 \in Z_n$ stets $(a_{i_1,j_1}, b_{i_1,j_1}) \neq (a_{i_2,j_2}, b_{i_2,j_2})$ gilt.

Als Beispiel geben wir zwei orthogonale lateinische Quadrate der Ordnung 1o. Wir schreiben dabei "o" statt "1o".

1	2	3	4	5	6	7	8	9	o
2	3	4	5	6	7	1	o	8	9
3	4	5	6	7	1	2	9	o	8
4	6	1	3	8	9	o	5	7	2
5	7	2	8	9	o	3	4	6	1
6	1	8	9	o	2	4	3	5	7
7	8	9	o	1	3	5	2	4	6
8	9	o	7	2	4	6	1	3	5
9	o	6	1	3	5	8	7	2	4
o	5	7	2	4	8	9	6	1	3

1	2	3	4	5	6	7	8	9	o
3	4	5	6	7	1	2	9	o	8
5	6	7	1	2	3	4	o	8	9
o	9	8	2	1	7	6	3	4	5
9	8	1	7	6	5	o	2	3	4
8	7	6	5	4	o	9	1	2	3
6	5	4	3	o	9	8	7	1	2
4	3	2	o	9	8	5	6	7	1
2	1	o	9	8	4	3	5	6	7
7	o	9	8	3	2	1	4	5	6

L. EULER [23] stellte anno 1779 das Problem, 36 Offiziere aus 6 Regimentern und jeweils 6 verschiedenen Chargen so in einem Quadrat aufzustellen, daß keine Zeile und keine Spalte zwei Offiziere derselben Charge oder desselben Regiments enthält. G. TARRY [24] bewies die Unlösbarkeit dieses Problems. Er zeigte durch systematisches Ausprobieren, daß es keine zwei

---

[22] *Computer investigations of orthogonal latin squares of order ten*, Proc. Symp. Appl. Math. 15 (1963) 73-81.

[23] *Recherches sur une nouvelle espèce de quarrés magiques*, Leonardi Euleri Opera Omnia, Série 1, 7 (1923) 291-392.

[24] *Le problème des 36 officiers*, Compte Rendu de l'Association Francaise pour l'Avancement des Sciences Naturelles 1 (1900) 122-123; 2 (1901) 170-203. Der Astronom H. C. SCHUMACHER schrieb am 10. August 1842 in einem Brief an C. F. GAUSS, daß sein Assistent TH. CLAUSEN die Unlösbarkeit des 36-Offiziere-Problems bewiesen habe; vgl. C. S. PETERS, *Briefwechsel zwischen C.F.Gauß und H.C.Schumacher*, Bd. 4, Altona 1862, S. 81; Nachdruck bei G. Olms, Hildesheim-New York 1975.

orthogonale lateinische Quadrate der Ordnung 6 gibt. L. EULER vermutete darüber hinaus, daß für keine Zahl $n \equiv 2 \pmod 4$ ein orthogonales Paar lateinischer Quadrate der Ordnung n existiert. Diese Vermutung blieb sehr lange unentschieden und wurde erst 1959 von R. C. BOSE und S. S. SHRIKANDE [25] durch die Angabe eines Paares orthogonaler lateinischer Quadrate der Ordnung 22 negativ gelöst. Gleichzeitig gelang E. T. PARKER [26] die Konstruktion einer Reihe von Paaren orthogonaler lateinischer Quadrate, darunter auch der Ordnung 1o. Kurze Zeit später veröffentlichten R. C. BOSE, S. S. SHRIKANDE und E. T. PARKER [27] gemeinsam einen Beweis, der zu jeder natürlichen Zahl $n>2$, $n \neq 6$ die Existenz eines Paares orthogonaler lateinischer Quadrate der Ordnung n sichert. Wir verzichten auf die Wiedergabe des komplizierten Beweises [28].

Neben ihrer Anwendbarkeit in der statistischen Versuchsplanung [29] ist das Interesse an paarweise orthogonalen lateinischen Quadraten vorwiegend in der Herausforderung begründet, die diese so einfach formulierte Vermutung L. EULERs darstellte.

In Satz (11.22) zeigen wir den engen Zusammenhang zwischen den Relationen des Verflochtenseins und der Orthogonalität lateinischer Quadrate. Uns scheint die der eleganten WITTschen Koordinatisierung der endlichen affinen Ebenen durch scharf 2-fach transitive Permutationsmengen angepaßte Definition des Verflochtenseins für geometrische Fragestellungen natürlicher als die der Orthogonalität.

---

[25] *On the falsity of Euler's conjecture about the non-existence of two orthogonal latin squares of order 4t 2,* Proc. Nat. Acad. Sci. USA 45 (1959) 734-737.

[26] *Orthogonal latin squares,* Proc. Nat. Acad. Sci. USA 45 (1959) 859-862.

[27] *Further results on the construction of mutually orthogonal latin squares and the falsity of Euler's conjecture,* Can. J. Math. 12 (196o) 39o-394.

[28] vgl. J. DÉNES und A. D. KEEDWELL, op. cit., chap. 11.

[29] vgl. H. B. MANN, *Analysis and design of experiments,* Dover Publications, New York 1949.

• (11.22) **Satz**. Es sei $n \in \mathbb{N}$. Für jedes lateinische Quadrat $A=(a_{i,j})$ der Ordnung n wird durch

$$b_{k,i}=j \quad :\Longleftrightarrow \quad a_{i,j}=k \qquad \text{für alle } i,j,k \in Z_n$$

ein lateinisches Quadrat $\Omega(A):=(b_{k,i})$ definiert. Ω ist eine Permutation der Menge der lateinischen Quadrate der Ordnung n mit $\Omega^3=\mathrm{id}$. Zwei lateinische Quadrate A und B der Ordnung n sind genau dann orthogonal, wenn $\Omega(A)$ und $\Omega(B)$ verflochten sind.

Beweis. Da in jeder Zeile $(a_{i,1},a_{i,2},\ldots,a_{i,n})$ von A jede Zahl aus Z_n genau einmal auftritt, ist $\Omega(A)$ wohldefiniert. Ebenso folgt: Da in jeder Zeile (bzw. Spalte) von A jede Zahl aus Z_n genau einmal auftritt, gilt dies auch für die Spalten (bzw. Zeilen) von $\Omega(A)$; es ist also $\Omega(A)$ ein lateinisches Quadrat der Ordnung n. Wenngleich die Anzahl der lateinischen Quadrate der Ordnung n schon für kleine Zahlen n unvorstellbar groß ist, so ist sie doch für alle $n \in \mathbb{N}$ endlich. Somit folgt aus der Injektivität von Ω, die offensichtlich ist, die Bijektivität.
Es sei $\Omega(A)=(b_{k,i})$, $\Omega^2(A)=(c_{j,k})$ und $\Omega^3(A)=(d_{i,j})$. Für alle $i,j,k \in Z_n$ gilt definitionsgemäß

$$a_{i,j}=k \Longleftrightarrow b_{k,i}=j \Longleftrightarrow c_{j,k}=i \Longleftrightarrow d_{i,j}=k,$$

also $\Omega^3(A)=A$.
Es seien nun $A=(a_{i,j})$ und $A'=(a'_{i,j})$ zwei orthogonale lateinische Quadrate der Ordnung n. Es seien $i_1,i_2,k_1,k_2 \in Z_n$ mit $i_1 \neq i_2$ und $k_1 \neq k_2$. Wir setzen $(b_{k,i}):=\Omega(A)$, $(b'_{k,i}):=\Omega(A')$, $j_1:=b_{k_1,i_1}$, $j_2:=b_{k_1,i_2}$, $j'_1:=b'_{k_2,i_1}$ und $j'_2:=b'_{k_2,i_2}$. Dann ist $k_1=a_{i_1,j_1}=a_{i_2,j_2}$ und $k_2=a'_{i_1,j'_1}=a'_{i_2,j'_2}$. Weiter setzen wir $k'_1:=a_{i_2,j'_2}$ und $k'_2:=a'_{i_1,j_1}$. Wenn nun $(j_1,j_2) \neq (j'_1,j'_2)$ erfüllt ist, so sind $\Omega(A)$ und $\Omega(A')$ verflochten. Setzen wir $j_1=j'_1$ voraus, so folgt $k'_2=a'_{i_1,j_1}=a'_{i_1,j'_1}=k_2$. Die Voraussetzungen $A \perp A'$ und $i_1 \neq i_2$ implizieren nun $(k_1,k'_2) \neq (k'_1,k_2)$, also $a_{i_2,j_2}=k_1 \neq k'_1=a_{i_2,j'_2}$ und damit $j_2 \neq j'_2$. Also sind $\Omega(A)$ und $\Omega(A')$ verflochten.

Es seien nun umgekehrt $\Omega(A)=(b_{k,i})$ und $\Omega(A')=(b'_{k,i})$ verflochtene lateinische Quadrate. Weiter seien $i_1,i_2,j_1,j_2\in Z_n$ mit $i_1 \neq i_2$ und $j_1 \neq j_2$. Wir setzen $k_1:=a_{i_1,j_1}$, $k_2:=a'_{i_2,j'_2}$, $k'_1:=a_{i_2,j'_2}$ und $k'_2:=a'_{i_1,j_1}$. Dann ist $j_1=b_{k_1,i_1}=b'_{k'_2,i_1}$ und $j'_2=b_{k'_1,i_2}=b'_{k_2,i_2}$. Weiter setzen wir $j'_1:=b'_{k_2,i_1}$ und $j_2:=b_{k_1,i_2}$. Wenn nun $(k_1,k'_2)\neq(k'_1,k_2)$ erfüllt ist, so sind A und A' orthogonale lateinische Quadrate. Setzen wir $k'_2=k_2$ voraus, so folgt $j_1=b'_{k'_2,i_1}=b'_{k_2,i_1}=j'_1$. Die Voraussetzung $i_1 \neq i_2$ und die Verflochtenheit von $\Omega(A)$ und $\Omega(A')$ implizieren nun $(j_1,j_2)\neq(j'_1,j'_2)$, also $b_{k_1,i_2}=j_2 \neq j'_2=b_{k'_1,i_2}$ und damit $k_1 \neq k'_1$. Also sind A und A' orthogonale lateinische Quadrate. □

Nach (11.22) und den Ausführungen in Abschnitt 11.2 gibt es zu jeder Primzahlpotenz n eine (n-1)-Menge paarweise orthogonaler lateinischer Quadrate der Ordnung n. Schon 1922 zeigte H. F. MACNEISH [30]:

• <u>(11.23)</u> <u>Satz</u>. Es sei $n=p_1^{\alpha_1}p_2^{\alpha_2}\cdots p_m^{\alpha_m}$ die Primzahlzerlegung von $n\in\mathbb{N}$. Dann gibt es zumindest $\min\{p_1^{\alpha_1}-1,p_2^{\alpha_2}-1,\ldots,p_m^{\alpha_m}-1\}$ paarweise orthogonale lateinische Quadrate der Ordnung n. □

Den Beweis [31] der folgenden Verallgemeinerung übergehen wir.

• <u>(11.24)</u> <u>Satz</u>. Es seien $n,m\in\mathbb{N}$. Gibt es t paarweise orthogonale lateinische Quadrate sowohl der Ordnung n wie auch der Ordnung m, so gibt es auch t paarweise orthogonale lateinische Quadrate der Ordnung nm. □

Wir bezeichnen mit N(n) die maximale Anzahl paarweise orthogonaler lateinischer Quadrate der Ordnung n. Für $n\leq 100$

---

[30] *Euler squares,* Ann. Math. <u>23</u> (1922) 221-227.

[31] vgl. etwa H. J. RYSER, *Combinatorial Mathematics*, Wiley, New York 1963, p. 83.

gibt J. H. VAN LINT [32] in einer Tabelle untere Schranken für die Anzahlen $N(n)$. R. M. WILSON [33] verbessert diese Schranken für die Ordnungen 3o, 36, 46 und 5o jeweils auf die Werte 3, 4, 4 bzw. 6. R. M. WILSON [34] zeigt auch, daß für hinreichend große Zahlen $n \in \mathbb{N}$ die Abschätzung $N(n) \geq \sqrt[17]{n} - 2$ gilt. Es sei an dieser Stelle auch darauf hingewiesen, daß die Sätze (11.16) und (11.17) in die Sprache der lateinischen Quadrate übersetzt werden können; (11.16) besagt dann etwa: Gilt $N(n) \geq r-2$ und $n > \frac{1}{2}d^4 + d^3 + d^2 + \frac{3}{2}d$ mit $d := n-r$, so folgt $N(n) = n-1$.

Es seien A und B orthogonale lateinische Quadrate der Ordnung n. Wenden wir nun

i) auf A und B die gleiche Spalten- oder Zeilenpermutation oder

ii) eine Permutation aus S_n auf die Komponenten von A oder B an,

so erhalten wir wiederum ein Paar orthogonaler lateinischer Quadrate.

Die (11.19) vorausgehenden paarweise verflochtenen lateinischen Quadrate A_1, A_2 und A_3 sind auch paarweise orthogonal. Für dieses Phänomen geben wir eine geometrische Begründung:

• <u>(11.25)</u> <u>Satz</u>. Es seien $n, r \in \mathbb{N}$, $n \geq 2$, $r \geq 3$ und $\mathcal{A} = \{A_1, A_2, \ldots, A_{r-2}\}$ eine standardisierte $(r-2)$-Menge paarweise verflochtener lateinischer Quadrate der Ordnung n. Wenn das durch $\mathcal{A}$ koordinatisierte Gewebe $G(\mathcal{A}) = (P, \mathcal{G})$ (unter Verwendung der Bezeichnungen aus (11.14)) das kleine Axiom von DESARGUES in Richtung K_1 erfüllt, so sind die Quadrate aus $\mathcal{A}$ auch paarweise orthogonal.

---

[32] *Combinatorial Theory Seminar, Eindhoven Univ. of Technology*, Lecture Notes in Math. <u>382</u>, Springer, Berlin/Heidelberg 1974, p. 117.

[33] *A few more squares*, Proc. 5th S-E Conf. Combinatorics, Graph Theory and Computing (1974) 675-68o.

[34] *Concerning the number of mutually orthogonal latin squares*, Discrete Math. <u>9</u> (1974) 181-198.

Beweis. Wir nehmen an, es gebe in A zwei lateinische Quadrate $A=(a_{i,j})$ und $B=(b_{i,j})$, die nicht orthogonal sind. Dann gibt es Indizes $i_1,i_2,j_1,j_2 \in Z_n$ mit $i_1 \neq i_2$, $j_1 \neq j_2$ und $(k,l):=(a_{i_1,j_1},b_{i_1,j_1})=(a_{i_2,j_2},b_{i_2,j_2})$. Wir setzen nun
$p_1:=(j_1,k)$, $p_2:=(j_1,l)$, $p_3:=(1,i_1)$ sowie
$q_1:=(j_2,k)$, $q_2:=(j_2,l)$, $q_3':=(1,i_2)$ und
$R_1:=K_k$, $R_2:=K_l$, $R_3:=K_{i_1}$, $F:=L_{j_1}$, $F':=L_{j_2}$,
$G:=\{(t,b_{i_1,t});\ t \in Z_n\}$, $H:=\{(t,a_{i_1,t});\ t \in Z_n\}$,
$G':=\{(t,b_{i_2,t});\ t \in Z_n\}$, $H':=\{(t,a_{i_2,t});\ t \in Z_n\}$.
Es ist $R_1 \neq R_2$, denn sonst wäre $p_1=p_2$ und der Schnittpunkt $p_3=G \cap H$ wäre mit p_1 und damit auch mit p_2 identisch. Entsprechend wäre dann auch $q_1=q_2=q_3'$ und somit folgte $j_1=1=j_2$ im Widerspruch zu $j_1 \neq j_2$.
Es ist $R_1 \neq R_3$, denn sonst wäre $k=i_1$ und damit $p_1,p_3 \in H \cap R_1$, also $H=R_1$. Ebenso folgt $R_2 \neq R_3$.
Nun sei q_3 der Schnittpunkt von R_3 und G'.

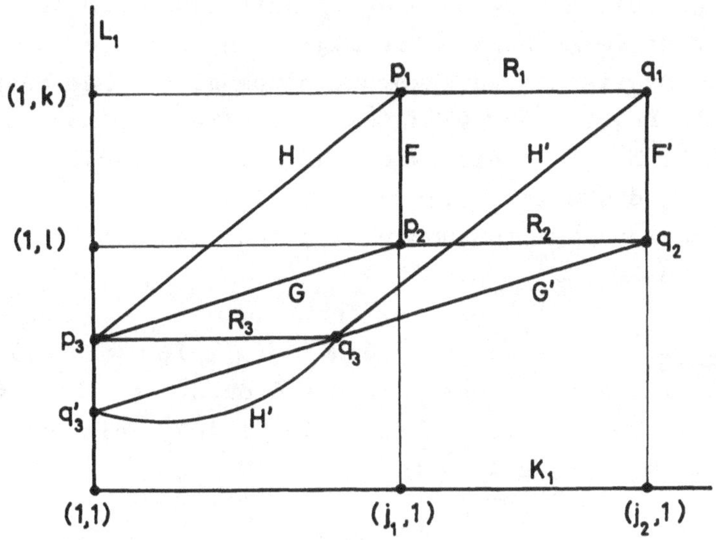

Nach dem kleinen Axiom von DESARGUES in Richtung K_1 inzidiert q_3 mit H'. Aus $q_3,q_3' \in G' \cap H'$ und $G' \neq H'$ folgt $q_3=q_3'$. Aus $p_3,q_3 \in R_3$ und $p_3,q_3' \in L_1$ und $R_3 \neq L_1$ folgt $q_3'=p_3$ und damit $i_1=i_2$ im Widerspruch zur Voraussetzung. □

Auf A. DÜRER's Kupferstich *Melencolia* aus dem Jahre 1514, der nach W. AHRENS [35] *die allegorische Figur der mathematischen Forschung, umgeben von stereometrischen Körpern, allerlei Werkzeugen zum Messen, Zeichnen, Wägen usw., in einer augenblicklichen Anwandlung dumpfen melancholischen Hinbrütens und Grübelns darstellt*, befindet sich eine 4-reihige quadratische Matrix mit Komponenten aus Z_{16}, die so angeordnet sind, daß die Zeilen-, Spalten- und Diagonalsummen jeweils den Wert 34 ergeben. (Wir verzichten auf eine Wiedergabe dieses Stiches, da dessen Feinheiten bei einer Verkleinerung stark leiden müssten [36].) Dieses pandiagonale magische Quadrat versinnbildlicht dabei *die Arithmetik, ebenso wie Kugel und Polyeder deren geometrische Schwester verkörpern* [35]. Das berühmte *Saturn-Quadrat* $\begin{matrix} 4 & 9 & 2 \\ 3 & 5 & 7 \\ 8 & 1 & 6 \end{matrix}$ soll auf dem Panzer einer göttlichen Schildkröte, die im dritten Jahrtausend v. Chr. dem Lo-Fluß in China entstieg, eingraviert gewesen sein.

Die Araber waren es, die die Theorie der magischen Quadrate zu ihren abergläubischen Zwecken entwickelt haben. Im 17. Jahrhundert wurden im Abendland die magischen Quadrate zu astrologischen und mystischen Beschwörungen übersinnlicher Mächte benutzt. Als Angebot für Okkultisten stellen wir nun ein Verfahren von L. EULER bereit, sich *magische Quadrate*, das sind $n \times n$-Matrizen, die alle Zahlen von 1 bis n^2 enthalten, und deren Zeilen- und Spaltensummen alle den gleichen Wert besitzen, herzustellen.

• (11.26) Satz. Es seien $n \in N$ und $A=(a_{i,j})$, $B=(b_{i,j})$ zwei orthogonale lateinische Quadrate der Ordnung n. Dann wird durch $m_{i,j}:=n(a_{i,j}-1)+b_{i,j}$ für alle $i,j \in Z_n$ ein magisches Quadrat $M:=(m_{i,j})$ definiert.

---

35) *Mathematische Unterhaltungen und Spiele II*, Teubner, Leipzig 1918.

36) Wir wollen hiermit keineswegs den Kunstsinn unseres Bundespostministers schmähen, der es so gscheidlich versteht, eine Auswahl bedeutender Werke in hundertfacher Verkleinerung auf Briefmarkenformat dem Volke zugänglich zu machen.

Beweis. Für alle $i,j \in Z_n$ gilt $1 \le m_{i,j} \le n(n-1)+n=n^2$. Nun seien $i,j,r,s \in Z_n$ mit $m_{i,j}=m_{r,s}$ und $b_{i,j} \le b_{r,s}$. Dann gilt $n(a_{i,j}-1)+b_{i,j}=n(a_{r,s}-1)+b_{r,s}$, also

$$n(a_{i,j}-a_{r,s}) = b_{r,s}-b_{i,j} \equiv 0 \pmod n.$$

Wegen $0 \le b_{r,s}-b_{i,j} \le n-b_{i,j} < n$ folgt $b_{r,s}=b_{i,j}$ und damit $a_{i,j}=a_{r,s}$; man erhält also $(a_{i,j},b_{i,j})=(a_{r,s},b_{r,s})$. Da A und B orthogonal sind, folgt $i=r$ und $j=s$. Somit tritt jede Zahl aus Z_{n^2} genau einmal in M als Komponente auf.

Wir berechnen die Summe s_i der i-ten Zeile von M:

$$s_i = \sum_{j=1}^{n} (n(a_{i,j}-1)+b_{i,j})$$

$$= \sum_{j=1}^{n-1} nj + \sum_{j=1}^{n} j = \frac{n}{2}(n^2+1)$$

Der gleiche Wert ergibt sich auch als Spaltensumme jeder Spalte.

□

Für weitere Informationen über magische Quadrate sei auf das mehrmals zitierte Werk von J. DENES und A. D. KEEDWELL, sowie auf die mathematische Unterhaltungsliteratur [37] verwiesen.

---

[37] W. AHRENS, *Mathematische Unterhaltungen und Spiele*, Teubner, Leipzig, Bd. 1, 3. Aufl. 1921, Bd. 2, 2. Aufl. 1918.

W. W. ROUSE BALL, *Mathematical recreations and problems*, London 1892. Übersetzung der 4. Aufl. "*Mathematical recreations and essays*" London 1905 von J. FITZ-PATRICK (mit vielen Zusätzen) ins Französische, *Récréations mathématiques et problemes des temps anciens et modernes*, Paris, Bd. 1 1907, Bd. 2 1908, Bd. 3 1909.

G. KOWALEWSKI, *Alte und neue mathematische Spiele*, Teubner, Lepzig-Berlin 1930, Nachdruck von Dr. Martin Sändig oHG., Wiesbaden 1968.

E. LUCAS, *Récréations mathématiques I, II, III, IV*, Paris 1882-1894. Unautorisierte und fehlerhafte Übersetzung von Teilen dieses Werkes ins Deutsche von W. GROSSE, *Unterhaltende Probleme und Spiele in mathematischer Beleuchtung*, Leipzig 1897.

H. SCHUBERT, J. ERLEBACH, *Mathematische Mußestunden*, de Gruyter & Co., 13. Aufl. Berlin 1967.

Kapitel 12. Endliche Geometrien

Eines der Hauptprobleme der Kombinatorik besteht darin, v Objekte so zu b Blöcken von je k Elementen zusammenzufassen, daß jede Kombination von t Objekten in genau λ_t Blöcken vorkommt. Die Theorie dieser taktischen Konfigurationen, sie heißen *Blockpläne*, ist heute, - nicht zuletzt wegen ihrer Bedeutung in der statistischen Versuchsplanung -, soweit fortgeschritten und umfangreich, daß wir uns hier nur mit besonders homogenen Strukturen beschäftigen.

12.1 Projektive Geometrie [1]

Eine (nicht notwendig endliche) Inzidenzstruktur $(P,\mathcal{G})$ heißt *projektiver Raum*, wenn die folgenden drei Axiome erfüllt sind:

(PG 1) Zu je zwei verschiedenen Punkten $p,q\in P$ gibt es genau eine Gerade $G\in\mathcal{G}$ mit $p,q\in G$.

(PG 2) (*VEBLEN-YOUNG-Axiom*) Vier verschiedene Geraden schneiden sich nie in insgesamt genau fünf Punkten.

(PG 3) Jede Gerade inzidiert mit mindestens drei Punkten.

Eine Teilmenge $T\subset P$ eines projektiven Raumes $(P,\mathcal{G})$ heißt *projektiver Teilraum*, wenn mit je zwei Punkten auch deren nach (PG 1) eindeutig bestimmte Verbindungsgerade in T liegt. Für jeden Teilraum T von $(P,\mathcal{G})$ ist die Inzidenzstruktur $(T,\mathcal{G}_T)$ mit $\mathcal{G}_T := \{G\in\mathcal{G};\ G\subset T\}$ selbst ein projektiver Raum. Mit $\mathcal{T}(M)$ bezeichnen wir die Menge aller Teilräume von $(P,\mathcal{G})$, die eine Teilmenge $M\subset P$ umfassen. Insbesondere sei $\mathcal{T}:=\mathcal{T}(\emptyset)$ die Menge aller projektiven Teilräume von $(P,\mathcal{G})$. Mit $\langle M\rangle := \bigcap\mathcal{T}(M)$ [2] bezeichnen wir den von einer Teilmenge $M\subset P$ erzeugten Teilraum.

---

[1] In diesem Abschnitt bringen wir einige Ergebnisse der projektiven Geometrie ohne Beweise. Die meisten Sätze gelten auch für projektive Räume über unendlichen Koordinatenkörpern, haben also keinen spezifisch kombinatorischen Charakter. Es wird aber oft wesentlicher Gebrauch von der Kommutativität der Körper gemacht.

Ist T ein Teilraum von $(P,\mathcal{G})$ und $p\in P\setminus T$, so besteht $\langle T\cup\{p\}\rangle$ aus genau den Punkten, die auf den Verbindungsgeraden von p mit Punkten aus T liegen. Für jeden Teilraum $T\in\mathcal{T}$ und je zwei Punkte $p,q\in P\setminus T$ gilt:

$$q\in\langle T\cup\{p\}\rangle \Rightarrow \langle T\cup\{p\}\rangle = \langle T\cup\{q\}\rangle \quad [3].$$

Eine Teilmenge $B\subset T$ eines Teilraums $T\in\mathcal{T}$ heißt *Basis* von T, wenn $T=\langle B\rangle$ und $T\neq\langle B'\rangle$ für alle echten Teilmengen $B'\subset B$ gilt. Mit Hilfe des ZORNschen Lemmas zeigt man, daß jeder Teilraum $T\in\mathcal{T}$ eine Basis besitzt. Je zwei Basen von T haben die gleiche Mächtigkeit. Ist B eine Basis von T, so heißt die Kardinalzahl $\dim T:=|B|-1$ die *Dimension* von T; insbesondere ist $\dim\emptyset=-1$, $\dim\{p\}=0$ für alle $p\in P$ und $\dim G=1$ für alle $G\in\mathcal{G}$. Ein projektiver Raum der Dimension 2 heißt *projektive Ebene*. Eine Inzidenzstruktur $(P,\mathcal{G})$ ist damit genau dann eine projektive Ebene, wenn neben den Axiomen (PG1) und (PG 3) die folgenden zwei Bedingungen erfüllt sind:

(PG 4) Je zwei verschiedene Geraden schneiden sich stets.

(PG 5) Es gibt vier Punkte, von denen keine drei zugleich auf ein und derselben Geraden liegen.

Eine Teilmenge $M\subset P$ eines projektiven Raumes $(P,\mathcal{G})$ heißt *kollinear* bzw. *komplanar*, wenn es einen Teiraum $T\in\mathcal{T}(M)$ der Dimension 1 bzw. 2 gibt. Zwei Teilräume $S,T\in\mathcal{T}$ heißen *windschief*, wenn $S\cap T=\emptyset$ gilt. Zwei Teilräume S,T von $(P,\mathcal{G})$ heißen *komplementär*, wenn sie windschief sind und $\langle S\cup T\rangle=P$ gilt. Zwei zu einem Teilraum $T\in\mathcal{T}$ komplementäre Teilräume S und S' haben stets die gleiche Dimension, die Kardinalzahl $\operatorname{codim}T:=\dim S+1$ heißt *Kodimension* von T. Die Teilräume der Kodimension 1 heißen *Hyperebenen*, die der Kodimension 2 *Hypergeraden*. Bezeichnen wir mit $\mathcal{H}$ bzw. $\mathcal{B}$ die Menge aller Hyperebenen bzw. Hypergeraden von $(P,\mathcal{G})$, so ist die Inzidenzstruktur $(\mathcal{H},\mathcal{B},\supset)$ wieder ein projektiver Raum, der zu $(P,\mathcal{G})$ *duale projektive Raum*; mit anderen Worten: Die Klasse aller

---

[2] Für $M=\{p,q,r,\ldots\}$ schreiben wir auch $\langle M\rangle=\langle p,q,r\ldots\rangle$. Wir lassen auch die Mengenklammern bei Schnittpunkten von Geraden fort: Statt $\{p\}=G\cap H$ schreiben wir $p=G\cap H$.

[3] Das ist der STEINITZsche Austauschsatz.

Inzidenzstrukturen $(P,H,\in)$, wobei H die Menge der Hyperebenen eines projektiven Raumes (P,G) bezeichnet, ist selbstdual. Für endlich-dimensionale projektive Räume (P,G) bezeichnen wir für alle $t\in\mathbb{N}\cup\{0,-1\}$ mit T_t die Menge der t-dimensionalen projektiven Teilräume. Für endlich-dimensionale projektive Räume gilt die *Dimensionsformel*: Für alle $S,T\in T$ ist

$$\dim\langle S\cup T\rangle + \dim S\cap T = \dim S + \dim T .$$

Eine Inzidenzstruktur (L,L) heißt *affiner Raum*, wenn es einen projektiven Raum (P,G) und eine Hyperebene H in (P,G) mit

$$L = P\setminus H \quad \text{und} \quad L = \{G\setminus H;\ G\in G,\ G\not\subset H\}$$

gibt. (P,G) heißt dann der *projektive Abschluß* von (L,L). Eine Teilmenge $A\subset L$ heißt *affiner Teilraum* von (L,L), wenn $A=\langle A\rangle\setminus H$ ist, wir definieren die *Dimension* von A durch $\dim A:=\dim\langle A\rangle$. Insbesondere ist jede affine Ebene (L,L) ein zwei-dimensionaler affiner Raum: Zu jeder Geraden $G\in L$ sei $[G]:=\{X\in L;\ G\parallel X\}$ das Parallelbüschel von G. Wir setzen $P:=L\cup\{[G];\ G\in L\}$, $H:=\{[G];\ G\in L\}$ und $G:=\{G\cup\{[G]\};\ G\in L\}\cup\{H\}$. Aus dem EUKLIDischen Parallelenpostulat (G 1) und der Tatsache, daß je zwei verschiedene Punkte aus L mit genau einer Geraden aus L inzidieren, folgt, daß (P,G) eine projektive Ebene ist; H ist eine Hyperebene von (P,G).

Es sei K ein (nicht notwendig kommutativer) Körper und L ein (nicht notwendig endlich-dimensionaler) Rechtsvektorraum über K. Weiterhin sei L_1 die Menge der eindimensionalen Untervektorräume von L. Wir setzen $L:=\{x+U;\ U\in L_1,\ x\in L\}$. Die Inzidenzstruktur (L,L) bezeichnen wir mit $AG(L,K)$, oder, wenn $d:=\dim L<\infty$ und $K=GF(n)$ der endliche Körper der Ordnung n ist, mit $AG(d,n)$. Jeder Nebenklasse $x+U$, wobei U ein r-dimensionaler Untervektorraum und x ein Vektor aus L ist, wird *Teilraum der Dimension* r genannt. Zwei Teilräume $x+U_1$ und $y+U_2$ von $AG(L,K)$ heißen *parallel*, wenn $U_1\subset U_2$ oder $U_2\subset U_1$ gilt. Zu jedem Teilraum $a+U$ einer endlichen Dimension r und jedem Vektor $b\in L$ gibt es genau einen zu $a+U$ parallelen r-dimensionalen Teilraum von $AG(L,K)$, nämlich $b+U$. Mit diesen Vorbereitungen wird klar, daß die Inzidenzstruktur

$AG(L,K)$ ein affiner Raum der Dimension $\dim L$ ist: Zu jeder Geraden $G \in \mathcal{L}$ sei $[G]$ die Äquivalenzklasse aller zu G paralleler Geraden aus $\mathcal{L}$. Zu jeder *Ebene* E aus der Menge $\mathcal{E}$ der zwei-dimensionalen Teilräume von $AG(L,K)$ sei $[E] := \{[G];\ G \in \mathcal{L},\ G \subset E\}$. Wir setzen $P := L \cup \{[G];\ G \in \mathcal{L}\}$ und $\mathcal{G} := \{G \cup \{[G]\};\ G \in \mathcal{L}\} \cup \{[E];\ E \in \mathcal{E}\}$. $(P,\mathcal{G})$ ist dann ein projektiver Raum der Dimension $\dim L$, in dem die Menge $\{[G];\ G \in \mathcal{L}\}$ eine Hyperebene ist. Bezeichnen wir mit V den Rechtsvektorraum der Dimension $\dim L+1$ über K, so schreiben wir statt $(P,\mathcal{G})$ auch $PG(V,K)$, oder, falls $d=\dim L<\infty$ und $K=GF(n)$ der endliche Körper der Ordnung n ist, auch $PG(d,n)$.

Wir beschreiben den projektiven Abschluß $PG(V,K)$ von $AG(L,K)$ algebraisch durch *homogene Koordinaten*: Für jeden Untervektorraum $U \subset V$ sei $U^{\times} := U \setminus \{o\}$. Entsprechend sei $K^{\times} := K \setminus \{0\}$. Wir definieren $P := \{xK^{\times};\ x \in V^{\times}\}$ und $\varphi\colon V^{\times} \longrightarrow P;\ x \longrightarrow xK^{\times}$. Es sei $\mathcal{U}$ die Menge der zwei-dimensionalen Untervektorräume von V. Wir setzen $\mathcal{G} := \{\varphi(U^{\times});\ U \in \mathcal{U}\}$. Die Inzidenzstruktur $(P,\mathcal{G})$ ist dann, wie man leicht nachprüft, ein zu $PG(V,K)$ isomorpher projektiver Raum. Ist $d \in \mathbb{N}$ und L der Rechtsvektorraum der d-Tupel von Komponenten aus K, so stellt jeder Vektor $x=(x_1,x_2,\dots,x_d) \in L$ einen Punkt des affinen Raumes $AG(L,K)$ in *inhomogenen Koordinaten* dar. Der Vektor $y=(x_1,x_2,\dots,x_d,1)$ aus dem Vektorraum V der $(d+1)$-Tupel von Komponenten aus K ist ein Repräsentant des Punktes $yK^{\times}$ im projektiven Abschluß $PG(V,K)$ von $AG(L,K)$. Man sagt, ein Vektor $z \in V^{\times}$ stelle einen Punkt $aK^{\times}$ aus $PG(V,K)$ in *homogenen Koordinaten* dar, wenn $z \in aK^{\times}$ gilt, wenn also z und a linear abhängig sind.

• (12.1) Definition. Ein projektiver Raum $(P,\mathcal{G})$ heißt *DESARGUESsch*, wenn er das *Axiom von DESARGUES* erfüllt:
Für je drei verschiedene Geraden $G_1,G_2,G_3 \in \mathcal{G}$, die sich in einem Punkt $z \in P$ schneiden, und für je sechs verschiedene Punkte $p_1,p_2,p_3,q_1,q_2,q_3 \in P$ mit $p_i,q_i \in G_i \setminus \{z\}$ für $i \in \mathbb{Z}_3$ liegen die Schnittpunkte $s_1 := \langle p_2,p_3\rangle \cap \langle q_2,q_3\rangle$, $s_2 := \langle p_1,p_3\rangle \cap \langle q_1,q_3\rangle$ und $s_3 := \langle p_1,p_2\rangle \cap \langle q_1,q_2\rangle$ auf einer Geraden.

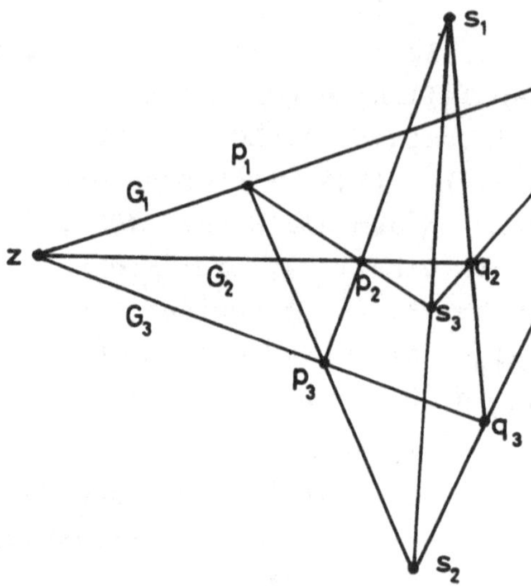

Ein affiner Raum heißt *DESARGUESsch*, wenn sein projektiver Abschluß DESARGUESsch ist.

Ein projektiver Raum (P,G) heißt *PAPPUSsch*, wenn er das *Axiom von Pappus* erfüllt:

Für je zwei verschiedene Geraden $G_1, G_2 \in G$, die sich in einem Punkt $z \in P$ schneiden, und für je sechs verschiedene Punkte $p_1, p_2, q_1, q_2, r_1, r_2 \in P$ mit $p_i, q_i, r_i \in G_i \setminus \{z\}$ für $i \in Z_2$ liegen die Schnittpunkte $s_1 := \langle p_1, q_2 \rangle \cap \langle q_1, p_2 \rangle$, $s_2 := \langle p_1, r_2 \rangle \cap \langle r_1, p_2 \rangle$ und $s_3 := \langle r_1, q_2 \rangle \cap \langle q_1, r_2 \rangle$ auf einer Geraden.

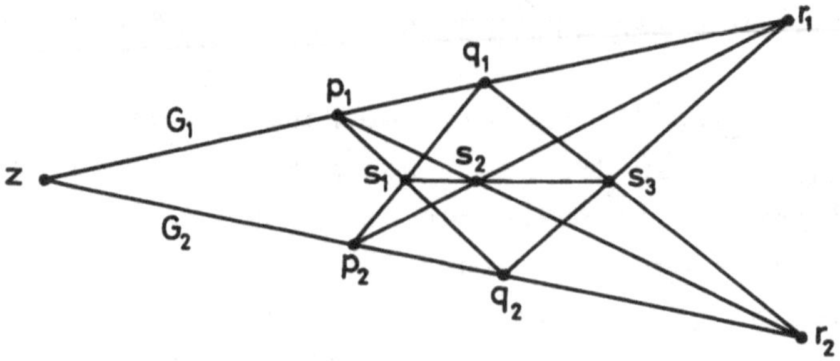

Ein affiner Raum heißt *PAPPUSsch*, wenn sein projektiver Abschluß PAPPUSsch ist. □

Ist V ein Rechtsvektorraum über einem Körper K, so ist, wie man leicht nachrechnet, der projektive Raum PG(V,K) DESARGUESsch. PG(V,K) ist genau dann PAPPUSsch, wenn K ein kommutativer Körper ist. G. HESSENBERG [4] zeigte, daß jeder PAPPUSsche projektive Raum DESARGUESsch ist. In den Grundlagen der Geometrie zeigt man:

• (12.2) Satz. Jeder projektive Raum $(P,\mathcal{G})$ einer Dimension $\neq 2$ ist DESARGUESsch. Zu jedem mindestens zwei-dimensionalen DESARGUESschen projektiven Raum $(P,\mathcal{G})$ gibt es einen Körper K und einen Rechtsvektorraum V über K, so daß $(P,\mathcal{G})$ zu PG(V,K) isomorph ist. □

Nach Satz (12.2) ist auch jeder nicht zwei-dimensionale affine Raum $(L,\mathcal{L})$ DESARGUESsch, und zu jedem mindestens zwei-dimensionalen DESARGUESschen affinen Raum gibt es einen Körper K und einen Rechtsvektorraum L über K, so daß dieser affine Raum zu AG(L,K) isomorph ist. Nach einem Satz von J. H. M. WEDDERBURN aus dem Jahre 1905 ist jeder endliche Körper kommutativ und damit zu einem GALOISfeld GF(n) isomorph. [5] Damit ist insbesondere jeder endliche DESARGUESsche projektive oder affine Raum PAPPUSsch. Ein geometrischer Beweis ist dafür nicht bekannt.

Der zu einem DESARGUESschen (PAPPUSschen) projektiven Raum PG(V,K) duale projektive Raum ist selbst wieder DESARGUESsch (PAPPUSsch). Er wird durch den zu V dualen Linksvektorraum V^* beschrieben. Es sei $d+1=\dim V<\infty$. und $x=(x_1,x_2,\ldots,x_{d+1})\in V^\times$ ein Repräsentant des Punktes $p=xK^\times$ aus PG(V,K). Eine Hyperebene von PG(V,K) kann demnach als Punkt $K^\times y$ des zu PG(V,K) dualen projektiven Raumes dargestellt werden. Der Vektor $y=(y_1,y_2,\ldots,y_{d+1})\in V^{*\times}$ ist ein Repräsentant des Punktes $K^\times y$. p inzidiert genau dann mit dieser Hyperebene, wenn $\sum_{i=1}^{d+1} x_i y_i = 0$ gilt. Die Unterscheidung von Links- und Rechts-

---

[4] *Beweis des Desarguesschen Satzes aus dem Pascalschen*, Math. Ann. 61 (1905) 161-172.

[5] Elegante Beweise finden sich in: E. WITT, *Über die Kommutativität endlicher Schiefkörper*, Abh. Math. Sem. Univ. Hamb. 8 (1931) 413, und E. ARTIN, *Geometric Algebra*, New York 1957, 37.

Vektorräumen ist nicht nur eine Bezeichnungsfrage, jedenfalls dann nicht, wenn der Körper K nicht kommutativ ist. Jeder Linksvektorraum über einem Körper K läßt sich aber als Rechtsvektorraum über dem zu K antiisomorphen Körper K^* interpretieren. Wie H. KNESER [6] 1935 zeigte, gibt es echte Schiefkörper K, die zu ihrem antiisomorphen Körper K^* nicht isomorph sind.

Es sei V ein Rechtsvektorraum über einem Körper K und T ein Untervektorraum von V. Der *Faktorraum* $V/T:=\{x+T;\ x\in V\}$ ist, wenn $\dim T<\infty$ gilt, ein Rechtsvektorraum der Dimension $\dim V/T=\dim V-\dim T$. In die projektive Geometrie übersetzt bedeutet dies: Die Inzidenzstruktur $(\mathcal{T}_t(T),\mathcal{T}_{t+1}(T),\subset)$ ist ein DESARGUESscher $(\dim V-t-1)$-dimensionaler projektiver Raum, wenn T ein $(t-1)$-dimensionaler Teilraum von $PG(V,K)$ ist, und wenn wir mit $\mathcal{T}_t(T)$ bzw. $\mathcal{T}_{t+1}(T)$ die Menge der t- bzw. $(t+1)$-dimensionalen, T umfassenden projektiven Teilräume von $PG(V,K)$ bezeichnen.

Es sei V ein Rechtsvektorraum über einem Körper K. Eine Bijektion $\alpha: V \longrightarrow V$ heißt *semilineare Abbildung*, wenn es einen Automorphismus α von K gibt, so daß gilt:

(i) $\forall x,y\in V:\quad \alpha(x)+\alpha(y) = \alpha(x+y)$ und

(ii) $\forall x\in V,\forall x\in K:\ \alpha(xx) = \alpha(x)\alpha(x)$.

Die Gruppe aller semilinearen Abbildungen $V \longrightarrow V$ wird mit $\Gamma L(V,K)$, im Falle $K=GF(n)$ und $d+1=\dim V<\infty$ mit $\Gamma L(d+1,n)$ bezeichnet. Wir beschreiben mit Hilfe der Gruppe $\Gamma L(V,K)$ die Gruppe der Automorphismen oder *Kollineationen* des projektiven Raumes $PG(V,K)$.

• <u>(12.3) Erster Fundamentalsatz der projektiven Geometrie</u>. Es sei V ein Rechtsvektorraum über einem Körper K. Jede semilineare Abbildung $\alpha\in\Gamma L(V,K)$ induziert vermöge $\overline{\alpha}(xK^\times):=\alpha(x)K^\times$ eine Kollineation $\overline{\alpha}$ des projektiven Raumes $PG(V,K)$. Ist $\dim V\geq 3$, so gibt es zu jeder Kollineation π

[6] *Schiefkörper und Dualitätsprinzip*, Jber. Deutsche Math. Ver. <u>45</u> (1935) 77-78.

von PG(V,K) eine semilineare Abbildung $\alpha\in\Gamma L(V,K)$ mit $\overline{\alpha}=\pi$. Sind $\alpha,\beta\in\Gamma L(V,K)$ zwei semilineare Abbildungen mit den zugehörigen Körperautomorphismen α,β, die dieselbe Kollineation induzieren, d.h. für die $\overline{\alpha}=\overline{\beta}$ gilt, so gibt es ein $a\in K^{\times}$ mit $\beta(x)=\alpha(xa)$ für alle $x\in V$ und $\beta(x)=\alpha(a^{-1}xa)$ für alle $x\in K$. Umgekehrt ist für jede semilineare Abbildung $\alpha\in\Gamma L(V,K)$ und jedes $a\in K^{\times}$ die Abbildung $\beta: V \longrightarrow V;\ x \longrightarrow \alpha(xa)$ eine semilineare Abbildung mit $\overline{\alpha}=\overline{\beta}$. □

Die Gruppe aller von semilinearen Abbildungen induzierter Kollineationen von PG(V,K) bezeichnen wir mit PΓL(V,K) oder PΓL(d+1,n), wenn $d+1=\dim V<\infty$ und K=GF(n) gilt. Der erste Fundamentalsatz der projektiven Geometrie besagt, daß in mindestens zwei-dimensionalen DESARGUESschen projektiven Räumen PG(V,K) die Gruppe PΓL(V,K) bereits die gesamte Kollineationsgruppe ist. Die Untergruppe aller linearen Transformationen aus ΓL(V,K), (das sind die semilinearen Abbildungen, deren zugehöriger Körperautomorphismus die Identität ist) bezeichnen wir mit GL(V,K) bzw. GL(d+1,n). Diese Matrizengruppe induziert die Untergruppe PGL(V,K) bzw. PGL(d+1,n) von PΓL(V,K) bzw. PΓL(d+1,n). Wenn K ein kommutativer Körper und V ein endlich-dimensionaler Vektorraum ist, so induziert die Gruppe SL(V,K) aller Matrizen aus GL(V,K), deren Determinante den Wert 1 annimmt, die Untergruppe PSL(V,K) von PGL(V,K).

Der zweite Fundamentalsatz der projektiven Geometrie macht eine Aussage über das Transitivitätsverhalten der projektiven Gruppe PΓL(V,K):

(12.4) Zweiter Fundamentalsatz der projektiven Geometrie.
Es sei $d\in\mathbb{N}_0$ und V ein (d+1)-dimensionaler Rechtsvektorraum über einem Körper K. $\{p_1,p_2,\ldots,p_{d+2}\}$ und $\{q_1,q_2,\ldots,q_{d+2}\}$ seien zwei (d+2)-Mengen von Punkten aus PG(V,K), von denen jeweils je d+1 eine Basis von PG(V,K) bilden. Dann gibt es genau eine Kollineation $\pi\in PGL(V,K)$ mit $\pi(p_i)=q_i$ für $i\in Z_{d+2}$. □

Es sei nun K ein kommutativer Körper, $d \in \mathbb{N}$, $d \geq 2$ und V ein $(d+1)$-dimensionaler Vektorraum über K. Eine Abbildung $Q: V \longrightarrow K$ heißt *quadratische Form*, wenn

$$\forall x \in V,\ \forall \varkappa \in K:\ Q(x\varkappa) = Q(x)\varkappa^2$$

gilt, und wenn die Abbildung

$$S: \begin{cases} V \times V \longrightarrow K \\ (x,y) \longrightarrow Q(x+y)-Q(x)-Q(y) \end{cases}$$

eine *symmetrische Bilinearform* ist, d.h., wenn gilt

$$\begin{aligned} &\forall x,y \in V: && S(x,y) = S(y,x)\ , \\ &\forall x,x',y \in V: && S(x+x',y) = S(x,y)+S(x',y) \qquad \text{und} \\ &\forall x,y \in V,\ \forall \varkappa \in K: && S(x\varkappa,y) = S(x,y)\varkappa\ . \end{aligned}$$

Die Punktmenge $\mathcal{Q} := \{xK^\times;\ x \in V^\times,\ Q(x)=0\}$ im d-dimensionalen PAPPUSschen projektiven Raum $PG(V,K)$ wird die zu Q gehörige *Quadrik* genannt. Wenn K eine von 2 verschiedene Charakteristik hat, heißt Q *nicht-ausgeartet*, wenn aus $S(x,y)=0$ für alle $y \in V$ stets $x=o$ folgt. Ist K von der Charakteristik 2, so heißt Q *nicht-ausgeartet*, wenn für alle $x \in V^\times$, für die $S(x,y)=0$ für alle $y \in V$ gilt, stets $Q(x) \neq 0$ folgt. Die zu einer quadratischen Form Q gehörige Quadrik $\mathcal{Q}$ wird *nicht-ausgeartet* genannt, wenn Q nicht-ausgeartet ist. Unabhängig von der Charakteristik gilt:

• (12.5) Satz. Es sei V ein endlich-dimensionaler Vektorraum über einem kommutativen Körper K und $\mathcal{Q}$ eine Quadrik im projektiven Raum $PG(V,K)$. Alle maximalen in $\mathcal{Q}$ enthaltenen projektiven Teilräume von $PG(V,K)$ haben dieselbe Dimension $i-1$. Die Zahl i heißt der *Index* von $\mathcal{Q}$. □

Offenbar ist für jede Quadrik $\mathcal{Q}$ in einem d-dimensionalen PAPPUSschen projektiven Raum $PG(V,K)$ der Index $i \leq \frac{d+1}{2}$. Zwei Quadriken $\mathcal{Q},\mathcal{Q}'$ in $PG(V,K)$ heißen *äquivalent*, wenn es eine Kollineation $\pi \in P\Gamma L(V,K)$ mit $\pi(\mathcal{Q}) = \mathcal{Q}'$ gibt. Zwei äquivalente Quadriken können bereits durch eine Kollineation aus $PGL(V,K)$ ineinander überführt werden.

In endlichen PAPPUSschen projektiven Räumen haben wir eine vollständige Übersicht über die Quadriken:

• <u>(12.6)</u> <u>Satz</u>. Es seien $d,n \in \mathbb{N}$, $d \geq 2$ und n eine Primzahlpotenz. Wenn d eine gerade Zahl ist, so gibt es in $PG(d,n)$ bis auf Äquivalenz genau eine nicht-ausgeartete Quadrik; sie hat den Index $\frac{d}{2}$. Wenn d eine ungerade Zahl ist, so gibt es in $PG(d,n)$ bis auf Äquivalenz genau zwei nicht-ausgeartete Quadriken; die eine hat den Index $\frac{d-1}{2}$, die andere $\frac{d+1}{2}$. □

In einem drei-dimensionalen PAPPUSschen projektiven Raum $PG(V,K)$ heißen die Quadriken vom Index 1 *ovale Quadriken*, die nicht-ausgearteten Quadriken vom Index 2 nennen wir *ringartige Quadriken*. Die auf einer ringartigen Quadrik R liegenden Geraden zerfallen in zwei *Regelscharen* oder *Reguli* genannte Klassen derart, daß durch jeden Punkt $p \in R$ jeweils genau eine Gerade jeder Regelschar geht. Je zwei Geraden der selben Regelschar sind windschief, während zwei Geraden aus verschiedenen Scharen sich stets schneiden. Sind G_1, G_2, G_3 drei paarweise windschiefe Geraden aus $PG(V,K)$, so bildet die Menge der Punkte, die auf denjenigen Geraden liegen, die G_1, G_2 und G_3 zugleich schneiden, eine ringartige Quadrik. Diese Geraden bilden dann einen Regulus, während G_1, G_2 und G_3 dem anderen Regulus dieser Quadrik angehören.
Eine ausgeartete Quadrik vom Index 2 heißt *Kegel*. Jeder Kegel läßt sich als die Menge derjenigen Punkte darstellen, die auf den Verbindungsgeraden eines Punktes s mit den Punkten einer nicht-ausgearteten Quadrik in einer mit s nicht inzidenten Ebene aus $PG(V,K)$ liegen.

In einer beliebigen PAPPUSschen projektiven Ebene sind je zwei nicht-ausgeartete Quadriken – sie werden als nicht-ausgeartete *Kegelschnitte* bezeichnet – äquivalent. Durch je fünf Punkte, von denen keine drei auf einer Geraden liegen, läßt sich in einer PAPPUSschen projektiven Ebene stets ein nicht-ausgearteter Kegelschnitt legen.

Nach Satz (11.10) ist jeder endliche (nicht notwendig PAPPUSsche) affine Raum $(L,\mathcal{L})$ eine taktische Konfiguration. Die Parameter von $(L,\mathcal{L})$ werden damit durch die Dimension $d=\dim L$ und durch die *Ordnung* n, das ist die Kardinalzahl einer Geraden aus $\mathcal{L}$, festgelegt. Dementsprechend ist auch jeder d-dimensionale projektive Raum $(P,\mathcal{G})$ der *Ordnung* n (d.h. für alle $G\in\mathcal{G}$ gilt $|G|=n+1$) eine taktische Konfiguration.

• (12.7) Satz. Es seien $n,d,t\in\mathbb{Z}$, $d\geq-1$, $n\geq2$, $-1\leq t\leq d$ und $(P,\mathcal{G})$ ein d-dimensionaler projektiver Raum der Ordnung n. $(P,\mathcal{G})$ besitzt genau

$$P(t,d,n) := |\mathcal{T}_t| = \prod_{i=o}^{t} \frac{n^{d-i+1}-1}{n^{i+1}-1}$$

t-dimensionale Teilräume.

Beweis. Für $d=-1,0$ und $d=1$ ist der Satz trivial. Für $d=2$ folgt (12.7) aus Satz (11.10). Wir dürfen also voraussetzen, daß $(P,\mathcal{G})$ zum PAPPUSschen projektiven Raum $PG(d,n)$ und damit auch zu seinem dualen projektiven Raum isomorph ist. Für $-1\leq t\leq d$ folgt daraus $P(t,d,n)=P(d-t-1,d,n)$. Wir berechnen zunächst die Zahl $|P|=P(0,d,n)$: Nach Herausnahme einer Hyperebene $PG(d-1,n)$, die selbst $P(0,d-1,n)$ Punkte enthält, verbleiben in $PG(d,n)$ noch soviele Punkte, wie der d-dimensionale Vektorraum über $GF(n)$ Vektoren enthält, nämlich n^d. Durch Induktion erhalten wir

$$P(0,d,n) = n^d+n^{d-1}+\ldots+n+1 = \frac{n^{d+1}-1}{n-1} .$$

Nach dieser Vorbereitung beweisen wir den Satz durch vollständige Induktion über t:

Die leere Menge $\emptyset$ ist der einzige (-1)-dimensionale Teilraum von $(P,\mathcal{G})$. Damit ist $P(-1,d,n)=1$.

Es sei nun $t\geq-1$ eine ganze Zahl mit $t<d$. Als Induktionsannahme setzen wir

$$P(t,d,n) = \prod_{i=o}^{t} \frac{n^{d-i+1}-1}{n^{i+1}-1}$$

voraus und betrachten die Inzidenzstruktur $(\mathcal{T}_t,\mathcal{T}_{t+1},\subset)$. Nach der Parametergleichung für taktische Konfigurationen gilt $P(t,d,n)\cdot r=P(t+1,d,n)\cdot P(t,t+1,n)$, wobei r die Mächtigkeit der Menge $\mathcal{T}_{t+1}(T)$ aller (t+1)-dimensionalen Teilräume von $(P,\mathcal{G})$ ist, die einen vorgegebenen t-dimensionalen Teilraum $T \in \mathcal{T}_t$ umfassen. Die Inzidenzstruktur $(\mathcal{T}_{t+1}(T), \mathcal{T}_{t+2}(T), \subset)$ ist (auch im Fall $d=t+1$) ein zu $PG(d-t-1,n)$ isomorpher projektiver Raum. Es folgt

$$r = P(0,d-t-1,n) = \frac{n^{d-t}-1}{n-1}.$$

Weiterhin ist

$$P(t,t+1,n) = P(0,t+1,n) = \frac{n^{t+2}-1}{n-1}.$$

Es folgt

$$P(t+1,d,n) = \frac{(n-1)(n^{d-t}-1)}{(n^{t+2}-1)(n-1)} \prod_{i=o}^{t} \frac{n^{d-i+1}-1}{n^{i+1}-1}$$
$$= \prod_{i=o}^{t+1} \frac{n^{d-i+1}-1}{n^{i+1}-1}. \quad \square$$

• (12.8) Satz. Es seien $n,d,t \in \mathbb{Z}$, $d \geq -1$, $n \geq 2$, $-1 \leq t \leq d$ und $(L,\mathcal{L})$ ein d-dimensionaler affiner Raum der Ordnung n. $(L,\mathcal{L})$ besitzt genau

$$n^{d-t} \prod_{i=o}^{t-1} \frac{n^{d-i}-1}{n^{i+1}-1}$$

t-dimensionale Teilräume.

Beweis. Es sei $p \in L$ und $\mathcal{E}$ die Menge der Ebenen von $(L,\mathcal{L})$. Die Inzidenzstruktur $(\mathcal{L}(p),\mathcal{E}(p),\subset)$ ist ein (d-1)-dimensionaler projektiver Raum der Ordnung n. Zu jedem t-dimensionalen mit p inzidenten affinen Teilraum A von $(L,\mathcal{L})$ und jedem Punkt $q \in L$ gibt es genau einen zu A parallelen, mit q inzidenten t-dimensionalen affinen Teilraum B. Wegen $|B|=n^t$ und $|L|=n^d$ gibt es demnach $n^{d-t} \cdot P(t-1,d-1,n)$ affine Teilräume der Dimension t in $(L,\mathcal{L})$. $\square$

Wir berechnen die Ordnungen der linearen und projektiven Gruppen:

• (12.9) Satz. Es seien $d,m \in \mathbb{N}$, p eine Primzahl, $n:=p^m$ und t der größte gemeinsame Teiler von $n-1$ und d. Dann gilt

$$|\Gamma L(d,n)| = m\cdot n^{\frac{1}{2}d(d-1)}\cdot\prod_{i=1}^{d}(n^i-1)$$

$$|GL(d,n)| = n^{\frac{1}{2}d(d-1)}\cdot\prod_{i=1}^{d}(n^i-1)$$

$$|SL(d,n)| = n^{\frac{1}{2}d(d-1)}\cdot\prod_{i=2}^{d}(n^i-1)$$

$$|P\Gamma L(d,n)| = m\cdot n^{\frac{1}{2}d(d-1)}\cdot\prod_{i=2}^{d}(n^i-1)$$

$$|PGL(d,n)| = n^{\frac{1}{2}d(d-1)}\cdot\prod_{i=2}^{d}(n^i-1)$$

$$|PSL(d,n)| = \frac{1}{t}\cdot n^{\frac{1}{2}d(d-1)}\cdot\prod_{i=2}^{d}(n^i-1)$$

Beweis. Es sei V der d-dimensionale Vektorraum über $K=GF(n)$ und $\{x_1,x_2,\ldots,x_d\}$ und $\{y_1,y_2,\ldots,y_d\}$ zwei Basen von V. Es gibt genau eine lineare Transformation $\varphi\in GL(d,n)$ mit $\varphi(x_i)=y_i$ für alle $i\in Z_d$. Die Ordnung der Gruppe $GL(d,n)$ berechnet sich also als Anzahl derjenigen d-Anordnungen $(y_1,y_2,\ldots,y_d)$, deren Komponenten eine Basis von V bilden. Für y_1 können wir einen beliebigen der n^d-1 Vektoren aus $V^\times$ wählen. Angenommen, wir hätten schon $i<d$ linear unabhängige Vektoren $y_1,y_2,\ldots,y_i$ gewählt. Dann können wir als (i+1)-ten Vektor y_{i+1} jeden beliebigen der n^d-n^i Vektoren aus $V\setminus\langle y_1,y_2,\ldots,y_i\rangle$ wählen. Damit ist

$$|GL(d,n)| = \prod_{j=0}^{d-1}(n^d-n^j) = \prod_{j=0}^{d-1}n^j(n^{d-j}-1)$$

$$= n^{1+2+\ldots+d-1}\cdot\prod_{i=1}^{d}(n^i-1) = n^{\frac{1}{2}d(d-1)}\cdot\prod_{i=1}^{d}(n^i-1).$$

Als Körpererweiterung der Dimension m über seinem Primkörper ist die Automorphismengruppe von K die zyklische Gruppe der Ordnung m. Es folgt $|\Gamma L(d,n)|=m\cdot|GL(d,n)|$.

Die SL(d,n) ist die Untergruppe der Matrizen aus GL(d,n), deren Determinante den Wert 1 annimmt, es folgt
$|SL(d,n)| = \frac{1}{n-1}|GL(d,n)|$.
Der Kern des Homomorphismus $\bar{\ }: \Gamma L(d,n) \longrightarrow P\Gamma L(d,n)$, der jeder semilinearen Abbildung α die Kollineation $\bar{\alpha}$ von PG(d-1,n) zuordnet, besteht, da K als kommutativer Körper keine inneren Automorphismen hat, aus allen linearen Transformationen der Gestalt $V \longrightarrow V;\ x \longrightarrow xa$ mit $a\in K^\times$. Es folgt $|P\Gamma L(d,n)| = \frac{1}{n-1}|\Gamma L(d,n)|$ und $|PGL(d,n)| = \frac{1}{n-1}|GL(d,n)|$.
Der Kern der Restriktion von $\bar{\ }$ auf SL(d,n) besteht aus allen linearen Transformationen $V \longrightarrow V;\ x \longrightarrow xa$ mit $a\in K^\times$ und $a^d=1$. Nun ist ein Element $a\in K^\times$ genau dann eine Lösung der Gleichung $x^d=1$, wenn $a^t=1$ gilt: Wegen $t|d$ gilt $a^t=1 \Rightarrow a^d=1$. Es gelte umgekehrt $a^d=1$. Es gibt zwei ganze Zahlen r,s mit $t=dr+(n-1)s$. Damit ist $a^t=(a^d)^r(a^{n-1})^s$. Weil die multiplikative Gruppe $K^\times$ die Ordnung n-1 hat, ist $a^{n-1}=1$, also $a^t=1^r1^s=1$. Wir bestimmen jetzt die Anzahl der Lösungen der Gleichung $x^t=1$. Jedes der n-1 Elemente aus $K^\times$ ist eine Nullstelle des Polynoms $x^{n-1}-1$, das daher über K in n-1 verschiedene Linearfaktoren zerfällt. Das Polynom x^t-1 teilt $x^{n-1}-1$ und zerfällt deswegen in t verschiedene Linearfaktoren. Es gibt damit genau t verschiedene Lösungen der Gleichung $x^t=1$. Es folgt $|PSL(d,n)| = \frac{1}{t}|SL(d,n)|$.

□

Die projektiven Räume einer Dimension ≤ 1 sind trivial und machen sich nur störend in den Voraussetzungen der Sätze der projektiven Geometrie bemerkbar, so ist beispielsweise jeder solche Raum PAPPUSsch und seine Kollineationsgruppe ist die volle Permutationsgruppe der Punktmenge; deswegen mußte in Satz (12.3) eine Dimensionsbeschränkung ausgesprochen werden. Unter den nicht-trivialen projektiven Räumen spielen die Ebenen nach (12.2) eine besondere Rolle: Sie sind nicht notwendig über Schiefkörpern koordinatisierbar. Das erklärt die manchmal paradox klingende Redeweise der Geometer, einen räumlichen Satz auf den ebenen Fall zu "verallgemeinern".
Sind $d,n\in\mathbb{N}$, $d\geq 3$, $n\geq 2$, so gibt es genau dann einen d-dimensionalen projektiven Raum der Ordnung n, wenn n eine

Primzahlpotenz ist; dieser Raum ist dann sogar eindeutig bestimmt. Für $d=2$ ist diese Aussage vielleicht nicht richtig. (Für den Fall, daß $n=p^m\geq 9$ eine Primzahlpotenz mit $m\geq 2$ ist, kennt man sogar immer mehrere nicht-isomorphe projektive Ebenen der Ordnung n [7].) Die bislang einzige Nicht-Existenz-Aussage stammt von R. H. BRUCK und H. J. RYSER [8]:

• <u>(12.10)</u> <u>Satz</u>. Es sei $n\in\mathbb{N}$, $n\geq 2$, $n\equiv 1$ oder $n\equiv 2 \pmod 4$. n_o sei der quadratfreie Faktor von n. Wenn es eine Primzahl $p\equiv 3 \pmod 4$ gibt, die n_o teilt [9], so gibt es keine projektive Ebene der Ordnung n.

Beweis. Wir führen die Annahme der Existenz einer projektiven Ebene (P,G) der Ordnung n zum Widerspruch. Wir setzen $v:=n^2+n+1$ und benennen die Punkte und Geraden von (P,G): $P = \{p_1,p_2,\ldots,p_v\}$ und $G = \{G_1,G_2,\ldots,G_v\}$. Durch

$$a_{i,j} := \begin{cases} 0 & \text{falls } p_j\notin G_i \\ 1 & \text{falls } p_j\in G_i \end{cases}$$

wird die $v\times v$-Inzidenzmatrix $(a_{i,j})$ von (P,G) definiert. Die Menge der linearen Polynome $\sum_{j=1}^{v+1} a_j z_j$ mit Koeffizienten $a_1,a_2,\ldots,a_{v+1}\in\mathbb{Q}$ bildet einen $(v+1)$-dimensionalen Untervektorraum V in der Algebra $\mathbb{Q}[z_1,z_2,\ldots,z_{v+1}]$ der Polynome in den $v+1$ Unbestimmten $z_1,z_2,\ldots,z_{v+1}$ über dem Körper $\mathbb{Q}$ der rationalen Zahlen. Für $i\in Z_v$ definieren wir jeweils das Polynom $L_i := \sum_{j=1}^{v} a_{i,j}z_j$ aus V, wobei wir anmerken, daß L_i jeweils eine Linearkombination der in V linear unabhängigen Vektoren $z_1,z_2,\ldots,z_v$ ist. Wir rechnen in $\mathbb{Q}[z_1,z_2,\ldots,z_{v+1}]$:

$$\text{(i)} \qquad \sum_{i=1}^{v} L_i^2 = \sum_{i=1}^{v}\sum_{j=1}^{v} a_{i,j}^2 z_j^2 + 2\cdot\sum_{i=1}^{v}\sum_{k<j} a_{i,k}a_{i,j}z_k z_j \ ;$$

---

[7] vgl. etwa M. HALL, *The theory of groups*, New York 1959.

[8] *The non-existence of certain finite projective planes*, Can. J. Math. <u>1</u> (1949) 88-93.

[9] Diese Bedingung ist dazu äquivalent, daß n nicht als Summe zweier Quadrate darstellbar ist. Vgl. etwa G. H. HARDY und E. M. WRIGHT, *Einführung in die Zahlentheorie*, Oldenbourg, München 1958, S. 339 Satz 366.

dabei ist die Summation vom letzten Summenzeichen über alle $k,j \in Z_v$ mit $k<j$ auszuführen.

Jeder Punkt $p_j \in P$ inzidiert mit genau $n+1$ Geraden; es folgt

$$\sum_{i=1}^{v} \sum_{j=1}^{v} a_{i,j}^2 z_j^2 = \sum_{j=1}^{v} \sum_{i=1}^{v} a_{i,j} z_j^2 = \sum_{j=1}^{v} (n+1) z_j^2 .$$

Je zwei verschiedene Punkte $p_k, p_j \in P$ inzidieren jeweils mit genau einer Geraden G_i; es folgt

$$\sum_{i=1}^{v} \sum_{k<j} a_{i,k} a_{i,j} z_k z_j = \sum_{k<j} \sum_{i=1}^{v} a_{i,k} a_{i,j} z_k z_j = \sum_{k<j} z_k z_j .$$

Aus (i) folgt damit

$$\sum_{i=1}^{v} L_i^2 = \sum_{j=1}^{v} (n+1) z_j^2 + 2 \cdot \sum_{k<j} z_k z_j = n \cdot \sum_{i=1}^{v} z_i^2 + \left(\sum_{i=1}^{v} z_i \right)^2 \quad \text{oder}$$

$$\text{(ii)} \qquad \sum_{i=1}^{v} L_i^2 - n \cdot \sum_{i=1}^{v+1} z_i^2 + n z_{v+1}^2 - \left(\sum_{i=1}^{v} z_i \right)^2 = 0 .$$

Nach einem Satz von J. L. LAGRANGE [10] läßt sich die natürliche Zahl n als Summe der Quadrate vierer nicht-negativer ganzer Zahlen a,b,c,d schreiben:

$$n = a^2+b^2+c^2+d^2.$$

Wir definieren die 4×4-Matrix

$$A := \begin{pmatrix} a & -b & -c & -d \\ b & a & -d & c \\ c & d & a & -b \\ d & -c & b & a \end{pmatrix} .$$

Es ist $\det A = n^2 \neq 0$.

Die Bedingung $n \equiv 1$ oder $n \equiv 2 \pmod 4$ besagt, daß $v \equiv 3 \pmod 4$ ist, d.h. $v+1$ ist durch die Zahl 4 teilbar. Wir definieren die $(v+1) \times (v+1)$-Block-Diagonalmatrix

$$T := \begin{pmatrix} A & & & 0 \\ & A & & \\ & & \ddots & \\ 0 & & & A \end{pmatrix} .$$

Es ist $\det T = n^{\frac{v+1}{2}} \neq 0$.

---

[10] Vgl. etwa G. H. HARDY und E. M. WRIGHT, *Einführung in die Zahlentheorie*, Oldenbourg, München 1958, S. 343, Satz 369.

Durch $\begin{pmatrix} y_1 \\ y_2 \\ \vdots \\ y_{v+1} \end{pmatrix} := T\cdot\begin{pmatrix} z_1 \\ z_2 \\ \vdots \\ z_{v+1} \end{pmatrix}$ definieren wir $v+1$ Polynome $y_1, y_2, \ldots, y_{v+1} \in V$. Diese linearen Polynome bilden, weil T nicht-singulär ist und weil $\{z_1, z_2, \ldots, z_{v+1}\}$ eine Basis von V ist, auch eine Basis von V. Es sei nun $i \in Z_v$, $i \equiv 1 \bmod 4$. Dann ist

$$n\cdot(z_i^2+z_{i+1}^2+z_{i+2}^2+z_{i+3}^2) = (a^2+b^2+c^2+d^2)\cdot(z_i^2+z_{i+1}^2+z_{i+2}^2+z_{i+3}^2)$$

$$= (az_i-bz_{i+1}-cz_{i+2}-dz_{i+3})^2 + (bz_i+az_{i+1}-dz_{i+2}+cz_{i+3})^2$$
$$+ (cz_i+dz_{i+1}+az_{i+2}-bz_{i+3})2 + (dz_i-cz_{i+1}+bz_{i+2}+az_{i+3})^2$$

$$= y_i^2+y_{i+1}^2+y_{i+2}^2+y_{i+3}^2 ,$$

denn es ist definitionsgemäß

$$(y_i, y_{i+1}, y_{i+2}, y_{i+3}) = A\cdot\begin{pmatrix} z_i \\ z_{i+1} \\ z_{i+2} \\ z_{i+3} \end{pmatrix}.$$

Aus (ii) folgt die Polynomidentität

$$\text{(iii)} \quad \sum_{i=1}^{v} L_i^2 - \sum_{i=1}^{v+1} y_i^2 + nz_{v+1}^2 - (\sum_{i=1}^{v} z_i)^2 = 0 ,$$

die wir als Gleichung in den Variablen $y_1, y_2, \ldots, y_v$ auffassen. Das Polynom L_1 läßt sich als Linearkombination $L_1 = \sum_{i=1}^{v+1} a_i y_i$ schreiben. Wenn $a_1 \neq 1$ ist, so sei

$$\overline{y}_1 := \sum_{i=2}^{v+1} \frac{a_i}{1-a_1} y_i$$

gesetzt; im Fall $a_1 = 1$ setzen wir

$$\overline{y}_1 := \sum_{i=2}^{v+1} \frac{-a_i}{2} y_i .$$

In beiden Fällen gilt $L_1^2|_{y_1:=\overline{y}_1} = \overline{y}_1^2$. In (iii) setzen wir $\overline{y}_1$

in die Variable y_1 ein und erhalten die Polynomidentität

$$\left(\sum_{i=2}^{v} L_i^2 - \sum_{i=2}^{v+1} y_i^2 + nz_{v+1}^2 - \left(\sum_{i=1}^{v} z_i\right)^2\right)\Big|_{y_1:=\overline{y}_1} = 0 .$$

In diese Gleichung setzen wir für y_2 eine entsprechend gewählte Linearkombination $\overline{y}_2$ der Polynome $y_3, y_4, \dots, y_{v+1}$ mit $\overline{y}_2^2 = (L_2|_{y_1:=\overline{y}_1})^2$ ein. Dieses Verfahren setzen wir fort, bis wir schließlich zu einer Polynomidentität

$$\left(-y_{v+1}^2 + nz_{v+1}^2 - \left(\sum_{i=1}^{v} z_i\right)^2\right)\Big|_{y_1:=\overline{y}_1, y_2:=\overline{y}_2, \dots, y_v:=\overline{y}_v} = 0$$

gelangen, wobei die Polynome $z_{v+1}|_{y_1:=\overline{y}_1, y_2:=\overline{y}_2, \dots, y_v:=\overline{y}_v}$ und $\sum_{i=1}^{v} z_i|_{y_1:=\overline{y}_1, y_2:=\overline{y}_2, \dots, y_v:=\overline{y}_v}$ rationale Vielfache der Variablen y_{v+1} sind. Es gibt also zwei rationale Zahlen r,s mit $-1+nr^2-s^2=0$ oder äquivalenterweise gibt es $t,s \in Q$ mit

(iv) $$n_o t^2 = 1+s^2 .$$

Offenbar ist $t \neq 0$. Wäre $s=0$, so wäre die quadratfreie Zahl $n_o = (\frac{1}{t})^2 = 1$ im Widerspruch zu $p \equiv 3 \pmod 4$)
Wir multiplizieren (iv) mit dem Hauptnenner von s^2 und t^2 und erhalten drei natürliche Zahlen e,f,g mit

(v) $$n_o e^2 = f^2+g^2 .$$

Es sei m^2 der größte gemeinsame Teiler von e^2, f^2 und g^2. Dann sind die Zahlen $e_o^2 := (\frac{e}{m})^2$, $f_o^2 := (\frac{f}{m})^2$ und $g_o^2 := (\frac{g}{m})^2$ teilerfremd und es gilt

(vi) $$n_o e_o^2 = f_o^2 + g_o^2 .$$

Hieraus folgt

(vii) $$f_o^2 \equiv -g_o^2 \pmod p .$$

Es sei $K^\times$ die multiplikative Gruppe des Primkörpers $GF(p)$ der Charakteristik p. Der Endomorphismus $K^\times \longrightarrow K^\times$, der jedem Element $x \in K^\times$ sein Quadrat x^2 zuordnet hat wegen $p \neq 2$ den Kern $\{+1,-1\}$. Nach dem Homomorphiesatz der Gruppentheorie hat die Untergruppe der Quadrate von $K^\times$ die wegen $p \equiv 3 \pmod 4$ ungerade Ordnung $\frac{p-1}{2}$. Wäre nun -1 ein Quadrat modp, so wäre $\{+1,-1\}$ widersprüchlicherweise eine Untergruppe der Ordnung 2 in einer Gruppe der ungeraden Ordnung $\frac{p-1}{2}$. Damit ist $-g_o^2$ kein von Null verschiedenes Quadrat (mod p); aus (vii) folgt

$$f_o^2 \equiv g_o^2 \equiv 0 \pmod p$$

oder

(viii) $$f_o^2 \equiv g_o^2 \equiv 0 \pmod{p^2}.$$

Nach (vi) folgt

$$n_o e_o^2 \equiv 0 \pmod{p^2}.$$

Da n_o quadratfrei ist, folgt

(ix) $$e_o^2 \equiv 0 \pmod{p^2}.$$

Die Kongruenzen (viii) und (ix) sind ein Widerspruch zur Teilerfremdheit von e_o^2, f_o^2 und g_o^2. □

Wir ziehen eine Folgerung aus (12.10):

• <u>(12.11)</u> <u>Satz</u>. Es gibt keine projektive Ebene einer Ordnung $n \equiv 6 \pmod 8$.

Beweis. Es ist $n \equiv 2 \pmod 4$. Es sei n_o der quadratfreie Faktor von n und $n = n_o m^2$. Es ist $n_o \equiv 0 \pmod 2$ und $m \equiv 1 \pmod 2$, etwa $m = 2\bar{m}+1$, also $m^2 = 4\bar{m}^2 + 4\bar{m} + 1 \equiv 1 \pmod 4$. Weiterhin ist $\frac{1}{8}(n_o m^2 + 2) \in \mathbb{N}$, also $\frac{1}{2} n_o m^2 \equiv 3 \pmod 4$. Damit folgt $\frac{1}{2} n_o \equiv 3 \pmod 4$, aus (12.10) folgt damit (12.11). □

12.2 Quadratische Mengen

F. BUEKENHOUT [11] hat den Begriff der quadratischen Menge in einem projektiven Raum als Verallgemeinerung des Quadrik-Begriffs geprägt: Es sei $(P, \mathcal{G})$ ein projektiver Raum und $\mathcal{Q} \subset P$. Eine Gerade $G \in \mathcal{G}$ heißt

Passante von $\mathcal{Q}$, falls $G \cap \mathcal{Q} = \emptyset$,
Tangente von $\mathcal{Q}$, falls $|G \cap \mathcal{Q}| = 1$ oder $G \subset \mathcal{Q}$
und *Sekante von* $\mathcal{Q}$, falls $|G \cap \mathcal{Q}| = 2$.

---

[11] *Ensembles quadratiques des èspaces projectifs*, Math. Z. <u>110</u> (1969) 306-318.

Für jeden Punkt $p\in\mathcal{Q}$ sei $\mathcal{Q}_p$ als Vereinigung über alle mit p inzidenten Tangenten von $\mathcal{Q}$ definiert. Eine Teilmenge $\mathcal{Q}\subset P$ wird *quadratische Menge* genannt, wenn folgende Axiome gelten:

(QM 1) Jede Gerade aus G, die $\mathcal{Q}$ in mehr als zwei Punkten schneidet, ist eine Tangente von $\mathcal{Q}$.

(QM 2) Für jeden Punkt $p\in\mathcal{Q}$ ist $\mathcal{Q}_p$ entweder eine Hyperebene in (P,G), oder es gilt $\mathcal{Q}_p=P$.

Die Menge aller Punkte $p\in\mathcal{Q}$ einer quadratischen Menge $\mathcal{Q}$ mit $\mathcal{Q}_p = P$ heißt das *Radikal* $\mathrm{Rad}\mathcal{Q}$ *von* $\mathcal{Q}$. Die Punkte aus $\mathcal{Q}\setminus\mathrm{Rad}\mathcal{Q}$ werden auch *eigentliche Punkte* von $\mathcal{Q}$ genannt. Das Radikal einer jeden quadratischen Menge ist ein projektiver Teilraum von (P,G). Eine nicht-leere quadratische Menge mit leerem Radikal heißt *nicht-ausgeartet*. Jedes Hyperebenenpaar und jeder projektive Teilraum von (P,G) ist eine, hier *trivial* genannte, quadratische Menge. Eine mindestens zweipunktige quadratische Menge, die keine Geraden enthält, ist stets nicht-ausgeartet; solche quadratischen Mengen heißen *Ovoide*, und speziell, wenn (P,G) eine projektive Ebene ist, *Ovale*.

Ist T ein Teilraum von (P,G) und $\mathcal{Q}\subset P$ eine quadratische Menge, so ist $T\cap\mathcal{Q}$ eine quadratische Menge in T und für alle $p\in T\cap\mathcal{Q}$ gilt $T\cap\mathcal{Q}_p=(T\cap\mathcal{Q})_p$.

In projektiven Ebenen sind die Ovale die einzigen nicht-trivialen quadratischen Mengen. Offenbar ist jede Quadrik in einem PAPPUSschen projektiven Raum eine quadratische Menge. Die Hauptsätze der in Fußnote 11) zitierten Arbeit von F. BUEKENHOUT besagen:

• <u>(12.12)</u> <u>Satz</u>. Es sei (P,G) ein mindestens zwei-dimensionaler projektiver Raum endlicher Dimension. Eine Teilmenge $\mathcal{Q}\subset P$ ist genau dann eine quadratische Menge, wenn in jeder Ebene E aus (P,G) der Schnitt $E\cap\mathcal{Q}$ eine quadratische Menge ist. Jede nicht-leere, nicht-ausgeartete quadratische Menge $\mathcal{Q}\subset P$ ist ein Ovoid oder eine Quadrik (im letzten Fall ist (P,G) damit PAPPUSsch). Ist (P,G) PAPPUSsch und $\mathcal{Q}$ eine quadratische Menge, die kein projektiver Teilraum von (P,G) ist, so ist

$\mathcal{Q}$ genau dann eine Quadrik, wenn der Schnitt $E\cap\mathcal{Q}$ für jede Ebene E aus (P,G) ein Kegelschnitt oder trivial ist. □

Die Theorie der quadratischen Mengen in endlichen projektiven Räumen unterscheidet sich grundsätzlich vom transfiniten Fall. Zunächst haben wir mit Satz (12.6) eine einfache Klassifikation der Quadriken. Ganz im Gegensatz zu den Verhältnissen in unendlichen projektiven Räumen, wo bis auf pathologische Ausnahmen immer Ovoide existieren [12], gibt es im endlichen Fall nur in höchstens drei-dimensionalen projektiven Räumen Ovoide; und die sind, wenn der projektive Raum PAPPUSsch und von ungerader Ordnung ist, Quadriken. Ein kombinatorisches Interesse liegt damit nur für die Dimensionen 2 und 3 vor.

• <u>(12.13)</u> <u>Satz</u>. Es seien $d,n\in\mathbb{N}$, $d,n\geq 2$ und $\mathcal{Q}$ ein Ovoid in einem d-dimensionalen projektiven Raum (P,G) der Ordnung n. Dann ist $d=2$ oder $d=3$.

Beweis. Wir führen die Annahme der Existenz eines Ovoids in einem d-dimensionalen projektiven Raum (P,G) mit $d\geq 4$ zum Widerspruch; dabei dürfen wir $d=4$ voraussetzen, weil in jedem vier-dimensionalen projektiven Teilraum T von (P,G), der mindestens zwei Punkte mit $\mathcal{Q}$ gemeinsam hat, die Menge $T\cap\mathcal{Q}$ selbst ein Ovoid ist. Es sei $(\mathcal{Q},\mathcal{B})$ die Inzidenzstruktur mit der Punktmenge $\mathcal{Q}$ und den drei-dimensionalen Teilräumen von (P,G), die $\mathcal{Q}$ in mindestens zwei Punkten schneiden, als Blöcken. Es sei $p\in\mathcal{Q}$. Von den $P(0,3,n)$ mit p inzidenten Geraden aus G schneidet jede, - außer den $P(0,2,n)$ Geraden unter ihnen, die in $\mathcal{Q}_p$ liegen, - das Ovoid in genau einem weiteren Punkt. Damit ist

$$|\mathcal{Q}| = \frac{n^4-1}{n-1} - \frac{n^3-1}{n-1} + 1 = n^3+1 .$$

Jeder Block schneidet aus $\mathcal{Q}$ ein Ovoid aus, inzidiert also mit genau n^2+1 Punkten aus $\mathcal{Q}$. Von $\mathcal{Q}_p$ abgesehen schneidet jeder der $P(2,3,n)$ mit p inzidenten drei-dimensionalen projektiven Teilräume von (P,G) das Ovoid $\mathcal{Q}$ in mehr als einem Punkt; damit gehen durch jeden Punkt von $\mathcal{Q}$ genau n^3+n^2+n

---

[12] W. HEISE, *Bericht über* κ*-affine Geometrien*, J. Geometry <u>1</u> (1971) 197-224.

Blöcke. Aus der Parametergleichung $vr = bk$ für taktische Konfigurationen schließen wir, daß $k := n^2+1$ die Zahl $vr = (n^3+1)(n^3+n^2+n)$ teilt. Nun ist aber

$$(n^3+1)(n^3+n^2+n) \equiv n-1 \pmod{(n^2+1)};$$

damit ist aber $\frac{vr}{k}$ auch bei wohlwollender Prüfung nicht ganzzahlig. □

Wir untersuchen zunächst die Ovoide in zwei-dimensionalen projektiven Räumen, die Ovale. Eine k-Teilmenge $\mathcal{Q} \subset P$ einer projektiven Ebene $(P,\mathcal{G})$ heißt k-*Kurve*, wenn keine drei Punkte von $\mathcal{Q}$ kollinear sind. Im DESARGUESschen Fall besagt diese Bedingung, daß für je drei in homogenen Koordinaten geschriebene Punkte $xK^\times, yK^\times, zK^\times$ aus $\mathcal{Q}$ die Vektoren x, y und z linear unabhängig sind.

• (12.14) Satz. In jeder projektiven Ebene $(P,\mathcal{G})$ der Ordnung n sind die $(n+1)$-Kurven gerade die Ovale.

Beweis. Ist $\mathcal{Q}$ eine $(n+1)$-Kurve in $(P,\mathcal{G})$, so sind von den $n+1$ Geraden durch einen beliebigen Punkt $q \in \mathcal{Q}$ genau die n Verbindungsgeraden von q mit den Punkten aus $\mathcal{Q} \setminus \{q\}$ Sekanten von $\mathcal{Q}$. Damit gibt es genau eine mit q inzidente Tangente G von $\mathcal{Q}$; es ist $G = \mathcal{Q}_q$.
Es sei umgekehrt $\mathcal{Q}$ ein Oval in $(P,\mathcal{G})$ und $q \in \mathcal{Q}$. Außer der Tangente durch q sind alle anderen n mit q inzidenten Geraden aus $\mathcal{G}$ Sekanten von $\mathcal{Q}$. Es folgt $|\mathcal{Q}| = n+1$. □

• (12.15) Satz. Es sei $\mathcal{Q}$ eine k-Kurve in einer projektiven Ebene $(P,\mathcal{G})$ der Ordnung n. Die Anzahl der mit einem Punkt $p \in P \setminus \mathcal{Q}$ inzidenten Tangenten von $\mathcal{Q}$ hat dieselbe Parität wie k.

Beweis. Es sei h die Anzahl der mit p inzidenten Sekanten von $\mathcal{Q}$. Auf diesen Sekanten liegen genau $2h$ Punkte aus $\mathcal{Q}$. Die Verbindungsgeraden der restlichen $k-2h$ Punkte von $\mathcal{Q}$ mit p sind Tangenten von $\mathcal{Q}$. Trivialerweise ist $k \equiv k-2h \pmod 2$. □

Der finnische Astronom B. QVIST [13] entdeckte 1952 eine Eigenschaft von Ovalen, die in der endlichen Geometrie von zentraler Bedeutung ist:

• (12.16) Satz. Es sei $\mathcal{Q}$ ein Oval in einer projektiven Ebene (P,G) der Ordnung n. Wenn n ungerade ist, so inzidiert kein Punkt aus P mit drei Tangenten von $\mathcal{Q}$. Wenn n gerade ist, so schneiden sich alle Tangenten von $\mathcal{Q}$ in einem Punkt, dem *Knoten* von $\mathcal{Q}$.

Beweis. Es sei $q\in\mathcal{Q}$ und $T:=\mathcal{Q}_q$ die eindeutig bestimmte, mit q inzidente Tangente von $\mathcal{Q}$. Jede der anderen n Tangenten von $\mathcal{Q}$ schneidet T in einem der von q verschiedenen Punkte. Wenn diese Schnittpunkte nicht alle verschieden sind, so gibt es einen Punkt $p\in T$, durch den T die einzige Tangente ist. Wenn n ungerade ist, liefert dieser Umstand einen Widerspruch zu (12.15) und damit die erste Aussage des Satzes. Es sei nun n eine gerade Zahl, $p\in\mathcal{Q}\setminus\{q\}$, $T':=\mathcal{Q}_p$ und $t:=T\cap T'$. Wir nehmen an, nicht alle $n+1$ mit t inzidenten Geraden seien Tangenten von $\mathcal{Q}$. Dann gibt es eine mit t inzidente Sekante S von $\mathcal{Q}$. Zu jedem Punkt $s\in S$ gibt es wegen $|\mathcal{Q}\setminus S|=n-1\equiv 1 \mod 2$ mindestens eine mit s inzidente Tangente. Da $\mathcal{Q}$ genau $n+1$ Tangenten besitzt, ist diese mit s inzidente Tangente eindeutig bestimmt. Das ist ein Widerspruch zu $T\neq T'$ und $T\cap T'=t\in S$. □

Ist $\mathcal{Q}$ ein Oval in einer projektiven Ebene gerader Ordnung, t sein Knoten und $q\in\mathcal{Q}$, so ist $(\mathcal{Q}\setminus\{q\})\cup\{t\}$ wieder ein Oval. Das geht aus Satz (12.14) hervor. In einer PAPPUSschen projektiven Ebene einer geraden Ordnung $n\geq 8$ gibt es deswegen und weil jeder nicht-ausgeartete Kegelschnitt durch fünf seiner Punkte festgelegt ist, Ovale, die keine Kegelschnitte sind.

Es sei (P,G) eine projektive Ebene der Ordnung n und $\mathcal{Q}\subset P$ ein Oval. Wenn n gerade ist, so bilden die Tangenten von $\mathcal{Q}$ nach (12.16) in der zu (P,G) dualen projektiven Ebene eine

---

[13] *Some remarks concerning curves of the second degree in a finite plane*, Ann. Acad. Sci. Fenn. Ser. A. I. 134 (1952) 1-27.

Gerade. Ist n dagegen ungerade, so bilden die Tangenten von $\mathcal{Q}$ in der zu (P,G) dualen Ebene wieder ein Oval $\mathcal{Q}^*$. In Anlehnung an die Verhältnisse in der reellen projektiven Ebene bezeichnen wir einen Punkt $p \in P$ in einer projektiven Ebene (P,G) der ungeraden Ordnung n als *äußeren* bzw. *inneren Punkt* eines Ovals $\mathcal{Q} \subset P$, wenn $p \notin \mathcal{Q}$ gilt und wenn p auf einer Tangente von $\mathcal{Q}$ bzw. auf keiner Tangente von $\mathcal{Q}$ liegt. Die äußeren bzw. inneren Punkte von $\mathcal{Q}^*$ in der zu (P,G) dualen Ebene sind gerade die Sekanten bzw. Passanten von $\mathcal{Q}$ in (P,G).

• (12.17) Satz. Es sei $\mathcal{Q}$ ein Oval in einer projektiven Ebene einer ungeraden Ordnung n. $\mathcal{Q}$ besitzt $\frac{1}{2}(n^2+n)$ äußere und $\frac{1}{2}(n^2-n)$ innere Punkte sowie $\frac{1}{2}(n^2+n)$ Sekanten und $\frac{1}{2}(n^2-n)$ Passanten. Jede Passante inzidiert mit $\frac{1}{2}(n+1)$ äußeren und $\frac{1}{2}(n+1)$ inneren Punkten. Jede Sekante inzidiert mit $\frac{1}{2}(n-1)$ äußeren und $\frac{1}{2}(n-1)$ inneren Punkten. Jeder innere Punkt inzidiert mit $\frac{1}{2}(n+1)$ Sekanten und $\frac{1}{2}(n+1)$ Passanten. Jeder äußere Punkt inzidiert mit $\frac{1}{2}(n-1)$ Sekanten und $\frac{1}{2}(n-1)$ Passanten.

Beweis. $\mathcal{Q}$ besitzt $\binom{n+1}{2} = \frac{1}{2}(n^2+n)$ Sekanten und $(n^2+n+1)-(n+1)-\frac{1}{2}(n^2+n) = \frac{1}{2}(n^2-n)$ Passanten. Durch jeden äusseren Punkt von $\mathcal{Q}$ gehen nach (12.16) zwei Tangenten, also $\frac{1}{2}(n-1)$ Sekanten und $(n+1)-2-\frac{1}{2}(n-1) = \frac{1}{2}(n-1)$ Passanten. Durch jeden inneren Punkt von $\mathcal{Q}$ gehen insgesamt $\frac{1}{2}(n+1)$ Sekanten und damit $(n+1)-\frac{1}{2}(n+1) = \frac{1}{2}(n+1)$ Passanten. Durch Dualisierung erhalten wir auch die restlichen Aussagen des Satzes. □

Eine k-Kurve $\mathcal{Q}$ in einer projektiven Ebene heißt *vollständig*, wenn es in dieser Ebene keine (k+1)-Kurve $\mathcal{Q}'$ mit $\mathcal{Q} \subset \mathcal{Q}'$ gibt. Fragen der Vollständigkeit von k-Kurven haben hauptsächlich italienische Mathematiker wie A. BARLOTTI, L. LOMBARDO-RADICE, B. SEGRE und G. TALLINI behandelt. Wir beschränken uns in diesem Zusammenhang auf einen Satz von R. C. BOSE [14]:

---

[14] *Mathematical theory of the factorial design*, Sankhya 8 (1947) 249-256.

• <u>(12.18)</u> <u>Satz</u>. Es sei $\mathcal{Q}$ eine k-Kurve in einer projektiven Ebene (P,G) der Ordnung n. Dann ist $k \le n+1$, wenn n ungerade ist, und es ist $k \le n+2$, wenn n gerade ist.

Beweis. Es sei $q \in \mathcal{Q}$. Von den $n+1$ mit q inzidenten Geraden aus G schneiden genau $k-1$ die k-Kurve $\mathcal{Q}$ in einem weiteren Punkt. Es folgt $k-1 \le n+1$, also $k \le n+2$. Ist $\mathcal{Q}$ eine $(n+2)$-Kurve, so besitzt $\mathcal{Q}$ überhaupt keine Tangente, insbesondere auch keine durch einen Punkt $p \in P \setminus \mathcal{Q}$. Nach Satz (12.15) ist das aber nur bei einer geradzahligen Ordnung n möglich. □

B. SEGRE [15] bewies 1954 die Vermutung von P. KUSTAANHEIMO [16], daß neben den nicht-ausgearteten Kegelschnitten in PAPPUSschen projektiven Ebenen ungerader Ordnung keine weiteren Ovale existieren:

• <u>(12.19)</u> <u>Satz</u>. Es sei p eine ungerade Primzahl, $m \in \mathbb{N}$ und $n := p^m$. Dann ist jedes Oval in PG(2,n) ein Kegelschnitt. □

Auf den Beweis, der längere Rechnungen in homogenen Koordinaten erfordert, verzichten wir. An kombinatorischen Hilfsmitteln wird neben Satz (12.16) nur die Beobachtung benutzt, daß in endlichen Körpern das Produkt über alle von Null verschiedenen Elemente gleich -1 ist. Nach (12.19) ist für $n \equiv 1 \pmod 2$ jedes Oval in PG(2,n) die Menge der absoluten Punkte einer eindeutigen orthogonalen Polarität. In nicht-DESARGUESschen Ebenen ungerader Ordnung ist diese Aussage falsch, wie F. C. PIPER [17] zeigen konnte.

---

[15] *Sulle ovali nei piani lineari finiti*, Atti Accad. Naz. Lincei Rend. Cl. Sci. Fis. Mat. Natur. <u>17</u> (1954) 141-142. Weitere Beweise findet man in B. SEGRE, *Ovals in a finite projective plane*, Canad. J. Math. <u>7</u> (1955) 414-416, B. SEGRE, *Lectures in modern geometry*. Editioni Cremonese, Roma 1961, n. 100, A. BARLOTTI, *Some topics in finite geometrical structures*, Univ. of North Carolina. Inst. of Statistics Mimeo Series No. 439, Chapel Hill 1965, Chap. 2, S. 4-9 und in D. R. HUGHES und F. C. PIPER, *Projective planes*, Springer, New York-Heidelberg-Berlin 1973, 250-252.

[16] G. JÄRNEFELT und P. KUSTAANHEIMO, *An observation on finite geometries*, 11. Skand. Math. Kongress, Trondheim 1949, 166-182.

[17] *Polarities in the Hughes-plane*, Bull. London Math. Soc. <u>2</u> (197o) 2o9-213.

Der Begriff der k-Kurve läßt sich auf höher-dimensionale projektive Räume ausdehnen: Eine k-Teilmenge $\mathcal{Q}\subset P$ eines d-dimensionalen projektiven Raums (P,G) heißt k-*Kurve*, wenn keine d+1 Punkte aus $\mathcal{Q}$ in einer Hyperebene von (P,G) liegen. B. SEGRE [18] und L. CASSE [19] zeigten, daß in einem drei-dimensionalen projektiven Raum der Ordnung n keine (n+2)-Kurven existieren:

• <u>(12.20)</u> <u>Satz</u>. Es sei p eine Primzahl, $m\in\mathbb{N}$, $n:=p^m>3$ und $\mathcal{Q}$ eine k-Kurve in PG(3,n). Dann ist $k\leq n+1$. □

Für die weitere Theorie der k-Kurven verweisen wir auf die Literatur [20].

Eine k-Teilmenge $\mathcal{Q}\subset P$ in einem drei-dimensionalen projektiven Raum (P,G) heißt k-*Kalotte*, wenn keine Gerade aus G mit $\mathcal{Q}$ mehr als zwei Punkte gemeinsam hat. In (12.18) entsprechenden Sätzen zeigten R. C. BOSE (Fußnote 14) und B. QVIST (Fußnote 13), daß im Fall $n>2$ keine Kalotte in PG(3,n) mehr als n^2+1 Punkte enthält. Jedes Ovoid in PG(3,n) ist eine (n^2+1)-Kalotte. A. BARLOTTI [21] zeigte 1955, daß umgekehrt im Fall $n>2$ jede (n^2+1)-Kalotte in PG(3,n) ein Ovoid ist. Wir beweisen beide Sätze gemeinsam:

---

[18] *Curve razionali normali e k-archi negli spazi finiti*, Ann. Mat. Pura Appl. <u>39</u> (1955) 357-379.

[19] *A solution to Beniamino Segre's "Problem $I_{r,q}$" for q even*, Atti Accad. Naz. Lincei Rend. Cl. Sci. Fis. Mat. Natur <u>46</u> (1969) 13-20.

[20] B. SEGRE, *Lectures in modern geometry*, Editioni Cremonese, Roma 1961; J. THAS, *Normal rational curves and k-arcs in Galois spaces*, Rend. Mat. <u>2</u> (1969) 331-334; H.-R. HALDER und W. HEISE, *On the existence of finite chain-m-structures and k-arcs in finite projective spaces*, Geometriae Ded. <u>3</u> (1975) 483-486.

[21] A. BARLOTTI. *Un' estensione del teorema di Segre-Kustaanheimo*, Boll. Unione Mat. Ital. <u>10</u> (1955) 498-506.

• <u>(12.21)</u> <u>Satz</u>. Jede (n^2+1)-Kalotte in einem drei-dimensionalen projektiven Raum (P,G) der Ordnung $n>2$ ist ein Ovoid. Es gibt keine (n^2+2)-Kalotte in (P,G).

Beweis. Es sei $m\in\mathbb{N}$ und $\mathcal{Q}$ eine (n^2+m)-Kalotte in (P,G), die in keiner (n^2+m+1)-Kalotte aus (P,G) enthalten ist. Wir wählen einen beliebigen Punkt $p\in\mathcal{Q}$. Wenn $m=1$ ist (dies ist das Ergebnis von BOSE und QVIST), so inzidieren genau n^2 Sekanten von $\mathcal{Q}$ mit p. Damit gibt es dann genau $(n^2+n+1)-n^2 = n+1$ mit p inzidente Tangenten $T,T_1,T_2,\ldots,T_n$ von $\mathcal{Q}$. Wenn nun neben der Voraussetzung $m=1$ für jede Ebene B aus (P,G) mit $T\subset B$ und $|B\cap\mathcal{Q}|\geq 2$ stets die Bedingung $|B\cap\mathcal{Q}|=n+1$ gilt, so verteilen sich die n^2 von p verschiedenen Punkte aus $\mathcal{Q}$ zu je n Stück auf genau n der $n+1$ Ebenen durch T. Es gibt also genau eine Ebene A in (P,G) mit $A\cap\mathcal{Q}=\{p\}$. A enthält genau $n+1$ mit p inzidente Geraden; die sind alle Tangenten von $\mathcal{Q}$. Es folgt Axiom (QM 2): $A = T\cup\bigcup_{i=1}^{n}T_i =: \mathcal{Q}_p$. $\mathcal{Q}$ ist also unter den angegebenen Bedingungen, die wir jetzt nachweisen, ein Ovoid. Wir unterscheiden zwei Fälle:

<u>1) n ist ungerade</u>. Es sei $q\in\mathcal{Q}\setminus\{p\}$. Jede der $n+1$ mit p und q inzidenten Ebenen aus (P,G) schneidet $\mathcal{Q}$ nach (12.18) außer in p und q noch in maximal $n-1$ weiteren Punkten. Es folgt $|\mathcal{Q}|\leq(n+1)(n-1)+2=n^2+1$. Aus $m\geq 1$ folgt damit $m=1$. Gäbe es nun eine Ebene B aus (P,G), die $\mathcal{Q}$ zwar in zwei Punkten, etwa p und q, aber in weniger als $n+1$ Punkten schneidet, so lägen wiederum nach (12.18) auf allen mit p und q inzidenten Ebenen aus (P,G) insgesamt weniger als $(n+1)(n-1)+2=n^2+1$ Punkte aus $\mathcal{Q}$; wir haben aber gerade $|\mathcal{Q}|=n^2+1$ festgestellt.

<u>2) n ist gerade</u>. Jede der n^2+n+1 Geraden durch p schneidet $\mathcal{Q}$ in höchstens einem weiteren Punkt. Es folgt $|\mathcal{Q}|\leq n^2+n+2$, also $m\leq n+2$. Wir zeigen zunächst:

(i) Es gibt eine mit p inzidente Tangente T von $\mathcal{Q}$.

Hätte $\mathcal{Q}$ nämlich keine solche Tangente, so wäre $|\mathcal{Q}|=n^2+n+2$ und $\mathcal{Q}$ besäße damit überhaupt keine Tangenten. Von den

$n^4+n^3+2n^2+n+1$ Geraden aus G wären

$$\binom{n^2+n+2}{2} = \tfrac{1}{2}(n^4+2n^3+4n^2+3n+2)$$

Geraden Sekanten von $\mathcal{Q}$. Wegen $n>1$ gäbe es damit eine Passante G von $\mathcal{Q}$. Jede der $n+1$ mit G inzidenten Ebenen hätte nach (12.18) entweder 0 oder $n+2$ Punkte mit $\mathcal{Q}$ gemeinsam, denn nur die l-Kurven mit $l=0$ oder $l=n+2$ haben in einer projektiven Ebene der Ordnung n keine Tangenten. Damit teilt $n+2$ die Zahl k und damit auch die Zahl $k+3(n+2) = (n+2)^2+4$. Das widerspricht der Annahme $n>2$.
Wir zeigen weiter:

(ii) Es gibt eine Ebene E in (P,G) mit $T\subset E$ und $|E\cap\mathcal{Q}|=n+1$.

Keine Ebene durch T schneidet $\mathcal{Q}$ in mehr als $n+1$ Punkten, weil $(n+2)$-Kurven in projektiven Ebenen der Ordnung n keine Tangente besitzen. Hätte nun jede der $n+1$ Ebenen durch T außer p maximal $n-1$ weitere Punkte mit $\mathcal{Q}$ gemeinsam, so wäre $|\mathcal{Q}|\le(n+1)(n-1)+1=n^2$, was der Annahme $m\ge1$ widerspricht. Damit ist auch Aussage (ii) bewiesen.

Nach (12.14) ist $E\cap\mathcal{Q}$ ein Oval in E. Der Knoten t von $E\cap\mathcal{Q}$ inzidiert mit T.

(iii) Es gibt eine mit t inzidente Sekante S von $\mathcal{Q}$.

Anderenfalls wäre jede Gerade durch t eine Tangente von $\mathcal{Q}$; $\mathcal{Q}\cup\{t\}$ wäre damit aber eine (n^2+m+1)-Kalotte.

(iv) Es sei R eine mit t inzidente Sekante von $\mathcal{Q}$ und F eine Ebene aus (P,G) mit $R\subset F$. Dann ist $|F\cap\mathcal{Q}|=n+1$.

Jede mit t inzidente, in E enthaltene Gerade aus G ist eine Tangente von $\mathcal{Q}$. Damit ist $R\not\subset E$, also $E\neq F$, und die Gerade $G:=E\cap F$ ist eine Tangente von $\mathcal{Q}$. Wäre $F\cap\mathcal{Q}$ eine $(n+2)$-Kurve in F, so hätte $F\cap\mathcal{Q}$ keine Tangente $G\subset F$; es folgt $|F\cap\mathcal{Q}|\le n+1$. Hätte auch nur eine Ebene durch R außer den zwei Punkten aus $R\cap\mathcal{Q}$ weniger als $n-1$ weitere Punkte mit $\mathcal{Q}$ gemeinsam, so lägen auf den $n+1$ Ebenen durch R im Widerspruch zur Annahme $m\ge1$ weniger als n^2+1 Punkte aus $\mathcal{Q}$.

Auf den $n+1$ Ebenen durch die mit t inzidente Sekante S von $\mathcal{Q}$ liegen nach (iv) insgesamt $(n+1)(n-1)+2=n^2+1$ Punkte aus $\mathcal{Q}$. Damit folgt die Bedingung $m=1$.

Es sei nun B eine Ebene aus (P,G) mit $T\subset B$, die $\mathcal{Q}$ außer in p noch in einem weiteren Punkt q schneidet. Wenn $B=E$ gilt, so haben wir $|B\cap\mathcal{Q}|=n+1$ nach (ii). Es sei also $B\neq E$ und R die Verbindungsgerade von t und q. Wäre nun R eine Tangente von $\mathcal{Q}$, so spannten die beiden mit t inzidenten Geraden R und S eine Ebene H auf, die nach (iv) mit $\mathcal{Q}$ genau $n+1$ Punkte gemeinsam hätte (S ist nämlich eine mit t inzidente Sekante mit $S\subset H$). Wegen $q\in R\subset H$ und $q\notin E$ gälte $E\neq H$ und die mit t inzidente Gerade $G:=E\cap H$ wäre als Gerade durch den Knoten t des Ovals $E\cap\mathcal{Q}$ in E eine Tangente von $\mathcal{Q}$. Damit wäre der Schnittpunkt t der Tangenten G und R des Ovals $H\cap\mathcal{Q}$ in H dessen Knoten. Die mit t inzidente Gerade $S\subset H$ ist aber keine Tangente. Damit ist auch R eine Sekante von $\mathcal{Q}$. Wegen $q\in B$ und $t\in T\subset B$ ist $R\subset B$. Nach (iv) folgt $|B\cap\mathcal{Q}|=n+1$. □

Die Voraussetzung $n>2$ ist in Satz (12.21) unentbehrlich: Der affine Raum $AG(3,2)$ ist eine 8-Kalotte in seinem projektiven Abschluß $PG(3,2)$. Fünf Punkte aus $AG(3,2)$, von denen vier in einer Ebene liegen, sind in $PG(3,2)$ zwar eine 5-Kalotte, aber kein Ovoid.

Aus (12.12) und (12.19) folgt unmittelbar ein Ergebnis von A. BARLOTTI [22]:

• <u>(12.22)</u> <u>Satz</u>. Jedes Ovoid in einem drei-dimensionalen projektiven Raum ungerader Ordnung ist eine ovale Quadrik. □

Dieser Satz ist für Ovoide in drei-dimensionalen projektiven Räumen gerader Ordnung falsch: Es sei $m>1$ eine ungerade Zahl, $n:=2^m$, $l:=2^{\frac{1}{2}(m+1)}$ und V der Vektorraum der Tripel

---

[22] siehe Fußnote 21 .

(x,y,z) mit Komponenten aus GF(n). V läßt sich als Punktmenge des affinen Raumes AG(3,n) interpretieren. Fügen wir der Menge $\{(x,y,xy+x^{1+2}+y^{1+2});\ x,y\in GF(n)\}$ im projektiven Abschluß PG(3,n) von AG(3,n) den Fernpunkt der z-Achse hinzu, so erhalten wir ein Ovoid, das keine Quadrik ist. Für n=8 wurde dieses Ovoid von B. SEGRE [23] entdeckt. J. TITS [24] bestimmte mit ganz anderen Methoden diese Ovoide für $n=2^m$. G. FELLEGARA [25] rechnete auf einem Computer aus, daß im projektiven Raum PG(3,8) bis auf projektive Äquivalenz neben der ovalen Quadrik und dem SEGREschen Ovoid keine weiteren Ovoide existieren. Ob es in projektiven Räumen einer geraden Ordnung n>8 noch weitere Ovoid-Typen gibt, ist unbekannt.

Es sei $(P,\mathcal{G})$ ein drei-dimensionaler projektiver Raum. Eine Menge $\mathcal{Q}\subset P$ heißt k-*Kegel* mit der *Spitze* s, wenn es einen Punkt $s\in P$, eine nicht mit s inzidente Ebene E aus $(P,\mathcal{G})$ und eine k-Kurve $K\subset E$ mit $\mathcal{Q} = \bigcup_{q\in K} \langle s,q\rangle$ gibt. Wenn K ein Oval ist, so heißt $\mathcal{Q}$ ein *LAGUERRE-Kegel.*

Wir überlassen es dem Leser als leichte Übungsaufgabe, aus Satz (12.12) folgendes Ergebnis von W. HEISE und H. KARZEL [26] herzuleiten:

• (12.23) Satz. Jede nicht-triviale quadratische Menge in einem drei-dimensionalen projektiven Raum ist ein Ovoid, eine ringartige Quadrik oder ein LAGUERRE-Kegel. □

Der vom Papst (weiß), den Kardinälen (rot), Bischöfen und Prälaten nullius (violett) getragene Pileolus kommt der Gestalt nach unseren Vorstellungen von einer Kalotte entgegen. Dieser Umstand hat uns dazu bewogen, eine k-Teilmenge $\mathcal{Q}\subset P$ in einem

---

[23] *On complete caps and ovaloids in three-dimensional Galois spaces of characteristic two*, Acta Arith. 5 (1959) 315-332.

[24] *Ovoides et groupes de Suzuki*, Arch. Math. 13 (1962) 187-198.

[25] *Gli ovaloidi in uno spazio tridimensionale di Galois di ordine 8*, Atti Accad. Naz. Lincei Rend. Cl. Sci. Fis. Mat. Natur 32 (1962) 170-176.

[26] *Eine Charakterisierung der ovoidalen Kettengeometrien*, J. Geometry 2 (1972) 69-74.

drei-dimensionalen projektiven Raum (P,G) eine k-*Mitra* zu nennen, wenn für jede Gerade $G \in G$ aus $|G \cap Q| \geq 3$ stets $G \subset Q$ folgt. In der in Fußnote 21) zitierten Arbeit bewies A. BARLOTTI:

• (12.24) Satz. Jede $(n+1)^2$-Mitra Q in einem drei-dimensionalen projektiven Raum (P,G) der Ordnung $n>2$ ist entweder eine ringartige Quadrik, ein $(n+2)$-Kegel oder eine Menge $E \cup G$, wobei E eine Ebene und G eine Gerade aus (P,G) mit $G \not\subset E$ ist.

Beweis. Jede Ebene E aus (P,G) mit $|E \cap Q| > 2n+1$ liegt in Q: Wegen $2n+1>n+2$ ist $E \cap Q$ nach (12.18) keine k-Kurve in E und enthält damit mindestens zwei Geraden und einen Punkt. Wegen $n>2$ liegt jede mit diesem Punkt inzidente Gerade aus E ganz in Q. Es folgt $E \subset Q$.
Wenn Q eine Ebene E enthält, so liegen die n Punkte aus $Q \setminus E$ auf einer Geraden G; es folgt dann $Q = E \cup G$.
Wir nehmen jetzt an, daß Q keine Ebene aus (P,G) enthält, daß also keine Ebene mehr als $2n+1$ Punkte mit Q gemeinsam hat. Nach (12.21) ist Q wegen $(n+1)^2>n^2+1$ keine k-Kalotte. Es gibt also eine Gerade $L \in G$ mit $L \subset Q$. Jede der $n+1$ Ebenen durch L hat außer L noch höchstens n weitere Punkte mit Q gemeinsam. Hätte auch nur eine dieser Ebenen weniger als n Punkte mit $Q \setminus L$ gemeinsam, so wäre $|Q| < (n+1)n + |L| = (n+1)^2$. Damit schneidet jede Ebene durch L die $(n+1)^2$-Mitra Q in $2n+1$ Punkten, also außer in L noch in jeweils einer Geraden $G_1, G_2, \ldots, G_{n+1}$. Diese Geraden sind paarweise verschieden. Für $i \in Z_{n+1}$ sei $s_i := L \cap G_i$. Wenn $s_1 = s_2 = \ldots = s_{n+1}$ gilt, so ist Q ein $(n+2)$-Kegel.
Wir nehmen jetzt an, die Punkte $s_1, s_2, \ldots, s_{n+1}$ seien nicht alle identisch. Es seien $i,j \in Z_{n+1}$ zwei verschiedene Indizes. Die Geraden G_i und G_j sind windschief: Wäre nämlich $r := G_i \cap G_j$ ein Punkt, so hätte die Ebene $\langle G_i, G_j, L\rangle$ im Fall $r \notin L$ mindestens $3n>2n+1$ Punkte mit Q gemeinsam; im Fall $r \in L$ gäbe es noch einen Punkt $s_l \in L \setminus \{r\}$ und die Ebene $F := \langle G_i, G_j\rangle$ schnitte die Gerade G_l in einem Punkt $q \notin G_i \cup G_j$;

damit wäre aber $|F\cap\mathcal{Q}|>2n+1$. Die Geraden $G_1, G_2, \ldots, G_{n+1}$ sind also paarweise windschief. Zu jedem Punkt $x\in G_1$ gibt es genau eine Gerade $L_x\in\mathcal{G}$, die G_2 und G_3 in jeweils einem Punkt schneidet. Wegen $|L_x\cap\mathcal{Q}|\geq 3$ folgt $L_x\subset\mathcal{Q}$. Für zwei verschiedene Punkte $x, x'\in G_1$ sind die Geraden L_x und $L_{x'}$ windschief. $\mathcal{Q}$ ist also eine ringartige Quadrik. □

In Umkehrung von Satz (12.24) ist natürlich in jedem projektiven Raum $(P,\mathcal{G})$ der Ordnung n jede ringartige Quadrik, jeder $(n+2)$-Kegel und jedes nicht-inzidente Ebene-Gerade-Paar eine $(n+1)^2$-Mitra.

• <u>(12.25)</u> <u>Satz</u>. Jede (n^2+n+1)-Mitra $\mathcal{Q}$ in einem drei-dimensionalen projektiven Raum $(P,\mathcal{G})$ der Ordnung $n>2$ ist eine Ebene oder ein LAGUERRE-Kegel.

Wenn $\mathcal{Q}$ mit einer Ebene E aus $(P,\mathcal{G})$ mehr als $2n+1$ Punkte gemeinsam hat, so ist $E\subset\mathcal{Q}$, wie wir im Beweis von (12.24) eingesehen haben. Wegen $|E|=n^2+n+1=|\mathcal{Q}|$ folgt $E=\mathcal{Q}$.
Wir gehen davon aus, daß $\mathcal{Q}$ mit keiner Ebene aus $(P,\mathcal{G})$ mehr als $2n+1$ Punkte gemeinsam hat. Nach (12.21) ist die (n^2+n+1)-Mitra $\mathcal{Q}$ keine k-Kalotte und enthält deswegen eine Gerade L. Jede der $n+1$ Ebenen durch L schneidet $\mathcal{Q}$ außer in L noch in entweder keinem, einem oder n weiteren kollinearen Punkten. Angenommen, es gäbe eine Ebene F aus $(P,\mathcal{G})$ und einen Punkt $p\in P\setminus L$ mit $F\cap\mathcal{Q}=L\cup\{p\}$. Dann müßten die n^2-1 Punkte aus $\mathcal{Q}\setminus(L\cup\{p\})$ auf den n von F verschiedenen Ebenen durch L liegen. Diese Ebenen schnitten aber aus $\mathcal{Q}\setminus(L\cup\{p\})$ insgesamt entweder n^2 Punkte (falls jede von F verschiedene Ebene $\mathcal{Q}$ in zwei Geraden schnitte), oder n^2-n+1 Punkte (falls $n-1$ der von F verschiedenen Ebenen $\mathcal{Q}$ in zwei Geraden schnitten und eine von F verschiedene Ebene außer L mit $\mathcal{Q}$ noch genau einen Punkt gemeinsam hätte) oder noch weniger Punkte aus. Wegen $n>2$ ergäbe das einen Widerspruch zu $|\mathcal{Q}\setminus(L\cup\{p\})|=n^2-1$. Wir folgern, daß genau eine Ebene durch L die Mitra $\mathcal{Q}$ nur in L schneidet und daß genau n Ebenen durch L je eine weitere Gerade $G_1, G_2, \ldots, G_n$ mit $\mathcal{Q}$ gemein-

sam haben. Schnitten nun zwei verschiedene dieser Geraden, etwa G_i und G_j, die Gerade L in zwei verschiedenen Punkten, etwa s_i und s_j, so könnten wir einen Punkt $p\in\mathcal{Q}\setminus(L\cup G_i\cup G_j)$ wählen, und die Ebenen $\langle G_i,p\rangle$ und $\langle G_j,p\rangle$ schnitten sich in einer Geraden G, die selbst sowohl G_i als auch G_j schnitte und wegen $p\in G$ in der Mitra $\mathcal{Q}$ enthalten wäre. G wäre zu L windschief, denn sonst enthielte die Ebene $\langle G,L\rangle$ mindestens eine der beiden Geraden G_i,G_j und wäre somit ganz in $\mathcal{Q}$ enthalten. Die zu L windschiefe Gerade G schnitte nun die Ebene, die mit $\mathcal{Q}$ nur die Gerade L gemeinsam hat, in einem nicht mit L inzidenten Punkt. Das wäre ein Widerspruch. Die Geraden $L,G_1,G_2,\dots,G_n$ schneiden sich alle in einem Punkt s. Wegen $|\mathcal{Q}|=n^2+n+1=|L\cup G_1\cup G_2\cup\dots\cup G_n|$ folgt $\mathcal{Q}=L\cup G_1\cup G_2\cup\dots\cup G_n$; weil jede nicht mit s inzidente Ebene aus $(P,\mathcal{G})$ aus $\mathcal{Q}$ ein Oval ausschneidet, ist $\mathcal{Q}$ ein LAGUERRE-Kegel. □

Aus (12.12) und (12.19) folgt:

• <u>(12.26)</u> <u>Satz</u>. Jeder LAGUERRE-Kegel in einem drei-dimensionalen projektiven Raum ungerader Ordnung ist eine Quadrik. □

• <u>(12.27)</u> <u>Satz</u>. Es sei $\mathcal{Q}$ ein Ovoid oder eine ringartige Quadrik in einem drei-dimensionalen projektiven Raum $(P,\mathcal{G})$ der Ordnung n. Dann gibt es durch jeden Punkt $p\in P$ genau $n+1$ Tangenten von $\mathcal{Q}$.

Beweis. Für $p\in\mathcal{Q}$ folgt dieser Satz aus den Definitionen. Es sei $\mathcal{B}$ die Menge aller Tangenten $G\in\mathcal{G}$ von $\mathcal{Q}$, die mit $\mathcal{Q}$ genau einen Punkt gemeinsam haben. Weiterhin sei $R:=\cup\mathcal{B}\setminus\mathcal{Q}$. Wir betrachten die Inzidenzstruktur $(R,\mathcal{B})$. Zunächst ist $|G\cap R|=n$ für alle $G\in\mathcal{B}$. Es ist $|\mathcal{B}|=(n^2+1)(n+1)$ oder $|\mathcal{B}|=(n+1)^2(n-1)$, je nach dem, ob $\mathcal{Q}$ ein Ovoid oder eine ringartige Quadrik ist. Wir unterscheiden zwei Fälle:

<u>1) n ist ungerade</u>. Es sei $r\in R$ ein beliebiger Punkt. Nach Definition von R liegt r auf einer Tangente T von $\mathcal{Q}$, etwa $\{q\}:=T\cap\mathcal{Q}$. Ist $G\in\mathcal{G}$ eine weitere, von T verschiedene,

mit r inzidente Tangente von $\mathcal{Q}$, so schneidet die Ebene $\langle G,T\rangle$ ein Oval aus $\mathcal{Q}$ aus. In dieser Ebene sind G und T nach (12.16) die einzigen mit r inzidenten Tangenten. Umgekehrt ist T die einzige mit r inzidente Tangente in der Ebene $\mathcal{Q}_q$. In den anderen n von $\mathcal{Q}_q$ verschiedenen Ebenen durch T gibt es nach Satz (12.16) außer T noch jeweils eine mit r inzidente Tangente. Damit inzidiert r mit genau $n+1$ Tangenten aus $\mathcal{B}$. Nach der Parametergleichung für taktische Konfigurationen folgt $|R|(n+1)=|\mathcal{B}|n$; es folgt $R=P\setminus\mathcal{Q}$, gleichgültig ob $\mathcal{Q}$ ein Ovoid oder eine ringartige Quadrik ist.

2) n ist gerade. Es sei $p\in P\setminus\mathcal{Q}$ und E eine mit p inzidente Ebene aus $(P,\mathcal{G})$ mit $E\cap\mathcal{Q}\neq\emptyset$. Wenn E die Tangentialebene von $\mathcal{Q}$ in einem Punkt $q\in\mathcal{Q}$ ist, wenn also $E=\mathcal{Q}_q$ gilt, so ist die Gerade $\langle p,q\rangle$ eine Tangente aus $\mathcal{B}$. Schneidet E hingegen ein Oval aus $\mathcal{Q}$ aus, so liegt nach (12.16) jeder Punkt aus E, insbesondere also auch p auf einer Tangente dieses Ovals, also auf einer Tangente aus $\mathcal{B}$. Damit gilt $R=P\setminus\mathcal{Q}$. Inzidierte nun ein Punkt $r\in R$ mit mindestens $n+2$ Tangenten $T_o,T_1,\ldots,T_{n+1}$ aus $\mathcal{B}$, so wäre r für alle $i\in Z_{n+1}$ der Knoten des Ovals $\langle T_o,T_i\rangle\cap\mathcal{Q}$ in der Ebene $\langle T_o,T_i\rangle$ aus $(P,\mathcal{G})$. Damit wäre aber jede der n^2+n+1 mit r inzidenten Geraden aus $\mathcal{G}$ eine Tangente aus $\mathcal{B}$. Wenn $\mathcal{Q}$ ein Ovoid ist, wäre $\mathcal{Q}\cup\{r\}$ im Widerspruch zu (12.21) eine (n^2+2)-Kalotte. Wenn $\mathcal{Q}$ eine ringartige Quadrik ist, gilt $|\mathcal{Q}|=(n+1)^2>n^2+n+1$; in diesem Fall hätten n Punkte aus $\mathcal{Q}$ keine Verbindungsgerade mit r. In jedem Fall inzidiert r also mit höchstens $n+1$ Tangenten aus $\mathcal{B}$. Gäbe es nun auch nur einen Punkt $r\in R$, der mit weniger als $n+1$ Tangenten aus $\mathcal{B}$ inzidierte, so wäre $|R|(n+1)>|\mathcal{B}|n$; wegen $R=P\setminus\mathcal{Q}$ folgte $n+1>n+1$, gleichgültig ob $\mathcal{Q}$ ein Ovoid oder eine ringartige Quadrik ist. Damit folgt die Behauptung. □

Wenn n gerade ist, so liegen die $n+1$ Tangenten durch einen Punkt $p\in P\setminus\mathcal{Q}$ in einer Ebene; wenn n ungerade ist, so sind keine drei von ihnen komplanar, ihre Berührpunkte liegen aber nach (12.22) in einer Ebene.

12.3 BENZ-EBENEN

Es sei (B,K) eine Inzidenzstruktur. Zu jedem Punkt $p\in B$ definieren wir $[p] := \{p\}\cup\{x\in B;\ \nexists K\in K: p,x\in K\}$. Zwei Punkte $p,q\in B$ heißen *parallel*, $p\parallel q$, wenn $q\in[p]$ gilt. Diese Parallelitätsrelation ist offenbar reflexiv und symmetrisch, aber nicht notwendig transitiv.
Unter der *Ableitung* von (B,K) in einem Punkt $p\in B$ verstehen wir die Inzidenzstruktur $(B,K)_p:=(R,L)$ mit $R:=B\setminus[p]$ und $L:=\{K\setminus[p];\ K\in K(p)\}$. Eine Inzidenzstruktur (R,L) heißt *dual-affine Ebene*, wenn die Inzidenzstruktur $(R,L\cup\{[p];\ p\in R\})$ eine affine Ebene ist. Die dual-affinen Ebenen sind gerade die affinen Ebenen, aus deren Geradenmenge ein Parallelbüschel von Geraden (hier die Blöcke $[p]$) entfernt wurde. Im endlichen Fall sind für $n\geq3$ die dual-affinen Ebenen der *Ordnung* n gerade die n-Gewebe der Ordnung n (vgl. S. 180f). Entfernen wir aus einer dual-affinen Ebene ein Parallelbüschel von Geraden, so erhalten wir eine Inzidenzstruktur, die wir als *MINKOWSKI-affine Ebene* bezeichnen wollen. Eine Inzidenzstruktur (R,L) ist demnach genau dann eine MINKOWSKI-affine Ebene, wenn es eine affine Ebene (R,G) mit $L\subset G$ gibt, so daß $G\setminus L$ aus zwei Parallelbüscheln von Geraden besteht. Nach (11.16) und (11.17) stimmen die endlichen MINKOWSKI-affinen Ebenen einer Ordnung $n\geq5$ mit den $(n-1)$-Geweben der Ordnung n überein.

Eine Inzidenzstruktur (B,K) wird *MÖBIUS-*, *LAGUERRE-* bzw. *MINKOWSKI-Ebene* genannt, wenn für alle $p\in B$ die Ableitung $(B,K)_p$ von (B,K) in p jeweils eine affine Ebene, eine dual-affine Ebene bzw. eine MINKOWSKI-affine Ebene ist. W. BENZ hat die Theorie dieser Geometrien maßgeblich entwickelt. Daher werden die MÖBIUS-, LAGUERRE- und MINKOWSKI-Ebenen mit dem gemeinsamen Namen *BENZ-Ebenen* bezeichnet. Die Blöcke einer BENZ-Ebene heißen *Kreise*. Wir stellen in diesem Abschnitt einige Tatsachen über endliche BENZ-Ebenen zusammen [27].

[27] Die geometrisch-algebraische Theorie der BENZ-Ebenen ist in W. BENZ, *Vorlesungen über Geometrie der Algebren*, Springer, Berlin-Heidelberg-New York 1973, abgehandelt.

• <u>(12.28)</u> <u>Satz</u>. Eine Inzidenzstruktur $(B,\mathcal{K})$ ist genau dann eine BENZ-Ebene, wenn die folgenden vier Axiome erfüllt sind:

(B 1) Zu je drei paarweise nicht parallelen Punkten gibt es genau einen mit ihnen inzidenten Kreis.

(B 2) Zu jedem Kreis $K\in\mathcal{K}$, jedem Punkt $p\in K$ und jedem zu p nicht parallelen Punkt $q\in B\setminus K$ gibt es genau einen Kreis $L\in\mathcal{K}$ mit $K\cap L=p$ und $q\in L$.

(B 3) Jeder Kreis enthält mindestens 3 Punkte. Es gibt einen Kreis und einen nicht mit ihm inzidenten Punkt.

(B 4) Für die Parallelitätsrelation $\parallel$ auf B gilt:

(i) Für alle $p,q\in B$ gilt $p\parallel q \Rightarrow p=q$.

oder

(ii) $\parallel$ ist eine Äquivalenzrelation. Zu jedem Kreis $K\in\mathcal{K}$ und jedem Punkt $p\in B\setminus K$ gibt es genau einen Punkt $q\in K$ mit $p\parallel q$.

oder

(iii) $\parallel$ zerfällt in zwei Äquivalenzrelationen $\parallel_+$ und $\parallel_-$, d.h. $\parallel = \parallel_+ \cup \parallel_-$ und für je zwei Punkte $p,q\in B$ gilt $p\parallel_+ q,\ p\parallel_- q \Rightarrow p=q$. Zu je zwei nicht-parallelen Punkten $p,q\in B$ gibt es genau einen Punkt $r\in B$ mit $p\parallel_+ r$ und $q\parallel_- r$. Zu jedem Punkt $p\in B$ und jedem Kreis $K\in\mathcal{K}$ gibt es genau einen Punkt $q\in K$ mit $p\parallel_+ q$ und genau einen Punkt $r\in K$ mit $p\parallel_- r$. □

Den sehr einfachen Beweis überlassen wir dem Leser. Die Fälle (i),(ii) bzw. (iii) bestimmen die MÖBIUS-, LAGUERRE- bzw. MINKOWSKI-Ebenen unter den BENZ-Ebenen.

In einer LAGUERRE-Ebene $(B,\mathcal{K})$ nennen wir die Äquivalenzklassen der Parallelitätsrelation $\parallel$ auf B *Erzeugende*. In der Ableitung $(B,\mathcal{K})_p$ von $(B,\mathcal{K})$ in einem Punkt $p\in B$ bilden die Erzeugenden außer $[p]$ gerade das fehlende Parallelbüschel der dual-affinen Ebene $(B,\mathcal{K})_p$. Axiom (B 4) (ii) besagt, daß in einer LAGUERRE-Ebene jede Erzeugende jeden Kreis in jeweils genau einem Punkt schneidet.

Entsprechend nennen wir die Äquivalenzklassen der Relationen $\parallel_+$ und $\parallel_-$ in einer MINKOWSKI-Ebene $(B,\mathcal{K})$ *Erzeugende*. Für jeden Punkt $p\in B$ bilden die Spuren der Erzeugenden in $(B,K)_p$ gerade die zwei fehlenden Parallelbüschel von Geraden in der MINKOWSKI-affinen Ebene $(B,K)_p$.

Wenn wir von der Ableitung $(B,K)_p$ einer BENZ-Ebene (B,K) in einem Punkt $p\in B$ als von einer affinen Ebene sprechen, so sei damit ausgedrückt, daß im LAGUERRE-Fall die Erzeugenden außer $[p]$ zur dual-affinen Ebene und im MINKOWSKI-Fall die Spuren der nicht mit p inzidenten Erzeugenden auf $B\setminus[p]$ zur MINKOWSKI-affinen Ebene als **Geraden** hinzugenommen wurden.

• (12.29) Satz. Es sei $\mathcal{Q}$ die Menge der eigentlichen Punkte einer nicht-trivialen quadratischen Menge in einem drei-dimensionalen projektiven Raum (P,G) und K die Menge der Schnitte von $\mathcal{Q}$ mit solchen Ebenen aus (P,G), die mit $\mathcal{Q}$ mindestens zwei Punkte, aber keine Gerade gemeinsam haben. Dann ist $(\mathcal{Q},K)$ eine BENZ-Ebene.

Beweis. Es sei $p\in\mathcal{Q}$ und E eine nicht mit p inzidente Ebene aus (P,G). Die stereographische Projektion

$$\begin{cases} \mathcal{Q}\setminus\mathcal{Q}_p \longrightarrow E\setminus\mathcal{Q} \\ \quad x \longrightarrow E\cap\langle p,x\rangle \end{cases}$$

ist eine Bijektion und bildet die Spuren der Kreise aus $K(p)$ und der in $\mathcal{Q}$ enthaltenen Tangenten auf die Geraden der affinen Ebene $E\setminus\mathcal{Q}_p$ ab. $(\mathcal{Q},K)_p$ ist damit eine affine Ebene, eine dual-affine Ebene oder eine MINKOWSKI-affine Ebene, je nach dem, ob $\mathcal{Q}$ die Menge der eigentlichen Punkte eines Ovoids, eines LAGUERRE-Kegels oder einer ringartigen Quadrik ist. □

Eine BENZ-Ebene wird *quadratisch* genannt, wenn es einen drei-dimensionalen projektiven Raum (P,G) und eine Injektion $j\colon B \longrightarrow P$ gibt, so daß die Menge $j(K)$ für jeden Kreis $K\in K$ als Schnitt einer Ebene aus (P,G) mit $j(B)$ dargestellt werden kann. $j(B)$ ist dann die Menge der eigentlichen Punkte einer nicht-trivialen quadratischen Menge in (P,G). Eine quadratische BENZ-Ebene (B,K) wird *MIQUELsch* genannt, wenn die zugehörige quadratische Menge eine Quadrik ist. Die

MIQUELschen BENZ-Ebenen lassen sich durch einen kreisgeometrischen Schließungssatz, das Axiom von MIQUEL, kennzeichnen [28].

Je zwei Kreise einer BENZ-Ebene (B,K) sind gleichmächtig. Es sei $K \in K$ ein Kreis; die Kardinalzahl $|K|-1$ heißt die *Ordnung* von (B,K). Die Ordnung einer BENZ-Ebene stimmt mit der Ordnung ihrer abgeleiteten affinen Ebenen überein. Im Gegensatz zum transfiniten Fall sind keine endlichen BENZ-Ebenen bekannt, deren Ableitungen nicht-isomorphe affine Ebenen sind. Die Ableitung einer quadratischen BENZ-Ebene ist natürlich immer eine DESARGUESsche affine Ebene.

Aus (11.10) ergibt sich unmittelbar:

• (12.30) Satz. Jede BENZ-Ebene (B,K) der endlichen Ordnung n ist eine taktische Konfiguration. Es gilt:

$|B| = n^2+1,\ n^2+n$ oder $(n+1)^2$ und
$|K| = n^3+n,\ n^3$ oder n^2-n ,

je nach dem, ob (B,K) eine MÖBIUS-, LAGUERRE- oder MINKOWSKI-Ebene ist. □

Aus (12.30) kann man ablesen, daß jede der n^3+n^2+n+1 Ebenen aus $PG(3,n)$ mit jedem Ovoid einen nichtleeren Schnitt hat (für die LAGUERRE-Kegel und die ringartigen Quadriken ist das auch im transfiniten Fall richtig und trivial). Zu jeder Primzahlpotenz $n=p^m$ gibt es nach (12.6) je genau eine MIQUELsche MÖBIUS-, LAGUERRE- und MINKOWSKI-Ebene der Ordnung n. Nach Definition folgt aus der Existenz einer BENZ-Ebene der Ordnung n die Existenz einer affinen Ebene der Ordnung n.

Die MIQUELschen LAGUERRE-Ebenen lassen sich durch das sogenannte *Parabelmodell* beschreiben: Es sei K ein kommutativer Körper, $P:=K\times K$ und $B:=P\cup K$. Zu je drei Elementen $\alpha,\beta,\gamma \in K$ definieren wir $K(\alpha,\beta,\gamma):=\{(x,y)\in P;\ y+\alpha x^2+\beta x+\gamma=0\}\cup\{\alpha\}$ und setzen $K:=\{K(\alpha,\beta,\gamma);\ \alpha,\beta,\gamma\in K\}$. (B,K) ist dann zu der Geometrie der ebenen Schnitte eines Kegels in $PG(K^4,K)$ isomorph[28].

[28] vgl. Fußnote 27 .

Die Ableitung von (B,K) im Punkt $\alpha=0$ auf der Erzeugenden K ist die um das Parallelbüschel $\{\{(x,c); x\in K\}; c\in K\}$ verminderte affine Ebene $AG(K^2,K)$. Die Spuren der Kreise aus K, die nicht mit dem Punkt $0\in K$ inzidieren, sind gerade die Parabeln in $AG(K^2,K)$, die die Ferngerade des projektiven Abschlusses von $AG(K^2,K)$ im Fernpunkt der y-Achse berühren. Wir machen darauf aufmerksam, daß eine LAGUERRE-Ebene (B,K) sicher dann MIQUELsch ist, wenn es zwei nicht parallele Punkte $p,q\in B$ gibt, so daß die Ableitungen $(B,K)_p$ und $(B,K)_q$ PAPPUSsche dual-affine Ebenen sind, in denen die Spuren der Kreise aus K entweder Geraden oder Parabeln sind; ist dies aber nur für die Ableitungen in Punkten auf einer Erzeugenden der Fall, so braucht die LAGUERRE-Ebene nicht MIQUELsch zu sein. Tauschen wir nämlich in einer Ebene eines projektiven Raumes der geraden Ordnung $n\geq 8$ einen Punkt eines nicht-ausgearteten Kegelschnitts gegen dessen Knoten aus und errichten über dem so erhaltenen Oval einen LAGUERRE-Kegel, so bekommen wir ein Gegenbeispiel.

Es sei (B,K) eine BENZ-Ebene, $p\in B$ ein Punkt und (P,G) der projektive Abschluß der affinen Ebene $(B,K)_p$. Die Spuren der nicht mit p inzidenten Kreise aus K bilden, erweitert um die Fernpunkte der Spuren der Erzeugenden, in (P,G) jeweils ein Oval. Ist (B,K) eine MINKOWSKI-Ebene und (P,G) eine PAPPUSsche projektive Ebene, in der jedes Oval ein Kegelschnitt ist, so ist (B,K) MIQUELsch. Sind nämlich u und v die beiden Fernpunkte der Spuren der Erzeugenden, so besteht K aus folgenden Kreisen:

1) die um ihren Fernpunkt verminderten, weder mit u noch mit v inzidenten Geraden aus G, denen der Punkt p hinzugefügt wurde.
2) die um die Punkte u und v verminderten, aber mit u und v inzidenten Kegelschnitte, denen auf den beiden Erzeugenden durch p je der Schnittpunkt mit den Erzeugenden hinzugefügt wurde, die die Tangenten in u und v an diesen Kegelschnitt repräsentieren.

Jeder mit u und v inzidente Kegelschnitt ist durch drei weitere seiner Punkte eindeutig bestimmt. (B,K) ist damit und weil die stereographische Projektion eine Kreisverwandtschaft ist, eine MIQUELsche MINKOWSKI-Ebene. Entsprechend zeigt man, daß jede LAGUERRE-Ebene, deren Ableitung in zwei nicht-parallelen Punkten eine PAPPUSsche affine Ebene ist, in deren projektiven Abschluß jeder Kreis einKegelschnitt ist, MIQUELsch ist. Nach (12.19) und aus der Eindeutigkeit der affinen Ebenen der Ordnung $n \leq 7$ folgt, daß es bis auf Isomorphie jeweils genau eine LAGUERRE- und genau eine MINKOWSKI-Ebene der Ordnung $n=2,3,4,5,7$ gibt; diese sind alle MIQUELsch [29]. Für MÖBIUS-Ebenen ist eine ähnlich simple Argumentation nicht bekannt.

Die Menge aller 3-Teilmengen einer 5-Menge bildet die damit eindeutig bestimmte MÖBIUS-Ebene der Ordnung 2. E. WITT [30] zeigte, daß es je genau eine MÖBIUS-Ebene der Ordnung 3 und 4 gibt. Y. CHEN [31] bewies die Eindeutigkeit der MÖBIUS-Ebene der Ordnung 5. R. H. F. DENNISTON [32] bestätigte das CHENsche Ergebnis auf dem Computer und errechnete die Eindeutigkeit der MÖBIUS-Ebene der Ordnung 7.

P. DEMBOWSKI [33] bemerkte daß die Summe der Anzahlen der Punkte und der Kreise einer MÖBIUS-Ebene der Ordnung n der Zahl $P(0,3,n) = n^3+n^2+n+1$ gleicht. Ausgehend von einer MÖBIUS-Ebene $(B,\mathcal{K})$ gerader Ordnung konstruierte er eine Inzidenzstruktur $(P,\mathcal{E},I)$ durch $P:=B\cup\mathcal{K}$, $\mathcal{E}:=B\cup\mathcal{K}$ und $I:=I_1\cup I_2\cup I_3\cup I_4$, wobei $I_1:=\{(p,q)\in B\times B;\ p=q\}$, $I_2:=\{(p,K)\in B\times\mathcal{K};\ p\in K\}$, $I_3:=\{(K,p)\in\mathcal{K}\times B;\ p\in K\}$, $I_4:=\{(K,L)\in\mathcal{K}\times\mathcal{K};\ K=L$ oder $|K\cap L|=1\}$ gesetzt ist. Die taktische Konfiguration $(P,\mathcal{E},I)$ ist zur

---

[29] Y. CHEN und G. KAERLEIN, *Eine Bemerkung über endliche Laguerre- und Minkowski-Ebenen*, Geometriae Ded. 2 (1973) 193-194.

[30] *Über Steinersche Systeme*, Abh. Math. Sem. Univ. Hamb. 12 (1938) 265-275, Satz 3 und Satz 6. In W. HEISE, *Es gibt keine 4-affine Ebene der Ordnung 4*, J. reine angew. Math. 252 (1972) 104-106, ist ein Eindeutigkeitsbeweis für die MÖBIUS-Ebene der Ordnung 4 gegeben.

[31] *The Steiner system S(3,6,26)*, J. Geometry 2 (1972) 7-28.

[32] *Uniqueness of the inversive plane of order 5*, Manuscr. math. 8 (1973) 11-19; *Uniqueness of the inversive plane of order 7*, Manuscr. math. 8 (1973) 21-26.

[33] *Möbiusebenen gerader Ordnung*, Math. Ann. 157 (1964) 179-205. Vgl. auch P. DEMBOWSKI und D. R. HUGHES, *On finite inversive planes*, J. London Math. Soc. 40 (1965) 171-182.

Inzidenzstruktur der Punkte und Ebenen des projektiven Raumes PG(3,n) isomorph. Damit erweist sich die MÖBIUS-Ebene (B,K) durch Inspektion der kanonischen Injektion j: B ⟶ P; p ⟶ p als quadratisch. Es gilt damit:

• (12.31) Satz. Jede MÖBIUS-Ebene der geraden Ordnung n ist quadratisch. Insbesondere ist n eine Potenz von 2. □

Nach dem in Fußnote 25) zitierten Artikel von G. FELLEGARA gibt es in PG(3,8) genau zwei nicht-äquivalente Ovoide; nach (12.31) gibt es damit genau zwei MÖBIUS-Ebenen der Ordnung 8. Die Ableitungen beider MÖBIUS-Ebenen sind jeweils zur eindeutigen affinen Ebene AG(2,8) der Ordnung 8 isomorph. Ob auch alle endlichen MÖBIUS-Ebenen einer ungeraden Ordnung quadratisch (und damit nach Satz (12.22) MIQUELsch) sind, ist bislang unbekannt.

Über LAGUERRE-Ebenen endlicher Ordnung weiß man bis heute noch recht wenig.

W. HEISE [34] bemerkte, daß als Konsequenz von Ergebnissen von W. HEISE und H. KARZEL [35] und R. ARTZY [36] jede MINKOWSKI-Ebene gerader Ordnung quadratisch und damit MIQUELsch ist. Im Gegensatz zu den endlichen MÖBIUS- und LAGUERRE-Ebenen sind nicht-quadratische MINKOWSKI-Ebenen ungerader Ordnung, etwa der Ordnung 9 bekannt [37].

Die Definition einer BENZ-Ebene können wir als den ersten Schritt einer Definition durch Rekursion ansehen: Es sei $m \in \mathbb{N}$. Eine Inzidenzstruktur (B,K) heißt *MÖBIUS-m-Struktur*,

---

[34] *Minkowski-Ebenen gerader Ordnung*, J. Geometry 5 (1974) 83.

[35] *Symmetrische Minkowski-Ebenen*, J. Geometry 3 (1973) 5-20. *Vollkommen fanosche Minkowski-Ebenen*, J. Geometry 3 (1973) 21-29.

[36] *A Pascal theorem applied to Minkowski geometry*, J. Geometry 3 (1973) 93-102, 103-105.

[37] M. PERCSY. *A characterization of classical Minkowski planes over a perfect field of characteristic two*, J. Geometry 5 (1974) 191-2o4.

LAGUERRE-m-Struktur, bzw. *MINKOWSKI-m-Struktur*, wenn für alle $p \in B$ die Ableitung $(B,K)_p$ im Punkte p jeweils eine MÖBIUS-(m-1)-Struktur, eine LAGUERRE-(m-1)-Struktur bzw. eine MINKOWSKI-(m-1)-Struktur ist. Dabei sei eine MÖBIUS-, LAGUERRE- bzw. MINKOWSKI-0-Struktur als affine, dual-affine bzw. MINKOWSKI-affine Ebene definiert [38]. Die *Ordnung* einer solchen Geometrie definieren wir invariant gegenüber dem Ableitungsprozess. Die endlichen MÖBIUS-m-Strukturen der Ordnung n werden wir im Abschnitt 12.5 als STEINERsche Systeme vom Typ $S(m+2, m+n, m+n^2)$ mitbehandeln. Die LAGUERRE-m-Strukturen der Ordnung n sind gerade die optimalen (m+n,m+2)-Geometrien, über die in Abschnitt 13.3 zu berichten sein wird. Den MINKOWSKI-m-Strukturen der Ordnung n lassen sich entsprechend den Sätzen (11.13) und (11.14) scharf (m+2)-fach transitive Permutationsmengen vom Grad m+n zuordnen. Für weitere Einzelheiten verweisen wir auf die Literatur [39].

12.4 Endliche hyperbolische Ebenen

Es sei n eine Primzahlpotenz, $\mathcal{Q}$ ein Ovoid im drei-dimensionalen projektiven Raum (P,G) der Ordnung n und $p \in P \setminus \mathcal{Q}$ ein Punkt. Es sei H die Menge der mit p inzidenten Sekanten von $\mathcal{Q}$. Nach Satz (12.27) ist $|H| = \frac{1}{2}(|\mathcal{Q}| - (n+1)) = \frac{1}{2}(n^2 - n)$. Es sei H die Menge der mit p inzidenten Ebenen aus (P,G), die $\mathcal{Q}$ in mindestens zwei Punkten schneiden. Wir nennen die Inzidenzstruktur $(H, H, \subset)$ das *Ovoid-Modell der hyperbolischen Geometrie der Ordnung* n. Ihre Struktur weist Analogien zum

---

[38] R. PERMUTTI definierte als erster den Begriff der MÖBIUS-m-Struktur: *Una generalizzazione dei piani di Möbius*, Le Matematiche 22 (1967) 360-374. Die LAGUERRE- und MINKOWSKI-m-Strukturen wurden von W. HEISE und H. KARZEL eingeführt: *Laguerre- und Minkowski-m-Strukturen*, Rend. Ist. di Matem. Univ. Trieste 4 (1972) 139-147.

[39] vgl. die Bibliographie in W. HEISE und H. SEYBOLD, *Das Existenzproblem der Möbius-, Laguerre- und Minkowski-Erweiterungen endlicher affiner Ebenen*, Sitz.-Ber. Bayr. Akad. d. Wiss. Math.-Nat. Kl. 1975, 43-58.

POINCARÉ-Modell der klassischen hyperbolischen Geometrie [40] auf. Zu je zwei verschiedenen 'Punkten' aus H gibt es genau eine mit ihnen inzidente 'Gerade' aus *H*. Wenn n gerade ist, so inzidiert jede Gerade aus *H* mit genau $\frac{n}{2}$ Punkten aus H. Wenn n ungerade ist, so inzidieren $\frac{1}{2}(n^2+n)$ Geraden mit je $\frac{1}{2}(n-1)$ Punkten und $\frac{1}{2}(n^2-n)$ Geraden inzidieren mit je $\frac{1}{2}(n+1)$ Punkten; in diesem Fall ist $(H,\mathcal{H},\subset)$ nämlich zur Inzidenzstruktur, die aus den inneren Punkten eines nicht-ausgearteten Kegelschnitts in PG(2,n) und den Spuren der Sekanten und Passanten dieses Kegelschnitts besteht, isomorph. Die Anzahlaussage ergibt sich aus (12.17). Allgemeiner kann man, ausgehend von den inneren Punkten, den Sekanten und den Passanten eines Ovals in einer projektiven Ebene ungerader Ordnung eine Inzidenzstruktur bilden, die dem KLEINschen Modell der klassischen hyperbolischen Geometrie [40] nachempfunden ist.

Entsprechend dem Ovoid-Modell der der hyperbolischen Geometrie können wir mit einer ringartigen Quadrik an Stelle des Ovoids eine hyperbolische Ebene konstruieren, die im Fall $n\equiv 1 \mod 2$ zur Geometrie der äußeren Punkte eines Kegelschnitts in PG(2,n) isomorph ist. Die Einzelheiten überlassen wir dem Leser und verweisen auf die Literatur [41].

---

[40] vgl. etwa H. KARZEL, K. SÖRENSEN und D. WINDELBERG, *Einführung in die Geometrie*. Vandenhoeck & Ruprecht. Göttingen 1973.

[41] R. J. BUMCROT, *Finite hyperbolic spaces*, Atti del Convegno di Geometria Combinatoria e sue Applicazioni, Perugia 1971, 113-13o.

D. W. CROWE, *The trigonometry of* $GF(2^{2n})$ *and finite hyperbolic planes*, Mathematika 11 (1964) 83-88.

D. W. CROWE, *The construction of finite regular hyperbolic planes from inversive planes of even order*, Colloq. Math. 13 (1965) 247-25o.

D. W. CROWE, *Projective and inversive models for finite hyperbolic planes*, Mich. Math. J. 13 (1966) 251-255.

L. J. DICKEY, *Construction of absolute and hyperbolic planes from ruled surfaces and ovoids in three dimensional projective geometries*, PhD Thesis, University of Wisconsin 1970.

T. G. OSTROM, *Ovals and finite Bolyai-Lobachevsky planes*, Amer. Math. Monthly 69 (1962) 899-901.

12.5 STEINERsche Systeme

In diesem Abschnitt untersuchen wir eine gemeinsame Verallgemeinerung der affinen und projektiven Räume, der Möbius-m-Strukturen und der Ovoidmodelle der hyperbolischen Geometrie gerader Ordnung.

Es seien $t,k,v\in\mathbb{N}$ mit $t\le k\le v$ und $(P,\mathcal{B})$ eine Inzidenzstruktur mit den Parametern $|P|=v$ und $|B|=k$ für alle $B\in\mathcal{B}$. $(P,\mathcal{B})$ heißt *STEINERsches System vom Typ* $S(t,k,v)$, wenn es zu je t verschiedenen Punkten aus P genau einen mit ihnen inzidenten Block $B\in\mathcal{B}$ gibt.

Es sei $n\in\mathbb{N}$, $n\ge 2$. Eine Inzidenzstruktur $(P,\mathcal{B})$ ist genau dann eine projektive Ebene der Ordnung n, wenn sie ein STEINERsches System vom Typ $S(2,n+1,n^2+n+1)$ ist. Für $m\in\mathbb{N}_0$ stimmen die MÖBIUS-m-Strukturen der Ordnung n mit den STEINERschen Systemen vom Typ $S(m+2,n+m,n^2+m)$ überein.

Ist $(P,\mathcal{B})$ ein STEINERsches System vom Typ $S(t,k,v)$, $l\in\mathbb{N}_0$ mit $l<t$ und M eine l-Teilmenge von P, so ist die Inzidenzstruktur $(P,\mathcal{B})_M:=(P\setminus M,\{B\setminus M;\ B\in\mathcal{B}, M\subset B\})$, die sogenannte *Ableitung von* $(P,\mathcal{B})$ *in* M, ein STEINERsches System vom Typ $S(t-l,k-l,v-l)$. Aus dieser Bemerkung folgern wir:

• <u>(12.32)</u> <u>Satz</u>. Jedes STEINERsche System $(P,\mathcal{B})$ vom Typ $S(t,k,v)$ ist eine taktische Konfiguration mit

$$|\mathcal{B}| = \prod_{i=1}^{t} \frac{v-i+1}{k-i+1} .$$

Beweis. Für $t=1$ ist $\mathcal{B}$ eine $\frac{v}{k}$-Partition von P in k-Mengen; $(P,\mathcal{B})$ ist damit eine taktische Konfiguration.
Es sei nun $t>1$ und $(P,\mathcal{B})$ ein STEINERsches System vom Typ $S(t,k,v)$. Angenommen, der Satz sei für alle STEINERschen Systeme vom Typ $S(t-1,k-1,v-1)$ bereits bewiesen. Dann besitzt für jeden Punkt $p\in P$ die Ableitung $(P,\mathcal{B})_p$ von $(P,\mathcal{B})$ genau

$$r := \prod_{i=1}^{t-1} \frac{v-i}{k-i} \qquad \text{Blöcke.}$$

r ist die Anzahl der Blöcke aus $\mathcal{B}$, die mit p inzidieren. $(P,\mathcal{B})$ ist also eine taktische Konfiguration. Aus der Parametergleichung $|\mathcal{B}|k=vr$ folgt

$$|\mathcal{B}| = \frac{v\cdot r}{k} = \prod_{i=0}^{t-1} \frac{v-i}{k-i} = \prod_{i=1}^{t} \frac{v-i+1}{k-i+1} . \quad \square$$

Da die Kardinalzahl der Blockmenge jeder Ableitung eines STEINERschen System eine ganze Zahl ist, erhalten wir aus (12.32) ein notwendiges Existenz-Kriterium für STEINERsche Systeme:

• (12.33) Satz. Für jedes STEINERsche System vom Typ $S(t,k,v)$ sind die Werte

$$\prod_{i=1}^{t-l} \frac{v-l-i+1}{k-l-i+1} \quad \text{für} \quad l = 0,1,2,\dots,t-1$$

ganzzahlig. $\square$

Danach kann ein STEINERsches System vom Typ $S(2,3,v)$, ein sogenanntes *Tripelsystem*, nur existieren, wenn $v\equiv 1$ oder $v\equiv 3 \pmod 6$ gilt. J. STEINER stellte 1853 in CRELLEs Journal die Frage [42], ob dieses Kriterium auch hinreichend sei. M. REISS [43] löste 1859 diese Aufgabe im positiven Sinne. Tatsächlich hat T. KIRKMAN [44] dieses Problem bereits 1847 gelöst. Für den ziemlich tüfteligen Beweis verweisen wir auf das Lehrbuch von M. HALL [45]. H. HANANI [46] zeigte 1960, daß *Quadrupelsysteme*, das sind STEINERsche Systeme vom Typ $S(3,4,v)$ genau dann existieren, wenn $v\equiv 2$ oder $v\equiv 4 \pmod 6$ gilt.

---

[42] *Combinatorische Aufgabe*, J. reine angew. Math. 45 (1853) 181-182.

[43] *Über eine Steinersche Aufgabe, welche im 45sten Bande dieses Journals, Seite 181 gestellt worden ist*, J. reine angew. Math. 56 (1859) 326-344.

[44] 1844 stellte W.S.B. WOOLHOUSE im "Lady's and gentleman's" diary" die Preisaufgabe, die Anzahl der k-Teilmengen einer v-Menge zu bestimmen, die sich unter der Beschränkung angeben lassen, daß je t Elemente in nie mehr als einer dieser k-Teilmengen liegen. Die einzige Lösung kam von Reverend T.P. KIRKMAN,

Wenn die Nichtexistenz eines STEINERschen Systems vom Typ $S(t,k,v)$ nachgewiesen ist, so existiert trivialerweise auch kein STEINERsches System vom Typ $S(t+1,k+1,v+1)$ für alle

---

[44] (Fortsetzung) *On a problem in combinations*, Cambridge and Dublin Math. J. 2 (1847) 191-204, eben für den Fall $t=2$ und $k=3$. Die Beschäftigung mit dieser Preisaufgabe regte Reverend T.P. KIRKMAN [44,1] an, "die Ehre zu erhalten, als erster die berühmten fünfzehn jungen Damen auf unserem Planeten vorzustellen" (vgl. T.P. KIRKMAN, Educ. Times Reprints 11 (1869) 99). In *A note on an unanswered prize question*, Cambridge and Dublin Math. J. 5 (1850) 260, stellte KIRKMAN diese Aufgabe: Fünfzehn Schulmädchen gehen jeden Tag miteinander spazieren, je drei in einer Reihe; wie sind die Anordnungen für die einzelnen Tage zu treffen, wenn im Laufe einer Woche jedes Mädchen gerade einmal mit jedem anderen in einer Reihe gehen soll? Dieses *KIRKMANsche Schulmädchenproblem* geht wegen seiner Nebenbedingung über die Angabe eines STEINERschen Systems vom Typ $S(2,3,15)$ hinaus: Die 35 Blöcke eines solchen Tripelsystems sollen sich ja in sieben Partitionen der 15-Menge der Pensionatsdamen einteilen lassen. Die ersten Lösungen gaben A. CAYLEY, *On the triadic arrangements of seven and fifteen things*, Philos. Magaz. 37 (1850) 50, und T.P. KIRKMAN, *On the triads made with fifteen things*, Philos. Magaz. 37 (1850) 169. Wir geben hier die CAYLEYsche Lösung: Den jungen Damen geben wir die Namen a,b,c,d,e,f,g,h,i,j,k,l,m,n,o und stellen die folgenden Anordnungen zum Spaziergang auf:

So.[44,2]	Mo.	Di.	Mi.	Do.	Fr.	Sa.
afk	abe	alm	ado	agn	ahj	aci
bgl	cno	bcf	bik	bdj	bmn	bho
chm	dfl	deh	cjl	cek	cdg	dkm
din	ghk	gio	egm	fmo	efi	eln
ejo	ijm	jkn	fhn	hil	klo	fgj

J.J. SYLVESTER behauptet in *Note on the historical origin of the unsymmetrical six-valued function of six letters*, Philos. Magaz. 21 (1861) 369-377, er sei mit dem Schulmädchenproblem, "which flattered so many a gentle bosom", schon Jahre vor seiner Veröffentlichung [44,1] befaßt gewesen. Möglicherweise, so schreibt SYLVESTER, habe er Studenten in Cambridge von diesem Problem erzählt und dieses sei dann über Kanäle, die nicht mehr zu rekonstruieren seien, weitergegeben. Dagegen steht die Feststellung W.S.B. WOOLHOUSEs [44,3] die Priorität gebühre T.P. KIRKMAN.

[44,1] *Query*. Lady's and Gentleman's Diary 1850, 48.

[44,2] Wir ignorieren die jüngste staatliche Anordnung, die Woche habe mit dem Montag zu beginnen.

[44,3] Philos. Magaz. 22 (1861) 511.

[45] *Combinatorial theory*, Blaisdell. Waltham/Mass. 1967, 239ff.

[46] *On quadruple systems*, Canad. J. Math. 12 (1960) 145-157.

$l\in\mathbb{N}_0$. E. WITT[47] gab ein einfaches Nichtexistenz-Kriterium für STEINERsche Systeme mit $t=2$, das die nach (12.33) noch mögliche Existenz von STEINERschen Systemen der Typen $S(2,6,16)$, $S(2,6,21)$ und $S(3,7,22)$ verneint:

• (12.34) Satz. Für jedes STEINERsche System $(P,\mathcal{B})$ vom Typ $S(2,k,v)$ mit $k<v$ gilt $k^2-k<v$.

Beweis. Es sei $B\in\mathcal{B}$ ein Block und $p\in P\setminus B$. Genau k der $\frac{v-1}{k-1}$ mit p inzidenten Blöcke schneiden B in einem Punkt. es folgt $k\leq\frac{v-1}{k-1}$. □

Es sei eine unendliche Serie von STEINERschen Systemen der Typen $S(t,k,v)$, $S(t+1,k+1,v+1)$, $S(t+2,k+2,v+2)$,..... gegeben. Dann ist, wie aus einem Satz von J. TITS[48] hervorgeht, $k=v$:

• (12.35) Satz. Für jedes STEINERsche System $(P,\mathcal{B})$ vom Typ $S(t,k,v)$ mit $k<v$ gilt $(k-t+1)(t+1)\leq v$. □

Beweis. $T\subset P$ sei eine $(t+1)$-Menge von Punkten, die nicht alle gemeinsam mit einem Block inzidieren. Die $t+1$ Blöcke, die durch je t Punkte aus T bestimmt sind, enthalten jeweils $k-t$ Punkte aus $P\setminus T$. Insgesamt inzidieren mit diesen $t+1$ Blöcken $|T|+(t+1)(k-t) = (k-t+1)(t+1)$ Punkte aus P. □

Nach (12.35) gilt für jedes STEINERsche System vom Typ $S(2+l,k+l,v+l)$ mit $k<v$ stets $l \leq \frac{v-3k+3}{k-2}$. Nach Satz (12.33) ist die Existenz eines STEINERschen Systems vom Typ $S(12,18,74)$ nicht ausgeschlossen. Nach Satz (12.35) gibt es aber kein STEINERsches System vom Typ $S(8,14,70)$. In der Tat gibt es allerdings noch nicht einmal ein STEINERsches System

---

[47] *Über Steinersche Systeme*, Abh. Math. Sem. Univ. Hamb. 12 (1938) 265-275.

[48] *Sur les systèmes de Steiner associés aux trois "grands" groupes de Mathieu*, Rend. Mat. 23 (1964) 166-184.

vom Typ $S(4,10,66)$. Die Ableitung $(P,\mathcal{B})_p$ eines solchen STEINERschen Systems $(P,\mathcal{B})$ in einem Punkt $p\in P$ wäre nämlich eine nach Satz (12.31) quadratische MÖBIUS-Ebene der Ordnung 8; im Widerspruch zu Satz (12.20) wäre damit aber ein nicht mit p inzidenter Block aus $\mathcal{B}$ als 10-Kurve in $PG(3,8)$ darstellbar. Mit der selben Argumentation ergibt sich die Nicht-Existenz eines STEINERschen Systems vom Typ $S(4,6,18)$.

Aus Satz (12.34) folgern wir eine Ungleichung von R. A. FISHER, die dieser allgemein für Blockpläne bewiesen hat [49]:

• <u>(12.36)</u> <u>Satz</u>. Für jedes STEINERsche System $(P,\mathcal{B})$ vom Typ $S(t,k,v)$ gilt $t=1$, $v=k$ oder $|\mathcal{B}|\geq v$.

Beweis. Für $t=2$ und $v>k$ gilt nach (12.32) und (12.34)

$$|\mathcal{B}| = \frac{v(v-1)}{k(k-1)} \geq \frac{v}{k}\cdot k = v.$$

Es sei nun $t>2$, $v>k$ und $(P,\mathcal{B})$ ein STEINERsches System vom Typ $S(t,k,v)$. Als Induktionsannahme setzen wir voraus, der Satz sei für STEINERsche Systeme vom Typ $S(t-1,k-1,v-1)$ bereits bewiesen. Dann gilt für jeden Punkt $p\in P$: $r := |\{B\in\mathcal{B};\ p\in B\}| \geq v-1$. Aus der Parametergleichung für taktische Konfigurationen $|\mathcal{B}|k=vr$ folgt $|\mathcal{B}|(v-1)\geq|\mathcal{B}|k=vr\geq v(v-1)$, also $|\mathcal{B}|\geq v$. □

E. WITT [50] hat ein gruppentheoretisches Verfahren zur Konstruktion STEINERscher Systeme angegeben:

• <u>(12.37)</u> <u>Satz</u>. Es seien $t,v\in\mathbb{N}$, M eine v-Menge, T eine t-Teilmenge von M und Γ eine t-fach transitive Permutationsgruppe auf M. U sei eine Untergruppe des Stabilisators Γ_T, die zu keiner anderen Untergruppe von Γ_T in Γ konjugiert [51] ist. F sei die Menge der Fixpunkte von U. Dann ist $(M,\{\gamma(F);\ \gamma\in\Gamma\})$ ein STEINERsches System vom Typ $S(t,|F|,v)$.

---

[49] *An examination of different possible solutions of a problem in complete blocks*, Ann. Eugenics <u>10</u> (1940) 52-75.

[50] *Die 5-fach transitiven Gruppen von Mathieu*, Abh. Math. Sem. Univ. Hamb. <u>12</u> (1938) 256-264.

Beweis. T bestehe aus den Punkten $a_1,a_2,\dots,a_t$. Es seien t verschiedene Punkte $b_1,b_2,\dots,b_t\in M$ gegeben und $\gamma\in\Gamma$ eine Permutation mit $\gamma(a_i)=b_i$ für alle $i\in Z_t$. Dann ist $b_1,b_2,\dots,b_t\in\gamma(F)$. Es sei nun $\mu\in\Gamma$ mit $b_1,b_2,\dots,b_t\in\mu(F)$. Für jede Permutation $\alpha\in U$ ist $\gamma^{-1}\mu\alpha\mu^{-1}\gamma(a_i)=a_i$, damit liegt die zu U in Γ konjugierte Untergruppe $\gamma^{-1}\mu U\mu^{-1}\gamma$ im Stabilisator Γ_T, ist also nach Voraussetzung mit U identisch. Es folgt $\gamma U\gamma^{-1}=\mu U\mu^{-1}$. $\gamma U\gamma^{-1}$ bzw. $\mu U\mu^{-1}$ läßt genau die Punkte aus $\gamma(F)$ bzw. $\mu(F)$ fest. Es folgt $\gamma(F)=\mu(F)$. □

Wir wenden Satz (12.37) auf die in Abschnitt 2.3 beschriebenen Gruppen Γ gebrochen semilinearer Transformationen an: Es sei bei den dortigen Bezeichnungen $T:=\{0,1,\infty\}$, also $\Gamma_T=\mathrm{Aut}_K L$ und $U:=\Gamma_T$. Damit sind die Voraussetzungen von Satz (12.37) mit $t=3$ und $v=n^d+1$ erfüllt:

• (12.38) Satz. Es sei $d\in\mathbb{N}$ und n eine Primzahlpotenz. Dann gibt es ein STEINERsches System vom Typ $S(3,n+1,n^d+1)$. □

Im Fall $d=2$ erhalten wir mit diesem WITTschen Verfahren genau die MIQUELschen MÖBIUS-Ebenen. Die Ableitung eines gemäß (12.38) konstruierten STEINERschen Systems vom Typ $S(3,n+1,n^d+1)$ in einem beliebigen Punkt ist der d-dimensionale affine Raum $AG(d,n)$ über $GF(n)$.

In den folgenden Sätzen geben wir, der Darstellung [52] von E. WITT folgend, einige Methoden an, aus gegebenen STEINERschen Systemen neue STEINERsche Systeme zu konstruieren.

Von TH. SKOLEM [53] stammt das nächste Verfahren:

• (12.39) Satz. Es seien $n,v\in\mathbb{N}$ mit $2\le n<v$. Ausgehend von einer projektiven Ebene der Ordnung n und einem STEINERschen System $(P,\mathfrak{B})$ vom Typ $S(2,n+1,v)$ läßt sich ein STEINERsches System vom Typ $S(2,n+1,nv+1)$ herstellen.

---

[51] Eine Untergruppe V von Γ heißt *zu* U *in* Γ *konjugiert*, wenn es eine Permutation $\varphi\in\Gamma$ gibt mit $\varphi V=U\varphi$.

[52] *Über Steinersche Systeme*, Abh. Math. Sem. Univ. Hamb. 12 (1938) 265-275.

Beweis. Die Punktmenge unseres zu konstruierenden STEINERschen Systems bestehe aus allen Paaren $(p,i) \in P \times Z_n$ und einem mit 0 bezeichneten Punkt. Für jeden Block $\{p_1,p_2,\ldots,p_{n+1}\} \in \mathcal{B}$ realisieren wir auf der (n^2+n+1)-Punktmenge $\{0\} \cup \{(p_j,i);\ j \in Z_{n+1},\ i \in Z_n\}$ jeweils eine projektive Ebene der Ordnung n. Dabei sei vereinbart, daß für jede Konstante $c \in Z_{n+1}$ die Punktreihe $\{0\} \cup \{(p_c,i);\ i \in Z_n\}$ stets eine Gerade ist. Mit den Geraden aller dieser projektiven Ebenen als Blöcken erhalten wir ein STEINERsches System vom Typ $S(2,n+1,nv+1)$. □

Eine ähnliche Konstruktion stammt von E. H. MOORE [54]:

• <u>(12.40)</u> <u>Satz</u>. Es seien $n,v,v' \in \mathbb{N}$ mit $v,v' \geq n \geq 2$. Ausgehend von einer affinen Ebene der Ordnung n und zwei STEINERschen Systemen $(P,\mathcal{B})$ bzw. $(P',\mathcal{B}')$ vom Typ $S(2,n,v)$ bzw. $S(2,n,v')$ läßt sich ein STEINERsches System vom Typ $S(2,n,vv')$ herstellen.

Beweis. Die Punktmenge unseres zu konstruierenden STEINERschen Systems bestehe aus allen Paaren $(p,q) \in P \times P'$. Für je zwei Blöcke $\{p_1,p_2,\ldots,p_n\} \in \mathcal{B}$ und $\{q_1,q_2,\ldots,q_n\} \in \mathcal{B}'$ realisieren wir auf der Punktmenge $\{(p_i,q_j);\ i,j \in Z_n\}$ jeweils eine affine Ebene der Ordnung n. Dabei sei vereinbart, daß für jede Konstante $c \in Z_n$ die Punktreihen $\{(p_c,q_j);\ j \in Z_n\}$ und $\{(p_i,q_c);\ i \in Z_n\}$ stets Geraden sind. Mit den Geraden aller dieser affinen Ebenen als Blöcken erhalten wir ein STEINERsches System vom Typ $S(2,n,vv')$. □

Ein wichtiger Spezialfall zur Konstruktion von Tripelsystemen ergibt sich aus (12.40) für $n=3$.

Es sei P der d-dimensionale Vektorraum über $GF(2)$ und $\mathcal{B}$ die Menge der Nebenklassen seiner zwei-dimensionalen Untervektorräume (die Menge der Ebenen aus $AG(d,2)$). $(P,\mathcal{B})$ ist ein STEINERsches System vom Typ $S(3,4,2^d)$:

---

[53] in E. NETTO, *Lehrbuch der Combinatorik*, 2. Aufl. Teubner, Leipzig 1927, Anhang.

[54] *Tactical Memoranda*, Amer. J. Math. <u>18</u> (1896) 264-303.

• <u>(12.41)</u> <u>Satz</u>. Es sei $d\in\mathbb{N}$, $d\geq 2$, $P:=GF(2^d)$ und $\mathcal{B}$ die Menge aller 4-Teilmengen $\{a,b,c,e\}\subset P$ mit $a+b+c+e=0$. Dann ist $(P,\mathcal{B})$ ein STEINERsches System vom Typ $S(3,4,2^d)$.

Beweis. Es seien $a,b,c\in P$ drei verschiedene Elemente und $e:=a+b+c$. Dann ist $e\neq a,b,c$ und es gilt $a+b+c+d=0$. □

• <u>(12.42)</u> <u>Satz</u>. Es seien $v,v'\in\mathbb{N}$ mit $v,v'\geq 4$. Ausgehend von zwei STEINERschen Systemen $(P,\mathcal{B})$ bzw. $(P',\mathcal{B}')$, vom Typ $S(3,4,v)$ bzw. $S(3,4,v')$ läßt sich ein STEINERsches System vom Typ $S(3,4,vv')$ herstellen.

Beweis. Die Punktmenge unseres zu konstruierenden STEINERschen Systems bestehe aus allen Paaren $(p,\pi)\in P\times P'$. Für je zwei Blöcke $\{a,b,c,d\}\in\mathcal{B}$ und $\{\alpha,\beta,\gamma,\delta\}\in\mathcal{B}'$ erklären wir die Punktmengen

$\{(a,\alpha),(b,\alpha),(c,\alpha),(d,\alpha)\}$, $\{(a,\alpha),(b,\alpha),(c,\beta),(d,\beta)\}$,
$\{(a,\alpha),(a,\beta),(b,\alpha),(b,\beta)\}$, $\{(a,\alpha),(a,\beta),(a,\gamma),(a,\delta)\}$,
$\{(a,\alpha),(a,\beta),(b,\gamma),(b,\delta)\}$, $\{(a,\alpha),(b,\beta),(c,\gamma),(d,\delta)\}$

zu Blöcken des neuen STEINERschen Systems. □

• <u>(12.43)</u> <u>Satz</u>. Es sei $v\in\mathbb{N}$ mit $v\geq 4$. Ausgehend von einem STEINERschen System $(P,\mathcal{B})$ vom Typ $S(3,4,v)$ läßt sich ein STEINERsches System vom Typ $S(3,4,2v)$ herstellen.

Beweis. Die Punktmenge unseres zu konstruierenden STEINERschen Systems bestehe aus allen Paaren $(p,i)\in P\times\{0,1\}$. Für jeden Block $\{a,b,c,d\}\in\mathcal{B}$ erklären wir die Punktmengen
$\{(a,0),(b,0),(c,0),(d,0)\}$, $\{(a,0),(b,0),(c,1),(d,1)\}$ und
$\{(a,0),(a,1),(b,0),(b,1)\}$ zu Blöcken des neuen STEINERschen Systems. □

Außer den trivialen STEINERschen Systemen vom Typ $S(t,t,v)$ und $S(t,k,k)$ kennt man außerordentlich wenige STEINERsche Systeme vom Typ $S(t,k,v)$ mit $t>3$. Die STEINERschen Systeme vom Typ $S(2+m,n+m,n^2+m)$ sind gerade die MÖBIUS-m-Strukturen der Ordnung n. Nach (12.33) kommen nur die Zahlen $n = 2,3,4,8,10,13,18,28,58$ als Ordnung einer MÖBIUS-2-Struktur in Frage. Für $n=2$ existiert für jedes $m \in \mathbb{N}_0$ das triviale STEINERsche System vom Typ $S(2+m,2+m,4+m)$. Nach (12.31) können wir die Zahlen $n = 10,18,28,58$ als mögliche Ordnungen einer MÖBIUS-Ebene ausschließen; damit existiert für diese Zahlen n auch kein STEINERsches System vom Typ $S(4,n+2,n^2+2)$. Die Existenz eines STEINERschen Systems vom Typ $S(4,6,18)$ und $S(4,10,66)$ haben wir bereits ausgeschlossen; es gibt also auch keine MÖBIUS-2-Strukturen der Ordnung $n=4$ und $n=8$. Ob es eine MÖBIUS-2-Struktur der Ordnung 13, d.h. ein STEINERsches System vom Typ $S(4,15,171)$ gibt, ist fraglich; die Ableitungen einer solchen Geometrie wären in jedem Punkt des Systems nicht-MIQUELsche MÖBIUS-Ebenen der Ordnung 13, aber schon deren Existenz erscheint uns unwahrscheinlich. Nach (12.33) existiert keine MÖBIUS-3-Struktur der Ordnung 13. Ebenfalls nach (12.33) ist die Existenz eines STEINERschen Systems vom Typ $S(6,7,13)$ ausgeschlossen. Das Existenzproblem für MÖBIUS-m-Strukturen mit $m \geq 2$ erledigen wir (abgesehen vom Fall der Ordnung $n=13$) abschließend mit dem folgenden Satz:

• (12.44) Satz. Es gibt ein STEINERsches System vom Typ $S(5,6,12)$.

Beweis. Es sei E eine Ebene in $PG(4,3)$ und $G = \{e,f,g\}$ eine zu E windschiefe Gerade. In E seien vier Punkte a,b,c,d gegeben, von denen keine drei kollinear sind. Wir be-

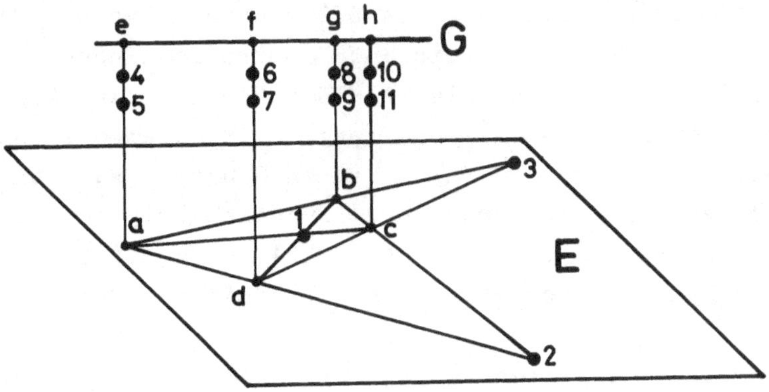

zeichnen $1:=\langle a,c\rangle\cap\langle b,d\rangle$, $2:=\langle a,d\rangle\cap\langle b,c\rangle$ und $3:=\langle a,b\rangle\cap\langle c,d\rangle$. Auf den Verbindungsgeraden $\langle a,e\rangle$, $\langle d,f\rangle$, $\langle b,g\rangle$ und $\langle c,h\rangle$ liegen noch jeweils zwei Punkte 4,5, 6,7, 8,9 und 10,11 , die weder in E noch auf G liegen. Es sei $P':=Z_{11}$. Keine vier Punkte aus P' sind komplanar. Der von je vier Punkten aus P' aufgespannte drei-dimensionale projektive Teilraum von PG(4,3) enthält noch einen fünften Punkt aus P'. Damit haben wir ein STEINERsches System $(P',\mathcal{B}')$ vom Typ S(4,5,11) konstruiert. Es sei nun $P:=Z_{12}$ und
$\mathcal{B}:=\{B\cup\{12\};\ B\in\mathcal{B}'\}\cup\{P'\setminus B;\ B\in\mathcal{B}'\}$. $(P,\mathcal{B})$ ist als Erweiterung von $(P',\mathcal{B}')$ ein STEINERsches System vom Typ S(5,6,12). □

W. OBERSCHELP [55] hat eine Anwendungsmöglichkeit für die in (12.44) konstruierte MÖBIUS-3-Struktur der Ordnung 3 gegeben. Durch eine - mehr oder weniger kriminelle - Eingebung sind wir gewiß, daß in der nächsten Ziehung der "6 aus 49"-Lotterie die sechs richtigen Zahlen aus 12 uns bekannten Zahlen $a_1,a_2,\dots,a_{12}\in Z_{49}$ gezogen werden. Um mit Sicherheit den ersten Rang zu gewinnen, d.h. in einem Lottoschein die sechs richtigen Zahlen anzukreuzen, müssen wir $\binom{12}{6}=924$ Tips abgeben. Wenn wir uns aber mit dem zweiten Rang zufrieden geben, d.h. mit Sicherheit auf einem Lottoschein mindestens fünf richtige Zahlen ankreuzen wollen, so brauchen wir nur 132 Tips abzugeben: Wir deuten die einzelnen Tips als Blöcke eines auf der Punktmenge $\{a_1,a_2,\dots,a_{12}\}$ realisierten STEINERschen Systems vom Typ S(5,6,12).

E. WITT [56] hat gezeigt, daß die STEINERschen Systeme vom Typ S(4,5,11) und S(5,6,12) bis auf Isomorphie eindeutig bestimmt sind. Auf ihnen operieren die MATHIEUschen Gruppen M_{11} bzw. M_{12} als Automorphismengruppen. Lange Zeit waren die ebenfalls von E. WITT mit Hilfe der MATHIEUschen Gruppen M_{23} und M_{24} konstruierten (und als durch ihren Typ eindeutig bestimmten) STEINERschen Systeme vom Typ S(4,7,23) und S(5,8,24) die einzigen bekannten nicht-trivialen STEINERschen Systeme vom Typ

---

[55] *Lotto-Garantiesysteme*, Math.-Phys. Sem.-Ber. 19 (1972) 682-684.

[56] Vgl. Fußnoten 5o und 52.

$S(t,k,v)$ mit $t>3$.

Ausgehend von einer Primzahlpotenz n suchte R.H.F.DENNISTON [57] STEINERsche Systeme vom Typ $S(t,k,n+1)$: Als Punktmenge P legte er den um das Element ∞ erweiterten Körper $GF(n)$ zugrunde. Die $PSL(2,n)$ operiert auf der Punktmenge P als Gruppe der gebrochen linearen Transformationen $x \longrightarrow \frac{ax+b}{cx+d}$ mit $a,b,c,d \in GF(n)$ und $ad-bc=1$. R.H.F.DENNISTON betrachtete die Darstellung der $PSL(2,n)$ als Gruppe der Permutationen

$$\tilde{\gamma} : \begin{cases} P_k(P) \longrightarrow P_k(P) \\ X \longrightarrow \gamma(X) \end{cases}, \quad \gamma \in PSL(2,n) .$$

Bei einer geschickten Auswahl $R \subset P_k(P)$ von sogenannten *repräsentativen k-Mengen* kann es vorkommen, daß die Inzidenzstruktur $(P,B(R))$ mit $B(R):=\{\tilde{\gamma}(R);\ R \in R\}$ ein STEINERsches System vom Typ $S(t,k,n+1)$ bildet.

Wir adjungieren an den Primkörper $GF(3)$ eine Wurzel ε des irreduziblen Polynoms $x^3+2x+1 \in GF(3)[x]$ und erhalten den Körper $GF(27)$. Wenn wir die Mengen $\{0,1,\infty,2\varepsilon^2+2\varepsilon,2\varepsilon^2,\varepsilon^2+2\varepsilon+2,\varepsilon^2+2\varepsilon\}$ und $\{0,1,\infty,2,\varepsilon,\varepsilon+1,\varepsilon+2\}$ als repräsentative 7-Mengen wählen, so bildet die Inzidenzstruktur $(P,B(R))$ ein STEINERsches System vom Typ $S(5,7,28)$. R.H.F. DENNISTON zeigte, daß dieses STEINERsche System (bezüglich der Invarianz unter der $PSL(2,27)$) eindeutig bestimmt ist. Es ist sogar unter der $P\Gamma L(2,27)$ invariant, die volle Automorphismengruppe ist möglicherweise noch größer. Das DENNISTONsche STEINERsche System ist nicht die Ableitung irgendeines vielleicht existenten STEINERschen Systems vom Typ $S(6,8,29)$.

Wählen wir im Fall $n=23$ die Mengen $\{0,1,\infty,3,7,10\}$, $\{0,1,\infty,2,3,12\}$ und $\{0,1,\infty,2,5,14\}$ als repräsentative 6-Mengen, so erhalten wir mit $(P,B(R))$ eines von zwei nichtisomorphen STEINERschen Systemen vom Typ $S(5,6,24)$, deren volle Automorphismengruppe jeweils die $PSL(2,23)$ ist.

---

[57] private Mitteilung vom 10. Oktober 1975. Die Ergebnisse werden von R.H.F.DENNISTON unter dem Titel *Some new 5-designs* in Bull. London Math. Soc. veröffentlicht. Zur Verifikation der Angaben ist in dieser Arbeit ein ALGOL-Programm enthalten; die meisten Rechnungen hat R.H.F.DENNISTON aber original mit der Hand durchgeführt!

Mit derselben Methode hat R.H.F. DENNISTON mit der Hand etwa 100 STEINERsche Systeme vom Typ S(5,6,48) errechnet, die sich auf einem Computer als nicht isomorph herausstellten. Mit einer Auswahl von 43 repräsentativen 6-Mengen fand DENNISTON auch ein STEINERsches System vom Typ S(5,6,84).

Die DENNISTONsche Methode versagt für die Typen S(4,5,17), S(5,8,44), S(6,8,44), S(6,7,65), S(6,8,65), S(6,9,65), S(6,12,68), S(9,10,26) und S(t,t+1,p+1) mit $t \equiv 1 (\mathrm{mod}\ 2)$ und p prim, $p \equiv 1 (\mathrm{mod}\ 4)$. Computer-Suchen haben gezeigt, daß die Methode auch nicht für die fraglichen Typen S(4,5,65), S(5,6,28), S(7,8,20), S(7,8,24), S(7,8,26), S(7,8,44) und S(7,9,30) weiterhilft. Möglicherweise existieren STEINERsche Systeme dieser Typen; sie sind dann aber nicht unter der entsprechenden PSL invariant.

N. S. MENDELSOHN und S. H. Y. HUNG [58] haben auf einem Computer ausgerechnet, daß kein STEINERsches System vom Typ S(4,5,15) existiert. Für t=4 sind die kleinsten noch ungeklärten Fälle die Typen S(4,5,17), S(4,5,21) und S(4,5,27). Der von E. WITT [59] erwähnte Typ S(2,4,25) existiert [60].

Zur weiteren Information über STEINERsche Systeme verweisen wir auf die Bibliographie von J. DOYEN und A. ROSA [61].

---

[58] *On the Steiner systems S(3,4,14) and S(4,5,15)*, Utilitas math. 1 (1972) 5-95.

[59] siehe Fußnote 52.

[60] H. HANANI, *On the existence and construction of balanced incomplete block designs*, Ann. Math. Statist. 32 (1961) 361-368. HANANI zeigte, daß ein STEINERsches System vom Typ S(2,4,v) bzw. S(2,5,v) genau dann existiert, wenn $v \equiv 1$ oder $v \equiv 4 (\mathrm{mod}\ 12)$ bzw. $v \equiv 1$ oder $v \equiv 5 (\mathrm{mod}\ 20)$ gilt. Zu jeder Primzahlpotenz n erhält man mit den *Unitalen*, das sind die Geometrien der absoluten Punkte und nicht-absoluten Geraden einer unitären Polarität in $PG(2,n^2)$, ein STEINERsches System vom Typ $S(2,n+1,n^3+1)$; vgl. P. DEMBOWSKI, *Finite geometries*, Springer, Berlin-Heidelberg-New York 1968. Wir erwähnen in diesem Zusammenhang, daß es zu jeder Zahl $k \in \mathbb{N}$, $k \geq 2$ und jeder hinreichend großen Zahl $v \in \mathbb{N}$ mit $v \equiv k (\mathrm{mod}\ k(k-1))$ ein STEINERsches System vom Typ S(2,k,v) existiert; vgl. R. M. WILSON, *An existence theory for pairwise balanced designs, III: Proof of the existence conjectures*, J. Comb. Theory (A) 18 (1975) 71-79.

[61] *A bibliography and survey of Steiner systems*, Boll. Unione Mat. Ital. 7 (1973) 392-419.

KAPITEL 13. CODES

In der Informationstheorie werden Nachrichtensysteme betrachtet, in denen ausgehend von einer Nachrichtenquelle Informationen über einen Kanal (Telefonleitung, Magnetband bei Rechenanlagen) an den Empfänger gesandt werden. Durch ein sogenanntes Kanalrauschen (etwa Blitzschläge in die Telefonleitung oder fehlerhafte Stellen im Magnetband) wird die Information durch Übertragungsfehler überlagert. Damit der Empfänger diesen Widrigkeiten zum Trotz die ausgesandte Information richtig erkennen kann, bedient man sich bei der Nachrichtenübertragung einer Redundanz, d.h. die Wörter der benutzten Sprache enthalten zu Kontrollzwecken mehr Buchstaben als zur reinen Information nötig wäre. *In vielen Wörtern sind die Vokale entbehrlich: Mnsch liest gewiß jedermann Mensch, list gwß jdrmn Mnsch.*[1)]
Die Codierungstheorie beschäftigt sich mit dem Studium der systematischen Redundanz. Ihr Ziel ist es, Codes genannte Informationssprachen zu entwickeln, die zwei Bedingungen erfüllen: Die Codes sollen im Hinblick auf die Kanalkapazität - die Geschwindigkeit mit der auf dem Kanal Informationen übertragen werden können ist begrenzt - ökonomisch angelegt sein, d.h. trotz guter Fehler-Erkennungs und Korrekturmöglichkeiten soll die Redundanz niedrig sein. Zum anderen soll die Decodierung (Fehler-Erkennung und Korrektur eingeschlossen) einfach zu instrumentieren sein; der Code soll also 'systematisch' im Sinne von 'mathematisch' sein. Dabei genießt die zweite Forderung den Vorzug vor der ersten. Ein zu komplexes, mathematisch undurchsichtiges Decodierverfahren verursacht in der Praxis oft höhere Kosten für die Apparatur als eine Kapazitätserhöhung.

---

1) G. CHR. LICHTENBERG, *Aphorismen*, Manesse, Zürich 1958, S.228.

13.1 Systematische Codes

Es sei $n\geq 2$ eine natürliche Zahl und K eine *Alphabet* genannte n-Menge von *Symbolen*, in der ein Symbol *Null* 0 ausgezeichnet ist. Für eine natürliche Zahl $l\in\mathbb{N}$ definieren wir das l-fache cartesische Produkt $V:=K^l$ von K als die Menge der *Wörter* oder *Vektoren der Blocklänge* l *über* K. Der Vektor $o:=(0,0,\ldots,0)$ wird als *Nullwort* bezeichnet. Für $i\in Z_l$ sei $\pi_i\colon V \longrightarrow K;\ x=(x_1,x_2,\ldots,x_l) \longrightarrow x_i$ die i-*te Projektion von* V *auf* K. Durch die *HAMMING-Abstandsfunktion*

$$\alpha:\begin{cases} V\times V \longrightarrow R \\ (x,y) \longrightarrow |\{i\in Z_l;\ \pi_i(x)\neq\pi_i(y)\}| \end{cases}$$

wird der Menge V die Struktur eines *metrischen Raumes* aufgeprägt, d.h. es gilt:

(i) $\forall x,y\in V$: $\alpha(x,y)=0 \Longleftrightarrow x=y$

(ii) $\forall x,y\in V$: $\alpha(x,y)=\alpha(y,x)\geq 0$

(iii) $\forall x,y,z\in V$: $\alpha(x,y)+\alpha(y,z)\geq\alpha(x,z)$.

Die HAMMING-Abstandsfunktion α nimmt nur ganzzahlige Werte an. Die von ihr auf V induzierte Topologie ist daher diskret und uninteressant. Es sei $\varepsilon\in R$ und $a\in V$. Die Mengen

$$K_\varepsilon(a) := \{x\in V;\ \alpha(a,x)<\varepsilon\},$$
$$S_\varepsilon(a) := \{x\in V;\ \alpha(a,x)=\varepsilon\}$$

bzw. $$K'_\varepsilon(a) := \{x\in V;\ \alpha(a,x)\leq\varepsilon\}$$

heißen *offene Kugel, Sphäre* bzw. *abgeschlossene Kugel mit dem Radius* ε *und dem Mittelpunkt* a. Die Abbildung

$$\gamma:\begin{cases} V \longrightarrow R \\ x \longrightarrow |\{i\in Z_l;\ \pi_i(x)\neq 0\}| \end{cases}$$

heißt *HAMMING-Norm* oder *HAMMING-Gewichtsfunktion*. Ist $K=GF(n)$ ein Körper und V der Vektorraum der l-Tupel über K, so läßt sich die HAMMING-Metrik α vermöge $\alpha(x,y):=\gamma(x-y)$ durch die HAMMING-Norm γ definieren.

Es sei V die Menge aller Wörter der Blocklänge l über einem beliebigen Alphabet K aus n Symbolen. Eine Teilmenge $C \subset V$, die das Nullwort o enthält, wird *Code der Blocklänge* l genannt. Die Bedingung $o \in C$ schränkt in unseren Untersuchungen die Allgemeinheit nicht ein; sie dient nur der mathematischen Bequemlichkeit. Die Zahl $l^{-1}\log_n |C|$ [2] heißt *Informationsrate* von C, die Zahl $1-l^{-1}\log_n |C|$ heißt *Redundanz* von C.

In der Praxis, etwa in der Datenverarbeitung, ist es besonders einfach, nur zwei physikalisch unterscheidbare Zustände, etwa 0 und 1, darzustellen. Aus diesem Grunde benutzt man tatsächlich vor allem *binäre* Codes, das sind Codes über dem Alphabet $K=GF(2)=\{0,1\}$. Bei der technischen Realisierung der binären Codes (so z.B. beim STIBITZ-Code und dem $\binom{5}{2}$-Code weiter unten) wird die Bedingung $o \in C$ manchmal verletzt. Das Nullwort kann leicht mit einer Spannungsunterbrechung verwechselt werden; ebenso wie das Wort $(1,1,\ldots,1)$ von einer Dauerspannung herrühren kann. Für die an das Dezimalsystem gewöhnten Benutzer von Rechenanlagen werden die Dezimalzahlen meist direkt in das Dualsystem übersetzt. Es sind aber auch binäre Codes gebräuchlich, die jeder Ziffer zwischen 0 und 9 eine *Tetrade*, das ist ein Quadrupel mit Komponenten aus $GF(2)$, zuordnet. Die wichtigsten Codes dieser Art sind der *AIKEN-Code*

0 = 0000	5 = 1011
1 = 0001	6 = 1100
2 = 0010	7 = 1101
3 = 0011	8 = 1110
4 = 0100	9 = 1111

und der *STIBITZ-Code*

0 = 0011	5 = 1000
1 = 0100	6 = 1001
2 = 0101	7 = 1010
3 = 0110	8 = 1011
4 = 0111	9 = 1100 ,

---

[2] $\log_n x$ ist die Lösung y der Gleichung $x=n^y$.

die sich durch ihre Symmetrie auszeichnen. Beide Codes haben die Informationsrate 0,83. Ein weiterer, häufig zur Übersetzung von Dezimalziffern in das Dualsystem verwendeter Code ist der $\binom{5}{2}$-*Code*, der aus allen 10 Wörtern der Blocklänge 5 über dem Alphabet GF(2) besteht, die das HAMMING-Gewicht 2 haben:

0 = 11000	5 = 01010
1 = 00011	6 = 01100
2 = 00101	7 = 10001
3 = 00110	8 = 10010
4 = 01001	9 = 10100 .

Dieser $\binom{5}{2}$-Code hat den Vorteil, daß wenn bei der Übersetzung die Ziffer 7 in das Wort 10101 übersetzt wird, die Maschine diesen Fehler entdecken kann, weil das Quintupel 10101 kein Codewort ist. Allerdings kann dieser Fehler ohne Rückfrage nicht korrigiert werden. Unter der Annahme, daß kein allzu grober Fehler vorliegt, kann der Rechenautomat nur den Hinweis geben, daß vermutlich eine 2, 7 oder 9 falsch übersetzt wurde.

Es sei V die Menge aller Wörter der Blocklänge l über einem Alphabet K aus n Symbolen und $C \subset V$ ein Code. Wir gehen davon aus, daß ein ausgesandtes Codewort c beim Passieren des Kanals durch Überlagerung eines Fehlervektors δ verfälscht wird und als Wort x empfangen wird. Die Wahrscheinlichkeit, daß die i-te Komponente $\pi_i(c)$ in ein von $\pi_i(c)$ verschiedenes Symbol $x \in K$ verändert wird, sei für alle $i \in Z_l$ und alle $x \in K \setminus \{\pi_i(c)\}$ gleich groß, aber kleiner als $\frac{1}{2}$. Nach der *maximum-likelihood-Methode* werden wir bei der Decodierung annehmen, daß c eines derjenigen Codewörter ist, die zu dem Wort x einen minimalen HAMMING-Abstand haben.

Es sei $\varepsilon \in N_0$. Ein Code C heißt *ε-prüfbar* bzw. *ε-korrigierbar*, wenn die offenen bzw. abgeschlossenen Kugeln mit dem Radius ε und den Codewörtern als Mittelpunkten paarweise disjunkt sind. Offenbar ist für $\varepsilon \geq 1$ jeder ε-prüfbare Code auch $(\varepsilon-1)$-korrigierbar. Der $\binom{5}{2}$-Code ist beispielsweise 1-prüfbar.

Unter dem *Minimalabstand* eines Codes C verstehen wir den kürzesten Abstand $d:=\min\{\alpha(c,d);\ c,d\in C,\ c\neq d\}$ den zwei Codewörter haben können. C ist dann $[\frac{d-1}{2}]$-korrigierbar und $[\frac{d}{2}]$-prüfbar. Ein Codewort, das bei der Übertragung in $t<\frac{d}{2}$ Komponenten gestört wurde, ist richtig decodierbar. Wird das Codewort in $\frac{d}{2}$ Komponenten verändert, so ist das ausgesandte Codewort beim Decodieren unter den Codewörtern zu suchen, die vom empfangenen Wort den HAMMING-Abstand $\frac{d}{2}$ haben. Betrifft der Kanalfehler schließlich mehr als $\frac{d}{2}$ Komponenten, so führt die maximum-likelihood-Decodierung zu falschen Ergebnissen.

• (13.1) Satz. Es sei V die Menge der Wörter der Blocklänge l über einem Alphabet K aus n Symbolen. Dann gilt für alle $a\in V$ und alle $\varepsilon\in\mathbb{R}$

$$|K_\varepsilon(a)| = \sum_{i\in N_o,\, i<\varepsilon} \binom{l}{i}(n-1)^i,$$

$$|S_\varepsilon(a)| = \begin{cases} \binom{l}{\varepsilon}(n-1)^\varepsilon, & \text{falls } \varepsilon\in N_o \\ 0, & \text{falls } \varepsilon\notin N_o \end{cases}$$

und

$$|K'_\varepsilon(a)| = \sum_{i=o}^{[\varepsilon]} \binom{l}{i}(n-1)^i.$$

Beweis. Da die HAMMING-Abstandsfunktion α nur ganzzahlige Werte annimmt, dürfen wir $\varepsilon\in N_o$ voraussetzen. In V gibt es genau $\binom{l}{\varepsilon}(n-1)^\varepsilon$ Vektoren, die sich in genau ε Komponenten von a unterscheiden. Es folgt $|S_\varepsilon(a)|=\binom{l}{\varepsilon}(n-1)^\varepsilon$. Es ist $K_\varepsilon(a)=\bigcup_{i=o}^{\varepsilon-1} S_i(a)$ und $K'_\varepsilon(a)=K_\varepsilon(a)\cup S_\varepsilon(a)$. □

• (13.2) Satz [3]. Es sei C ein Code der Blocklänge l über einem Alphabet aus n Symbolen mit dem Minimalabstand d und der Informationsrate R. Dann ist für $\varepsilon := \frac{d-1}{2}$ und alle $c\in C$

$$|K'_\varepsilon(c)| \le n^{l(1-R)}.$$

---

[3] R. W. HAMMING, *Error-detecting and error-correcting codes*, Bell Syst. Tech. J. 29 (1950) 147-160.

Beweis. Es sei V die Menge aller Wörter der Blocklänge l. Es ist $|C|=n^{Rl}$. Da für je zwei Codewörter $c,d\in C$ die abgeschlossenen Kugeln $K'_\varepsilon(c)$ und $K'_\varepsilon(d)$ disjunkt sind, folgt nach (13.1) $n^{Rl}\sum_{i=0}^{[\varepsilon]}\binom{l}{i}(n-1)^i \le |V| = n^l$. □

Die Ungleichung in (13.2) wird *HAMMING-Schranke* genannt. Ein Code C mit dem Minimalabstand d heißt *perfekt*, wenn die abgeschlossenen Kugeln mit dem Radius $\frac{d-1}{2}$ und den Codewörtern als Mittelpunkten die gesamte Wortmenge V überdecken. Der Minimalabstand eines perfekten Codes ist in jedem Fall eine ungerade Zahl. Unter den Codes einer festen Blocklänge l und dem Minimalabstand d haben die perfekten Codes eine maximale Informationsrate. Nach Satz (13.1) und (13.2) ist ein Code der Blocklänge l über einem Alphabet aus n Symbolen mit dem Minimalabstand d und der Informationsrate $R:=l^{-1}\log_n|C|$ genau dann perfekt, wenn die HAMMING-Schranke mit Gleichheit erfüllt ist, wenn also

$$\sum_{i=0}^{[\frac{d-1}{2}]}\binom{l}{i}(n-1)^i = n^{l(1-R)}$$

gilt. Ist C ein Code der Blocklänge l über einem Alphabet aus n Symbolen mit dem Minimalabstand d und der Informationsrate R, für den bei $\varepsilon := \frac{d-1}{2}$ die Kardinalzahl der abgeschlossenen Kugeln vom Radius ε sehr viel kleiner als $n^{l(1-R)}$ ist, so läßt sich C zu einem Code C' mit demselben Minimalabstand d und einer Informationsrate $R'>R$ erweitern:

• (13.3) Satz [4]. Es sei C ein Code der Blocklänge l über einem Alphabet aus n Symbolen mit dem Minimalabstand d und der Informationsrate R. Wenn die Ungleichung

$$\sum_{i=0}^{d-1}\binom{l}{i}(n-1)^i < n^{l(1-R)}$$

erfüllt ist, so ist C eine echte Teilmenge eines Codes mit demselben Minimalabstand d.

---

[4] E. N. GILBERT, *A comparison of signalling alphabets*, Bell Syst.Tech.J. 31 (1952) 504-522.

Beweis. Es sei V die Menge der Wörter der Blocklänge l. Wenn $\bigcup_{c\in C} K_d(c) \neq V$ ist, so gibt es einen Vektor $x \in V \setminus C$, der zu jedem Codewort aus C mindestens den Abstand d hat. Der Code $C \cup \{x\}$ hat damit selbst den Minimalabstand d. Die Bedingung $\bigcup_{c\in C} K_d(c) \neq V$ ist nach (13.1) wegen $|C| = n^{Rl}$ sicher dann erfüllt, wenn $n^{Rl} \sum_{i=o}^{d-1} \binom{l}{i}(n-1)^i < |V| = n^l$ ist. □

Satz (13.3) ist nicht gerade geeignet, 'gute' Codes zu konstruieren. Die Auswahl des Vektors x ist sehr unsystematisch. Mit Satz (13.9) werden wir ein besseres Verfahren zur Verfügung stellen.

Ein Code C der Blocklänge l über einem Alphabet K aus $n \geq 2$ Symbolen heißt *systematischer* Code oder *(l,k)-Code*, wenn es eine Zahl $k \in N_o$ mit $|C| = n^k$ gibt, und wenn es k verschiedene, *Informationsstellen* genannte Indizes $i_1, i_2, \ldots, i_k$ aus Z_l mit $\{(\pi_{i_1}(c), \pi_{i_2}(c), \ldots, \pi_{i_k}(c));\ c \in C\} = K^k$ gibt. Die Informationsrate eines (l,k)-Codes berechnet sich als Quotient $\frac{k}{l}$. Die Informationsstellen eines (l,k)-Codes sind nicht notwendig eindeutig bestimmt; ist aber eine Kombination von k Indizes als Menge der Informationsstellen ausgewählt, so heißen die restlichen $r := l-k$ Indizes aus Z_l *Kontrollstellen*. Sie machen die Redundanz eines Codes aus.

Wenn n eine Primzahlpotenz ist, so kann das Alphabet K mit dem Körper $GF(n)$ und die Menge V aller Wörter der Blocklänge l über K mit dem Vektorraum aller l-Tupel mit Komponenten aus K identifiziert werden. Unter einem *linearen* Code verstehen wir einen Untervektorraum von V. Jeder k-dimensionale Untervektorraum $C \subset V$ ist ein systematischer (l,k)-Code.

Es sei C ein linearer (l,k)-Code über $K = GF(n)$ und $W = K^k$ der zu C isomorphe Vektorraum der k-Tupel über K. Die Isomorphie sei etwa durch die Abbildung

$$F: \begin{cases} W \longrightarrow C \\ x \longrightarrow (f_1(x), f_2(x), \ldots, f_l(x)) \end{cases}$$

gegeben. Dabei sind die Abbildungen $f_i\colon W \longrightarrow K$ Linearformen, d.h. Elemente aus dem Dualraum W^* von W. Für alle $i \in Z_l$ und alle $x \in W$ gilt $\pi_i(F(x)) = f_i(x)$. Umgekehrt ist natürlich für jedes Erzeugendensystem $\{f_1, f_2, \ldots, f_l\}$ von W^* die Menge $\{(f_1(x), f_2(x), \ldots, f_l(x));\ x \in W\}$ ein linearer (l,k)-Code. Diese Darstellung linearer Codes ist für Redundanz-Untersuchungen (vgl. Abschnitt 13.3) besonders geeignet.

Unter einer *Generatormatrix* eines linearen (l,k)-Codes C über $K = GF(n)$ verstehen wir eine $k \times l$-Matrix mit Komponenten aus K, deren Zeilenvektoren eine Basis des Vektorraumes C darstellen. Auf dem Vektorraum $V = K^n$ aller Wörter der Blocklänge l über K wird durch

$$\begin{cases} V \times V \longrightarrow K \\ (x,y) \longrightarrow xy := \sum_{i=1}^{l} \pi_i(x)\pi_i(y) \end{cases}$$

ein Skalarprodukt definiert. Der zum Untervektorraum C von V *orthogonale* Untervektorraum $C^\perp := \{x \in V;\ \forall c \in C: xc = 0\}$ hat die Dimension $r := l - k$. Es ist $(C^\perp)^\perp = C$. Der lineare Code C ist damit eindeutig beschrieben, wenn wir eine Matrix H kennen, deren Zeilenvektoren eine Basis von $C^\perp$ darstellen. Eine solche $r \times l$-Matrix wird *Kontrollmatrix* von C genannt. Für jedes Wort $x \in V$ heißt der Vektor $Hx^T \in K^r$ (x^T ist der durch Transponieren aus x hervorgegangene Spaltenvektor) das *Syndrom* von x. Ein Vektor $c \in V$ ist genau dann ein Codewort aus C, wenn sein Syndrom der Nullvektor $o \in K^r$ ist.

• <u>(13.4)</u> <u>Satz</u>. Es sei V der Vektorraum aller Wörter der Blocklänge l über dem Körper $K = GF(n)$, $C \subset V$ ein linearer (l,k)-Code und H eine Kontrollmatrix von C. Dann gilt für alle $x, y \in V$: $x + C = y + C \iff Hx^T = Hy^T$.

Beweis. Wenn die Nebenklassen $x+C$ und $y+C$ übereinstimmen, so gibt es ein Codewort $c \in C$ mit $x = y + c$. Damit folgt $Hx^T = H(y+c)^T = Hy^T + Hc^T = Hy^T + o = Hy^T$. Wenn umgekehrt die Syndrome Hx^T und Hy^T übereinstimmen, so folgt $o = Hx^T - Hy^T = H(x-y)^T$, damit ist $x - y \in C$, also $x + C = y + C$. □

Unter dem *Minimalgewicht* eines Codes C verstehen wir die Zahl $g := \min\{\gamma(c);\ c \in C \setminus \{o\}\}$.

• <u>(13.5)</u> <u>Satz</u>. In jedem linearen Code C stimmen Minimalgewicht g und Minimalabstand d überein.

Beweis. Die HAMMING-Metrik ist translationsinvariant, d.h. für je drei Wörter x,y,z gilt $\alpha(x,y)=\alpha(x+z,y+z)$. Es sei nun $c\in C$ ein Codewort vom HAMMING-Gewicht $g=\gamma(c)$. Weiterhin seien $d,e\in C$ zwei verschiedene Codewörter, deren HAMMING-Abstand gleich dem Minimalabstand $d=\alpha(d,e)$ ist. Dann gilt $\gamma(c)\leq\gamma(d-e)=\alpha(d-e,o)=\alpha(d,e)\leq\alpha(c,o)=\gamma(c)$, also $g=\gamma(c)=\alpha(d,e)=d$. □

Es sei V der Vektorraum aller Wörter der Blocklänge l über $K=GF(n)$, $C\subset V$ ein linearer Code und $x\in V$ ein Wort. Ein Vektor $f\in x+C$ heißt *Anführer* der Nebenklasse $x+C$, wenn für alle $y\in x+C$ stets $\gamma(y)\geq\gamma(f)$ gilt.

• <u>(13.6)</u> <u>Satz</u>. Es sei C ein linearer (l,k)-Code und x ein beliebiges Wort der Blocklänge l. Ein Vektor $f\in x+C$ ist genau dann ein Anführer, wenn für alle $c\in C$ stets $\alpha(x,c)\geq\gamma(f)$ gilt.

Beweis. Es sei f ein Anführer der Nebenklasse $x+C$. Für alle $c\in C$ gilt $\alpha(x,c)=\alpha(x-c,o)=\gamma(x-c)$. Wegen $x-c\in x+C$ folgt $\gamma(x-c)\geq\gamma(f)$. Ist umgekehrt $\alpha(x,c)\geq\gamma(f)$ für alle $c\in C$, so folgt für jedes $y\in x+C$, etwa $y=x-c$, stets $\gamma(y)=\alpha(x,c)\geq\gamma(f)$. □

• <u>(13.7)</u> <u>Satz</u>. Es sei C ein linearer (l,k)-Code und x ein beliebiges Wort der Blocklänge l. Ein Vektor $f\in x+C$ ist genau dann der einzige Anführer der Nebenklasse $x+C$, wenn in der abgeschlossenen Kugel mit Radius $\gamma(f)$ und Mittelpunkt x genau ein Codewort c existiert.

Beweis. Es sei f der einzige Anführer von $x+C$. Es gibt ein Codewort $c\in C$ mit $f=x-c$, also $\alpha(x,c)=\gamma(f)$. Es sei nun $d\in C$ ein weiteres Codewort mit $\alpha(x,d)\leq\gamma(f)$. Nach (13.6) folgt $\alpha(x,d)=\gamma(f)$. Aus $\gamma(x-d)=\gamma(f)$ und $x-d\in x+C$ folgt $x-d=f$, also $d=x-f=c$. Es sei nun umgekehrt $c\in C$ das einzige Codewort mit $\alpha(x,c)\leq\gamma(f)$. Es gibt ein Codewort $d\in C$ mit $f=x-d$. Aus $\alpha(x,d)=\gamma(f)$ folgt $c=d$. Es sei nun $h\in x+C$ ein Anführer, etwa

$h=x-e$ mit $e\in C$. Dann ist $\alpha(x,e)=\gamma(h)\leq\gamma(f)$, also $e=c$ und $h=x-e=x-c=f$. □

Nach einer Idee von D. SLEPIAN [5] lassen sich die Sätze (13.6) und (13.7) zur Decodierung von linearen (l,k)-Codes über K=GF(n) benutzen. Wir stellen eine Decodiertabelle, das sogenannte *Standardschema* auf, indem wir alle n^k Codewörter, mit dem Nullwort o beginnend, in eine Zeile nebeneinander schreiben. Diese Zeile ergänzen wir zu einer $n^{l-k}\times n^k$-Matrix, deren Elemente die Wörter der Blocklänge l über K sind. In die erste Spalte (unter das Nullwort) schreiben wir aus jeder Nebenklasse je einen ausgewählten Anführer f. Neben einen solchen Anführer f schreiben wir sodann alle Wörter der Nebenklasse $f+C$, und zwar soll in der Spalte unter einem Codewort c stets der Vektor $f+c$ stehen. Die Reihenfolge, in der die Codewörter und die Anführer aufgelistet werden, ist belanglos.

Wir benutzen das Standardschema folgendermaßen zum Decodieren: Ein ausgesandtes Codewort c werde im Kanal durch einen Fehlervektor f überlagert und als $x=f+c$ empfangen. Nach der maximum-likelihood-Methode nehmen wir an, daß f ein minimales HAMMING-Gewicht hat, daß also f ein Anführer der Nebenklasse $x+C$ ist. Ist nun in der Zeile, in der x steht, genau ein Anführer vorhanden, so korrigieren wir gemäß (13.7) den Fehler, indem wir x in das Codewort decodieren, in dessen Spalte x steht. Sind in der Zeile von x mehrere Anführer vorhanden, so können wir x nicht eindeutig entschlüsseln. Der Code C ist genau dann perfekt und ε-korrigierbar, wenn die erste Spalte des Standardschemas gerade aus allen Wörtern, deren HAMMING-Gewicht nicht größer als ε ist, besteht.

Als Beispiel betrachten wir das Standardschema des durch die Generatormatrix

$$\begin{pmatrix} 1 & 0 & 1 & 1 \\ 0 & 1 & 0 & 1 \end{pmatrix}$$

[5] *A class of binary signaling alphabets*, Bell Syst. Tech. J. 35 (1956) 203-234.

oder die Kontrollmatrix

$$\begin{pmatrix} 1 & 0 & 1 & 0 \\ 1 & 1 & 0 & 1 \end{pmatrix}$$

gegebenen linearen (4,2)-Codes über $K=GF(2)$. In der fünften Spalte notieren wir jeweils das gemeinsame Syndrom aller Wörter der betreffenden Zeilen.

0000	0101	1011	1110	00
0001	0100	1010	1111	01
0010	0111	1001	1100	10
1000	1101	0011	0110	11

In der Nebenklasse mit dem Syndrom 01 kommen die beiden Wörter vom Gewicht 1, die Vektoren 0001 und 0100 als Anführer in Betracht. Nach der maximum-likelihood-Methode können Wörter mit dem Syndrom 01 also nicht eindeutig decodiert werden.

In der normalen sprachlichen Kommunikation bedient man sich einer sehr einfachen Methode, Übertragungs- und Hörfehlern zu begegnen: Man wiederholt seine Nachrichten. In der Theorie der linearen Codes über $GF(2)$ entsprechen dem die $(2k,k)$-Codes mit der Generator- (und auch Kontroll-) Matrix

$$\underbrace{\begin{pmatrix} 1 & & 0 & 1 & & 0 \\ & 1 & & & 1 & \\ & & 1 & & & 1 \\ 0 & & \ddots & 0 & & \ddots \\ & & 1 & & & 1 \end{pmatrix}}_{2k} \left.\vphantom{\begin{pmatrix}1\\1\\1\\1\\1\end{pmatrix}}\right\} k$$

Die praktischen Nachteile dieser nur 1-prüfbaren *Wiederholungscodes* liegen auf der Hand: Hier wird Redundanz verschwendet. Eine günstigere Informationsrate haben die *Paritätskontrollcodes*, das sind $(k+1,k)$-Codes

$$C = \{(x_1,x_2,\ldots,x_k,\sum_{i=1}^{k} x_i;\ x_1,x_2,\ldots,x_k \in GF(n)\},$$

die für $n=2$ in der Datenverarbeitung für die Magnetbandspeicherung verwendet werden. Diese Codes sind 1-prüfbar und haben die hohe Informationsrate $\frac{k}{k+1}$.

13.2 HAMMING-CODES

• (13.8) Satz. Es sei C ein durch seine Kontrollmatrix H definierter linearer (l,k)-Code über $K=GF(n)$. C hat genau dann den Minimalabstand d, wenn es d linear abhängige Spaltenvektoren von H gibt, jedoch je $d-1$ Spaltenvektoren von H linear unabhängig sind.

Beweis. Die Spalten von H seien mit $s_1, s_2, \ldots, s_l$ bezeichnet. Ein Vektor $c=(c_1,c_2,\ldots,c_l)$ ist genau dann ein Codewort, wenn sein Syndrom $\sum_{i=1}^{l} s_i c_i = o$ ist. Für alle $s \in Z_l$ gilt nun: Wenn C ein Codewort $c=(c_1,c_2,\ldots,c_l)$ vom Gewicht s enthält, etwa $c_{i_1} \neq 0, c_{i_2} \neq 0, \ldots, c_{i_s} \neq 0$, so ist $\sum_{j=1}^{s} s_{i_j} c_{i_j} = o$, d.h. die Vektoren $s_{i_1}, s_{i_2}, \ldots, s_{i_s}$ sind linear abhängig. Gibt es umgekehrt s linear abhängige Spalten $s_{i_1}, s_{i_2}, \ldots, s_{i_s}$ in H, so gibt es s nicht zugleich verschwindende Koeffizienten $c_{i_1}, c_{i_2}, \ldots, c_{i_s} \in K$ mit $\sum_{j=1}^{s} s_{i_j} c_{i_j} = o$ und damit ein Codewort $c \in C \setminus \{o\}$ mit $\gamma(c) \leq s$. Der Satz folgt aus (13.5). □

Satz (13.8) gibt uns ein Verfahren, $[\frac{d-1}{2}]$-korrigierbare und $[\frac{d}{2}]$-prüfbare lineare (l,k)-Codes zu konstruieren. Dabei wollen wir die Informationsrate $\frac{k}{l}$ möglichst groß wählen, um die Kanalkapazität bestmöglich zu nutzen. E. N. GILBERT [6] und R. R. VARŠAMOV [7] haben eine untere Schranke für die maximale Blocklänge linearer Codes mit vorgeschriebener Anzahl von Kontrollstellen und vorgeschriebenem Minimalabstand angegeben:

• (13.9) Satz. Es seien $d,k,l,n \in N$, $l>k$, n eine Primzahlpotenz und $r:=l-k$. Wenn die Ungleichung

$$\sum_{i=1}^{d-2} \binom{l-1}{i} (n-1)^i < n^r - 1$$

erfüllt ist, so existiert ein linearer (l,k)-Code mit dem Minimalabstand d über $GF(n)$.

---

[6] *A comparison of signalling alphabets*, Bell Syst. Tech. J. 31 (1952) 504-522.

Beweis. Nach (13.8) genügt es, eine $r\times l$-Matrix H über GF(n) zu konstruieren, so daß je $d-1$ ihrer Spalten linear unabhängig sind. Es sei R der Vektorraum der als Spaltenvektoren geschriebenen r-Tupel von Komponenten aus GF(n) und s_1 ein von o verschiedener Vektor aus R. Trivialerweise sind je $d-1$ Spalten der $r\times 1$-Matrix $H_1:=s_1$ linear unabhängig. Es sei nun $s\in Z_{l-1}$ und H_s eine $r\times s$-Matrix über GF(n), so daß je $d-1$ ihrer Spalten $s_1,s_2,\ldots,s_s$ linear unabhängig sind. Es gibt genau $\sum_{i=1}^{d-2}\binom{s}{i}(n-1)^i$ von $(0,0,\ldots,0)$ verschiedene s-Tupel $(x_1,x_2,\ldots,x_s)$ mit höchstens $d-2$ von 0 verschiedenen Komponenten aus GF(n). Jedem solchen s-Tupel $(x_1,x_2,\ldots,x_s)$ ordnen wir die Linearkombination $\sum_{j=1}^{s} s_j x_j$ zu. Es gibt also höchstens $\sum_{i=1}^{d-2}\binom{s}{i}(n-1)^i<n^r-1=|R\setminus\{o\}|$ Vektoren, die als Linearkombination von nicht mehr als $d-2$ der Spaltenvektoren $s_1,s_2,\ldots,s_s$ geschrieben werden können. In $R\setminus\{o\}$ gibt es daher einen Vektor s_{s+1}, der sich nicht als Linearkombination von $d-2$ Spalten aus H_s darstellen läßt. Fügen wir s_{s+1} als neue Spalte an H_s an, so erhalten wir eine $r\times(s+1)$-Matrix H_{s+1}, in der je $d-1$ Spalten linear unabhängig sind. H_l ist dann die gesuchte Kontrollmatrix H. □

Die *GILBERT-VARŠAMOV-Schranke* (13.9) ist verbesserbar: Für $r=3$ und $d=4$ kann l nach (13.8) und (12.18) maximal den Wert $n+2$ bzw. $n+1$ annehmen, je nach dem, ob n eine gerade oder ungerade Primzahlpotenz ist. Für $r=4$ und $d=4$ kann l für $n>2$ nach (12.21) maximal den Wert n^2+1 annehmen. Weitere Ergebnisse kann man aus der Theorie der k-Kurven in projektiven Räumen gewinnen.

Wir betrachten den Fall $d=3$ genauer: Hier kann l maximal den Wert $P(0,r-1,n)=\frac{n^r-1}{n-1}$ annehmen; die GILBERT-VARŠAMOV-Schranke ist hier scharf. Die linearen $(\frac{n^r-1}{n-1},\frac{n^r-1}{n-1}-r)$-Codes

[7] *Abschätzung der Anzahl der Signale in fehlerkorrigierenden Codes*, (russisch) Dokl. Akad. Nauk. SSSR 117 (1957) 739-741; engl. Übersetzung in I. F. BLAKE (Hrsg.), *Algebraic Coding theory*, Dowden, Hutchinson & Ross, Stroudsburg, Pa. 1973, 68-71.

über GF(n) mit dem Minimalabstand 3 heißen nach ihrem Entdecker [8] *HAMMING-Codes*.

• (13.10) Satz. Die HAMMING-Codes sind perfekt.

Beweis. Wir brauchen nur nachzuprüfen, ob die HAMMING-Schranke aus (13.2) für $\varepsilon=1$, $l=\frac{n^r-1}{n-1}$ und $k=l-r$ mit Gleichheit erfüllt ist: In der Tat ist

$$1+\frac{n^r-1}{n-1}(n-1) = n^r = n^{l-k}. \quad \square$$

Um die Totofreunde gegenüber den Lottospielern (vgl. Seite 246) nicht zu benachteiligen, geben wir mit J. H. VAN LINT [9] eine Anwendung von Satz (13.10): Auf einem Totoschein soll der Ausgang von 13 Fußballspielen prognostiziert werden: 0=unentschieden, 1=Sieg für den Gastgeber, 2=Sieg für den Gast. Um mit Sicherheit mindestens den 2. Rang zu gewinnen, d.h. höchstens einen falschen Tip abzugeben, genügt es, $3^{10}=59049$ Totoscheine auszufüllen. Jedes Wort der Blocklänge 13 über GF(3) hat nämlich zu einem gewissen Codewort des (13,10)-HAMMING-Codes über GF(3) höchstens den Abstand 1.

Unter dem *Gewichtszeiger* eines Codes C über einem Alphabet K, in dem ein Symbol 0 ausgezeichnet ist, verstehen wir die erzeugende Funktion $\sum_{i=0}^{\infty} \gamma_i z^i$, wobei $\gamma_i = |\{c\in C;\ \gamma(c)=i\}|$ die Anzahl der Codeworte vom Gewicht i ist.

• (13.11) Satz. Der Gewichtszeiger eines perfekten (l,k)-Codes C über einem Alphabet K aus n Symbolen mit dem Minimalabstand d=3 berechnet sich als

$$\frac{1}{l(n-1)+1}\left((1+(n-1)z)^l + l(n-1)(1+(n-1)z)^{\frac{l-1}{n}}(1-z)^{\frac{l(n-1)+1}{n}}\right).$$

---

[8] R. W. HAMMING, *Error-detecting and error-correcting codes*, Bell Syst. Tech. J. 29 (1950) 147-160. Tatsächlich hat C. E. SHANNON den binären (7,4)-HAMMING-Code schon früher beschrieben: *A mathematical theory of communication*, Bell Syst. Tech. J. 27 (1948) 379-423, 623-656. M. J. E. GOLAY hat in seiner bahnbrechenden, halbseitigen Arbeit: *Notes on digital coding*, Proc. IRE 37 (1949) 657 bereits alle HAMMING-Codes angegeben.

[9] *Coding theory*, Springer, Berlin-Heidelberg-New York 1973.

Beweis. Für $i \in Z_l$ sei γ_i die Anzahl der Codewörter vom HAMMING-Gewicht i. Es sei $c \in C$ ein Codewort vom Gewicht i und U die abgeschlossene Kugel mit dem Radius 1 und dem Mittelpunkt c. Jeder Vektor $x \in U$ mit $\gamma(x)=i-1$ unterscheidet sich von c an genau einer Stelle $j \in Z_l$, und zwar ist dort $\pi_j(c) \neq 0$ und $\pi_j(x)=0$. Damit enthält U genau i Vektoren vom Gewicht $i-1$. Es sei nun $x \in U$ mit $\gamma(x)=i$. Dann ist entweder $x=c$ oder es gibt genau einen Index $j \in Z_l$ mit $\pi_j(x) \neq \pi_j(c)$; wegen $\gamma(x)=\gamma(c)=i$ gilt dann $\pi_j(x) \neq 0 \neq \pi_j(c)$. Damit enthält U genau $(n-2)i+1$ Vektoren vom Gewicht i. Alle Vektoren aus U, die weder das Gewicht $i-1$ noch das Gewicht i haben, haben das Gewicht $i+1$. Es sei $x \in U$ ein solches Wort. Es gibt genau einen Index $j \in Z_l$ mit $\pi_j(x) \neq \pi_j(c)$; es gilt $\pi_j(c)=0$. Damit enthält U genau $(l-i)(n-1)$ Vektoren vom Gewicht $i+1$.

In der Menge V aller Wörter der Blocklänge l über K gibt es $\binom{l}{j}(n-1)^j$ Vektoren vom HAMMING-Gewicht $j \in Z_l$; weil C perfekt ist, liegt jeder dieser Vektoren in der abgeschlossenen Kugel mit dem Radius 1 und einem eindeutig bestimmten Codewort $c \in C$ als Mittelpunkt. Dabei ist $\gamma(c)=j-1$, $\gamma(c)=j$ oder $\gamma(c)=j+1$.

Wir setzen $\gamma_j=0$ für $j<0$ oder $j>l$ und erhalten für $j \in N_0$:

$$(l-j+1)(n-1)\gamma_{j-1}+((n-2)j+1)\gamma_j+(j+1)\gamma_{j+1} = \binom{l}{j}(n-1)^j$$

Wir multiplizieren beide Seiten dieser Rekursionsformel mit z^j und summieren auf:

$$(n-1)lz\sum_{j=o}^{\infty} \gamma_{j-1}z^{j-1}-(n-1)z^2\sum_{j=o}^{\infty} (j-1)\gamma_{j-1}z^{j-2}+(n-2)z\sum_{j=o}^{\infty} j\gamma_j z^{j-1}$$

$$+\sum_{j=o}^{\infty} \gamma_j z^j+\sum_{j=o}^{\infty} (j+1)\gamma_{j+1}z^j = \sum_{j=o}^{\infty} \binom{l}{j}((n-1)z)^j .$$

Wir schreiben $G(z) := \sum_{j=o}^{\infty} \gamma_j z^j$ und erhalten nach (1.6) die formale lineare Differentialgleichung 1. Ordnung

$$(1+(n-2)z-(n-1)z^2)\frac{d}{dz}G(z)+(1+(n-1)lz)G(z) = (1+(n-1)z)^l .$$

Wir setzen

$$A(z) := \frac{1+(n-1)lz}{1+(n-2)z-(n-1)z^2} = \frac{1}{n}\left(\frac{1+(n-1)l}{1-z} - \frac{1+(n-1)l-n}{1+(n-1)z}\right)$$

und

$$B(z) := \frac{(1+(n-1)z)^l}{1+(n-2)z-(n-1)z^2} = \frac{(1+(n-1)z)^{l-1}}{1-z} \quad .$$

Damit nimmt die Differentialgleichung die Gestalt

$$\frac{d}{dz}G(z)+A(z)G(z) = B(z)$$

oder

$$\frac{d}{dz}(G(z)\exp(\int A(z)dz)) = B(z)\exp(\int A(z)dz)$$

an. Wir setzen

$$\mu := \frac{1}{n}(1+(n-1)l)$$

und berechnen

$$\exp(\int A(z)dz) = (1-z)^{-\mu}(1+(n-1)z)^{-\frac{l-1}{n}}$$

und

$$B(z)\exp(\int A(z)dz) = \frac{(1+(n-1)z)^{\mu-1}}{(1-z)^{\mu+1}} \quad .$$

Es ist

$$\int\frac{(1+(n-1)z)^{\mu-1}}{(1-z)^{\mu+1}}dz = \frac{1}{\mu n}\left(\frac{1+(n-1)z}{1-z}\right)^{\mu} - \frac{1}{\mu n} \quad .$$

Damit ist

$$G(z) = \left(\frac{1}{\mu n}\left(\frac{1+(n-1)z}{1-z}\right)^{\mu}+c\right)(1-z)^{\mu}(1+(n-1)z)^{\frac{l-1}{n}} .$$

Da das Nullwort $o \in C$ das einzige Codewort vom Gewicht 0 ist, können wir die Konstante

$$c = \frac{l(n-1)}{1+l(n-1)}$$

aus der Anfangsbedingung $G(0) = \gamma_o = 1$ berechnen. □

Für die binären $(2^r-1, 2^r-r-1)$-HAMMING-Codes vereinfacht sich der Gewichtszeiger zu

$$2^{-r}((1+z)^{2^r-1}+(2^r-1)(1+z)^{2^{r-1}-1}(1-z)^{2^{r-1}}).$$

• <u>(13.12)</u> <u>Satz</u>. Es sei C ein perfekter binärer (l,k)-Code mit dem Minimalabstand $d=2t+1$ sowie $\mathcal{B}:=\{c\in C;\ \gamma(c)=d\}$ und $I:=\{(j,c)\in Z_l\times\mathcal{B};\ \pi_j(c)=1\}$. Dann ist die Inzidenzstruktur $(Z_l,\mathcal{B},I)$ ein STEINERsches System vom Typ $S(t+1,d,l)$.

Beweis. Es sei V der Vektorraum aller l-Tupel über $GF(2)$ und $i_1,i_2,\ldots,i_{t+1}\in Z_l$ paarweise verschiedene Indizes. Weil C perfekt ist, gibt es zu dem Vektor $x\in V$ mit $\gamma(x)=t+1$ und $\pi_{i_j}(x)=1$ für alle $j\in Z_{t+1}$ genau ein Codewort $c\in C$ mit $\alpha(x,c)\leq t$. Nach der Dreiecksungleichung gilt $1=(t+1)-t\leq\alpha(x,o)-\alpha(x,c)\leq\alpha(c,o)$. Damit ist $c\neq o$, also $\alpha(c,o)\geq d$. Wegen $\gamma(c)=\alpha(c,o)\leq\alpha(x,c)+\alpha(x,o)\leq t+(t+1)=d$ folgt $\gamma(c)=d$, also $c\in\mathcal{B}$. Wegen $\alpha(x,c)=t$ inzidiert c mit $i_1,i_2,\ldots,i_{t+1}$. Ist $d\in\mathcal{B}$ ein weiterer mit $i_1,i_2,\ldots,i_{t+1}$ inzidenter Block, so gilt $\gamma(d)=d$, $\alpha(x,d)\leq t$, also $\alpha(c,d)\leq 2t$ und damit $c=d$. □

Aus den binären HAMMING-Codes erhalten wir gemäß Satz (13.12) STEINERsche Tripelsysteme. M. J. E. GOLAY [10] entdeckte die Beziehungen

$$\binom{23}{0}+\binom{23}{1}+\binom{23}{2}+\binom{23}{3}=2048=2^{11} \quad \text{und} \quad \binom{11}{0}+2\binom{11}{1}+4\binom{11}{2}=243=3^5,$$

die die Existenz eines perfekten binären 3-korrigierbaren (23,12)-Codes und eines perfekten (11,6)-Codes über $GF(3)$ andeuten. In der zitierten Arbeit beschrieb GOLAY auch die Konstruktionsverfahren für die tatsächlich existenten Codes. Wie A. TIETÄVÄINEN [11] zeigte, hat M. GOLAY in dieser halbseitigen Arbeit praktisch alle perfekten Codes über Alphabeten von Primzahlpotenz-Mächtigkeit beschrieben: Über solchen Alphabeten gibt es nur 1-korrigierbare perfekte Codes, die beiden perfekten GOLAY-Codes und triviale Wiederholungscodes für $l=t$ und $l=2t+1$. Außer den HAMMING-Codes sind noch nicht-lineare perfekte 1-korrigierbare Codes bekannt. [12]

---

[10] *Notes on digital coding*, Proc. IRE <u>37</u> (1949) 657.

[11] *On the non-existence of perfect codes over finite fields*, SIAM J. Appl. Math. <u>24</u> (1973) 88-96.

[12] Y. L. VASIL'YEV, *Über nicht-lineare perfecte Codes*, (russisch), Prob. Cybernet. <u>8</u> (1962) 337-339. Engl. Übersetzung in I. F. BLAKE, *Algebraic coding theory*, Stroudsberg 1973, 351-357.

13.3 Optimale Codes

• (13.13) Satz.[13] Es sei C ein systematischer (l,k)-Code mit dem Minimalabstand d und $k>0$. Dann gilt $d \le l-k+1$.

Beweis. Es sei $\{i_1,i_2,\ldots,i_k\} \subset Z_l$ eine k-Menge von Informationsstellen von C. Dann gibt es ein Codewort $c \in C$ mit $\pi_{i_j}(c)=0$ für alle $j \in Z_{k-1}$ und $\pi_{i_k}(c) \neq 0$. c unterscheidet sich vom Nullwort $o \in C$ in höchstens $l-k+1$ Stellen. □

Ein systematischer (l,k)-Code C über einem Alphabet K heißt *optimal*, wenn je k Indizes aus Z_l Informationsstellen des Codes sind, d.h. wenn für jede k-Menge $\{i_1,i_2,\ldots,i_k\} \subset Z_l$ und je k nicht notwendig verschiedene Symbole $x_1,x_2,\ldots,x_k \in K$ stets genau ein Codewort $c \in C$ mit $\pi_{i_j}(c)=x_j$ für alle $j \in Z_k$ existiert.

• (13.14) Satz. Es sei C ein optimaler (l,k)-Code mit dem Minimalabstand d. Dann gilt $d=l-k+1$.

Beweis. Es seien $c,d \in C$ mit $\alpha(c,d)<l-k+1$. Die beiden Codewörter stimmen in $l-\alpha(c,d)>l-(l-k+1)=k-1$ Stellen, d.h. in mindestens k Stellen überein; es folgt $c=d$. Der Satz folgt aus (13.13). □

• (13.15) Satz. Für jeden optimalen (l,k)-Code C stimmen der Minimalabstand d und das Minimalgewicht g überein.

Beweis. Es sei $x \in K \setminus \{0\}$ ein Symbol und $c \in C$ das durch $\pi_i(c)=0$ für alle $i \in Z_{k-1}$ und $\pi_k(c)=x$ bestimmte Codewort. Es ist $\pi_i(c) \neq 0$ für alle $i \ge k$, denn sonst hätte c mit dem Nullwort $o \in C$ mindestens k gemeinsame Komponenten. Es folgt $\gamma(c)=l-k+1$. Der Satz folgt aus (13.14). □

---

[13] D. D. JOSHI, *A note on upper bounds for maximum distance codes*, Inf. and Contr. 1 (1958) 289-295.

Wie man sich in Umkehrung von Satz (13.14) mit (13.5) leicht überlegt, ist jeder lineare (l,k)-Code mit dem Minimalabstand $d=l-k+1$ optimal.

Zu vorgegebenen Parametern $l \geq k \geq 1$ und $n \geq 2$ braucht es keinen optimalen (l,k)-Code über einem Alphabet aus n Symbolen zu geben: Nach Satz (13.2) und (13.14) gilt dann nämlich

$$n^k = |C| \leq \frac{n^l}{\sum_{i=0}^{[\varepsilon]} \binom{l}{i}(n-1)^i},$$

wobei $\varepsilon := \frac{l-k}{2}$ gesetzt ist. Für $k:=l-2$ bedeutet das

$$n^{l-2} \leq \frac{n^l}{1+l(n-1)},$$

also $\quad 1+l(n-1) \leq n^2$

oder $\quad l \leq n+1.$

Für $l>n+1$ gibt es also keinen optimalen 1-korrigierbaren (l,k)-Code über einem Alphabet aus n Symbolen:

• <u>(13.16)</u> <u>Satz</u>. Es sei C ein optimaler (l,k)-Code mit dem Minimalabstand $d=3$ über einem Alphabet aus n Symbolen. Dann ist $k=l-2$ und $l \leq n+1$. □

Wir können jedem Code C der Blocklänge l über einem Alphabet K aus n Symbolen eine Inzidenzstruktur $Inz(C)$ zuordnen: Die Punktmenge P bestehe aus dem cartesischen Produkt $Z_l \times K$, als Blockmenge wählen wir die Menge C aller Codewörter. Durch

$$(i,x)Ic :\longleftrightarrow \pi_i(c)=x$$

definieren wir die Inzidenzrelation $I \subset P \times C$. Da jeder Block durch die mit ihm inzidenten Punkte eindeutig gekennzeichnet ist, dürfen wir jeden Block mit der Menge der mit ihm inzidenten Punkte identifizieren; die Inzidenzrelation I wird dabei durch die Enthaltenseinsrelation $\in$ ersetzt. Wir schreiben $Inz(C) = (P,C,I) = (P,C)$. Offenbar sind je zwei Blöcke aus $Inz(C)$ gleichmächtig; es gilt $|c|=l$ für alle $c \in C$.

Es sei C nun ein optimaler (l,k)-Code mit $k \geq 2$. Dann gilt für die Inzidenzstruktur (P,C) = Inz(C):

(OG 1) Die Punkteparallelität (vgl. Abschnitt 12.3) ist eine Äquivalenzrelation. Die Äquivalenzklassen heißen *Erzeugende*.

(OG 2) Jeder Block aus C schneidet jede Erzeugende in genau einem Punkt.

(OG 3) Zu je k paarweise nicht parallelen Punkten gibt es genau einen mit ihnen inzidenten Block.

(OG 4) Es gibt eine Erzeugende, die mit genau n Punkten inzidiert. Es gibt einen Block, der mit genau l Punkten inzidiert.

Allgemein nennen wir eine Inzidenzstruktur (P,C), die die Axiome (OG 1) bis (OG 4) mit den Parametern $l \geq k \geq 2$ und $n \geq 2$ erfüllt, eine *optimale* (l,k)-*Geometrie der Ordnung* n. Man sieht leicht ein, daß sich aus jeder optimalen (l,k)-Geometrie der Ordnung n kanonisch ein optimaler (l,k)-Code über einem Alphabet aus n Symbolen konstruieren läßt:

• (13.17) Satz. Es seien $l \geq k \geq 2$ und $n \geq 2$ natürliche Zahlen. Die Klasse der optimalen (l,k)-Geometrien der Ordnung n stimmt mit der Klasse aller zu optimalen (l,k)-Codes C über Alphabeten aus n Symbolen gehörigen Inzidenzstrukturen Inz(C) überein. □

Die optimalen (l,k)-Geometrien der Ordnung n sind für $k=2$ und $l=n$ gerade die n-Gewebe (oder dual-affinen Ebenen) der Ordnung n; für $k=3$ und $l=n+1$ sind sie gerade die LAGUERRE-Ebenen der Ordnung n. Allgemein stimmt für $m \in \mathbb{N}_0$ die Klasse der optimalen (m+n,m+2)-Geometrien der Ordnung n mit der Klasse der LAGUERRE-m-Strukturen der Ordnung n überein.

Es sei jetzt $W=K^n$ der Vektorraum der k-Tupel über $K=GF(n)$ und W* sein Dualraum. Wählen wir $l \geq k$ Linearformen $f_1, f_2, \ldots, f_l \in W^*$, von denen je k linear unabhängig sind, so ist $\{(f_1(x),f_2(x),\ldots,f_l(x));\ x\in W\}$ ein optimaler (l,k)-Code über $GF(n)$. Jeder lineare optimale (l,k)-Code läßt sich auf diese Weise beschreiben. Aus (12.18) und (12.20) können wir damit obere Schranken für die Blocklänge l eines linearen optimalen (l,k)-Codes gewinnen. So ist beispielsweise für $k=3$ und $n\equiv 0 \pmod 2$ stets $l\le n+2$. Für $k=3$ und $n\equiv 1 \pmod 2$ ist $l\le n+1$. Für weitere Schranken verweisen wir auf die Literatur[14].

Zum Abschluß verschaffen wir uns einen Überblick über die Verteilung der HAMMING-Gewichte in optimalen Codes:

• <u>(13.18)</u> <u>Satz</u>. Es sei C ein optimaler (l,k)-Code über einem Alphabet K aus n Symbolen mit dem Minimalabstand $d=l-k+1$. Der Gewichtszeiger von C berechnet sich als

$$\sum_{i=0}^{l}\binom{l}{i}(n-1)\sum_{j=0}^{i-d}(-1)^j\binom{i-1}{j}n^{i-j-d}z^i.$$

Beweis. Für $i\in Z_l$ sei γ_i die Anzahl der Codewörter vom HAMMING-Gewicht i. Es sei $\{p_1,p_2,\ldots,p_l\}$ das als Block aus $Inz(C)$ aufgefasste Nullwort $o\in C$. γ_i ist damit die Anzahl der Blöcke, die mit o genau $t:=l-i$ Punkte gemeinsam haben. Für $t\ge k$ ist $\gamma_i=0$. Weil $t\ge k$ mit $i<d$ äquivalent ist, dürfen wir in diesem Fall auch umständlich

$\gamma_i=0=\binom{l}{i}(n-1)\sum_{j=0}^{i-d}(-1)^j\binom{i-1}{j}n^{i-j-d}$ schreiben. Es sei nun $t<k$ oder äquivalent $d\le i$. $Inz(C)$ ist eine taktische Konfiguration. Zu je j Punkten aus $\{p_1,p_2,\ldots,p_l\}$, die ja paarweise nicht parallel sind, gibt es nach der Parametergleichung für taktische Konfigurationen genau $n^{k-j}-1$ von o verschiedene Blöcke, die mit diesen j Punkten inzidieren, sofern $j\le k$ ist. Ist $j\ge k$, so ist o der einzige mit diesen j Punkten inzidente Block. Für $m\in Z_l$ sagen wir, ein Block $c\in C$ habe die Eigenschaft B_m, wenn $p_m\in c$ und $c\neq o$ gilt. Für $t<k$ ist dann γ_i die Anzahl der Blöcke aus $Inz(C)$, die genau t Eigenschaften aus $\{B_1,B_2,\ldots,B_l\}$ besitzen. Wir wenden das Prinzip von Inklusion und Exklusion (3.1) an und erhalten für $i\ge d$:

---

[14] W. HEISE, *Optimal codes, n-arcs and Laguerre-geometry*, ersch. in Acta Inf.

$$\begin{aligned}
\gamma_i &= \sum_{j=t}^{k} (-1)^{j-t}\binom{j}{t}\binom{l}{j}(n^{k-j}-1)\\
&= \sum_{j=l-i}^{l-d+1} (-1)^{j-l+i}\binom{j}{l-i}\binom{l}{j}(n^{l-d-j+1}-1)\\
&= \binom{l}{i}\sum_{j=l-i}^{l-d+1} (-1)^{j-l+i}\binom{i}{l-j}(n^{l-d-j+1}-1)\\
&= \binom{l}{i}\sum_{j=o}^{i-d+1} (-1)^{j}\binom{i}{j}(n^{i-d-j+1}-1)\\
&= \binom{l}{i}(n^{i-d+1}-1) + \binom{l}{i}\sum_{j=1}^{i-d+1} (-1)^{j}\left(\binom{i-1}{j}+\binom{i-1}{j-1}\right)(n^{i-d-j+1}-1)\\
&= \binom{l}{i}\sum_{j=o}^{i-d} (-1)^{j}\binom{i-1}{j}(nn^{i-d-j}-1)\\
&\qquad + \binom{l}{i}\sum_{j=o}^{i-d} (-1)^{j+1}\binom{i-1}{j}(n^{i-d-j}-1)\\
&= \binom{l}{i}\sum_{j=o}^{i-d} (-1)^{j}\binom{i-1}{j}(n-1)(n^{i-d-j}). \qquad \square
\end{aligned}$$

Als Folgerung bemerken wir, daß für einen optimalen (l,k)-Code C über einem Alphabet aus n Symbolen mit $2 \le k \le l-2$ stets

$$n \ge \max\{k, l-k\}+1$$

gilt: Nach (13.18) ist nämlich $0 \le \gamma_{d+1} = (n-1)\binom{l}{k-2}(n-d)$, also $n \ge d = l-k+1$. Wählen wir in Inz(C) $k+1$ paarweise nicht parallele Punkte, die nicht gemeinsam auf einem Block liegen, so ergibt sich mit einer ähnlichen Schlußfolgerung wie in (12.35) die Ungleichung $(l-k-1)(k+1) \le (l-k-1)n$ oder $n \ge k+1$.

ANHANG

FORMALE POTENZREIHEN

Es sei K ein beliebiger kommutativer Körper. Wir betrachten den K-Vektorraum aller Folgen $(a_n)_{n\in N_o}$ von Elementen aus K. Durch die Vorschrift

$$(a_n)_{n\in N_o}\cdot(b_n)_{n\in N_o} := (c_n)_{n\in N_o}$$

mit

$$c_n := \sum_{i+j=n} a_i b_j = \sum_{i=o}^{n} a_i b_{n-i}$$

wird diesem Vektorraum die Struktur einer (kommutativen und assoziativen) K-Algebra (mit Einselement (1,0,0,...)) aufgeprägt. Es ist üblich, für die Folge $(a_n)_{n\in N_o}$ den Ausdruck

$$\sum_{n=o}^{\infty} a_n z^n = a_o z^o + a_1 z^1 + a_2 z^2 + \ldots$$

zu schreiben, den wir als *formale Potenzreihe über* K bezeichnen. (Dabei sei vereinbart, daß Glieder $a_n z^n$ mit $a_n=0$ nicht aufgeführt werden müssen. Wir schreiben z^n statt $1z^n$ u.s.w.) Mit dieser Bezeichnungsweise lassen sich die Addition

(i) $$\sum_{n=o}^{\infty} a_n z^n + \sum_{n=o}^{\infty} b_n z^n = \sum_{n=o}^{\infty} (a_n+b_n) z^n$$

und die Multiplikation

(ii) $$\left(\sum_{n=o}^{\infty} a_n z^n\right)\left(\sum_{n=o}^{\infty} b_n z^n\right) = \sum_{n=o}^{\infty}\sum_{i=o}^{n} a_i b_{n-i} z^n$$

leicht merken. Mit $K[[z]]$ bezeichnen wir die K-Algebra aller formaler Potenzreihen, den *Ring der formalen Potenzreihen über* dem Körper K.

Unter dem *Untergrad* einer formalen Potenzreihe $f=\sum_{n=0}^{\infty} a_n z^n$ aus $K[[z]]\setminus\{0\}$ verstehen wir die Zahl

(iii) $\omega(f) := \min\{n\in\mathbb{Z}; a_n\neq 0\}$.

Wir setzen $\omega(0):=\infty$. Für je zwei Potenzreihen $f,g\in K[[z]]$ ist

(iv) $\omega(f+g)\geq\min\{\omega(f),\omega(g)\}$, $\omega(fg)=\omega(f)+\omega(g)$.

Die Menge $\{f\in K[[z]]\setminus\{0\};\omega(f)=0\}$ ist die Einheitengruppe von $K[[z]]$. So ist beispielsweise $1-z$ die zur *geometrischen Reihe* $\sum_{n=0}^{\infty} z^n$ inverse formale Potenzreihe.

Die formalen Potenzreihen $\sum_{n=0}^{\infty} a_n z^n$ aus $K[[z]]$, für die eine ganze Zahl m existiert mit $a_n=0$ für alle $n\geq m$, bilden eine Unteralgebra $K[z]\subset K[[z]]$, den *Polynomring über* K. Unter dem *Grad* eines Polynoms $f=\sum_{n=0}^{\infty} a_n z^n$ aus $K[z]\setminus\{0\}$ verstehen wir die Zahl

(v) $\operatorname{grad}(f) := \max\{n\in\mathbb{Z}; a_n\neq 0\}$.

Wir setzen $\operatorname{grad}(0):=-\infty$. Für je zwei Polynome $f,g\in K[z]$ ist

(vi) $\operatorname{grad}(f+g)\leq\max\{\operatorname{grad}(f),\operatorname{grad}(g)\}$, $\operatorname{grad}(fg)=\operatorname{grad}(f)+\operatorname{grad}(g)$.

Es sei I eine Indexmenge und $f_i=\sum_{n=0}^{\infty} a_{i,n} z^n$ für $i\in I$ je eine Potenzreihe aus $K[[z]]$. Die Familie $(f_i)_{i\in I}$ heißt *summierbar*, wenn für alle $n\in\mathbb{N}_0$ und fast alle $i\in I$ gilt $a_{i,n}=0$, d.h., wenn es zu jedem $n\in\mathbb{N}_0$ nur endlich viele $i\in I$ mit $\omega(f_i)\leq n$ gibt. Im Spezialfall $I=\mathbb{N}_0$ schreiben wir symbolisch

(vii) $(f_i)_{i\in\mathbb{N}_0}$ ist summierbar $\Leftrightarrow$ $\lim_{i\to\infty}\omega(f_i)=\infty$

Wir ordnen der summierbaren Familie $(f_i)_{i\in I}$ ihre *Summe* zu:

(viii) $\sum_{i\in I} f_i := \sum_{n=0}^{\infty} a_n z^n$;

dabei sei a_n der Koeffizient von z^n in der Summe derjenigen Potenzreihen f_i, deren Koeffizienten $a_{i,n}$ von Null verschieden sind.

Allgemeiner als (iv) gilt für jede summierbare Familie $(f_i)_{i\in I}$

(ix) $$\omega\Big(\sum_{i\in I}^{\infty} f_i\Big) \geq \min\{\omega(f_i); i\in I\} .$$

Definition (viii) zeigt, daß die Verwendung der Summenzeichen $\sum$ und $+$ in der Schreibweise für formale Potenzreihen mit der Ringaddition konsistent ist: Zum einen ist jede endliche Familie aus $K[[z]]$ summierbar, und (i) ist ein Spezialfall von (viii); zum anderen ist für jede Folge $(a_n)_{n\in N_o}$ die Familie $(a_n z^n)_{n\in N_o}$ aus $K[z]$ summierbar, ihre Summe ist gerade die Potenzreihe $\sum_{n=o}^{\infty} a_n z^n$.

Jede Teilfamilie einer summierbaren Familie ist summierbar. Die Familie der Summen einer Partition einer summierbaren Familie ist selbst wieder summierbar. Ihre Summe ist in Verallgemeinerung des Assoziativ- und Kommutativgesetzes der Addition mit der Summe der ursprünglichen Familie identisch. Sind $(f_i)_{i\in I}$ und $(g_j)_{j\in J}$ zwei summierbare Familien, so ist die Familie $(f_i g_j)_{(i,j)\in I\times J}$ summierbar und es gilt in Verallgemeinerung des Distributivgesetzes

$$\sum_{(i,j)\in I\times J} f_i g_j = \Big(\sum_{i\in I} f_i\Big)\Big(\sum_{j\in J} g_j\Big) .$$

Eine Familie $(f_i)_{i\in I}$ von Potenzreihen $f_i = \sum_{n=o}^{\infty} a_{i,n} z^n$ heißt *multiplizierbar*, wenn die Familie $(f_i - 1)_{i\in I}$ summierbar ist, d.h., wenn für alle $n\in N$ und für fast alle $i\in I$ gilt $a_{i,o}=1$ und $a_{i,n}=0$. Wir ordnen der multiplizierbaren Familie $(f_i)_{i\in I}$ ihr *Produkt* zu:

(x) $$\prod_{i\in I} f_i := \sum_{n=o}^{\infty} a_n z^n ;$$

dabei sei a_n der Koeffizient von z^n in dem Produkt derjenigen Potenzreihen f_i für die $\omega(f_i - 1)\leq n$ ist. Endliche Familien sind multiplizierbar, für sie stimmt (ii) mit (x) überein.

$K[[z]]$ läßt sich als Integritätsbereich in seinen Quotientenkörper $K((z))$ einbetten, das ist der Körper der *formalen Laurentreihen* $\sum_{n=-\infty}^{\infty} a_n z^n$, wobei für fast alle $n<0$ gilt $a_n=0$.

Der Körper $K(z)$ der rationalen Funktionen, eine reine, einfach transzendente Erweiterung von K, läßt sich vermöge $\frac{f}{g} \longrightarrow fg^{-1}$ monomorph in $K((z))$ einbetten. Die formale Laurentreihe fg^{-1} heißt die *formale Reihenentwicklung* der rationalen Funktion $\frac{f}{g}$. So wird beispielsweise die rationale Funktion $\frac{1}{z^2-z^3}$ in die geometrische Reihe $\sum_{n=-2}^{\infty} z^n$ entwickelt.

Die Definition (iii) des Untergrades läßt sich bei entsprechenden Bezeichnungen wörtlich auf $K((z))$ fortsetzen. Die Regeln (iv) gelten; damit ist $K((z))$ ein bewerteter Körper mit dem Bewertungsring $K[[z]]$. Der Kern dieser Bewertung ist die Einheitengruppe $\{f \in K[[z]];\ \omega(f)=0\}$. Für $f \in K((z)) \setminus \{0\}$ liegt f oder f^{-1} in $K[[z]]$. Die Nichteinheiten des damit als lokal erkannten Ringes $K[[z]]$ bilden das Bewertungsideal z. Jedes Ideal von $K[[z]]$ ist eine Potenz von z. Für $n \in N$ ist z^n das vom Monom z^n erzeugte Hauptideal. Die Idealkette

$$\mathcal{U}(0) := \{z^n; n \in N\}$$

ist eine Filterbasis. Wir prägen dem Ring $K[[z]]$ die Struktur eines topologischen Raumes auf, indem wir für jedes Element $f \in K[[z]]$ das System

$$\mathcal{U}(f) := \{\{g \in K[[z]]; g-f \in V\}; V \in \mathcal{U}(0)\}$$

als Umgebungsbasis von f betrachten. Damit ist $K[[z]]$ ein vollständiger topologischer Ring. Die Topologie von $K[[z]]$ wird durch die Metrik

$$\alpha(f,g) := r^{-\omega(f-g)},$$

wobei $r>1$ eine beliebige reelle Zahl ist, induziert.
Der Übergang zum Grenzwert ist bei Cauchy-Folgen mit der Addition und der Multiplikation vertauschbar. Die Bedingung (vii) besagt, daß eine Folge $(f_n)_{n \in N_o}$ aus $K[[z]]$ genau dann summierbar ist, wenn sie gegen 0 konvergiert. Die Partialsummenfolge $(\sum_{n=o}^{k} f_n)_{k \in N_o}$ ist dann ebenfalls eine Cauchy-Folge und konvergiert gegen $\sum_{n=o}^{\infty} f_n$. Entsprechendes gilt für Produkte. Da jede formale Potenzreihe $\sum_{n=o}^{\infty} a_n z^n$ als

$\lim_{k\to\infty} \sum_{n=0}^{k} a_n z^n$ geschrieben werden kann, liegt der Polynomring $K[z]$ dicht im Potenzreihenring $K[[z]]$.

Jedes Element eines Oberringes R von $K[z]$ läßt sich sinnvoll in die Variable z eines jeden Polynoms aus $K[z]$ einsetzen. Das Ergebnis ist in jedem Fall ein wohlbestimmtes Element aus R. Das gilt aber nicht mehr für Potenzreihen, weil unendliche Summen nicht generell definiert sind. Ist aber $g=\sum_{k=0}^{\infty} b_k z^k$ eine formale Potenzreihe mit $\omega(g)\geq 1$, so ist die Potenzreihenfamilie $(a_n g^n)_{n\in N_o}$ für jede Folge $(a_n)_{n\in N_o}$ summierbar. Die *Substitution*

$$\begin{cases} K[[z]] \longrightarrow K[[z]] \\ f=\sum_{n=0}^{\infty} a_n z^n \longrightarrow f(g):=f(z)\big|_{z=g(z)} := \sum_{n=0}^{\infty} a_n g^n \end{cases}$$

$$K[[z]] \longrightarrow K[[z]] \; ; \quad f=\sum_{n=0}^{\infty} a_n z^n \longrightarrow f(g)=\sum_{n=0}^{\infty} a_n g^n$$

ist ein stetiger Endomorphismus des topologischen Ringes $K[[z]]$, im Fall $\omega(g)=1$ sogar ein Automorphismus. Es läßt sich zeigen, daß jeder stetige Endomorphismus von $K[[z]]$ eine Substitution ist. Als Satz über implizite formale Potenzreihen gilt: Zu einer Potenzreihe $f\in K[[z]]$ existiert genau dann eine *Umkehrreihe* $g\in K[[z]]$ mit $\omega(g)\geq 1$ und $f(g)=z$, wenn $\omega(f)=1$ ist. In diesem Fall ist $\omega(g)=1$. So hat z.B. die formale Reihe $f=\sum_{n=1}^{\infty} \frac{z^n}{n!}$ aus $C[[z]]$ die Umkehrreihe $g=\sum_{n=1}^{\infty} \frac{(-1)^{n-1} z^n}{n}$. Es ist $e^z := 1+f$ die komplexe formale *Exponentialreihe* und $\log(1+z) := g$ der komplexe formale *Logarithmus*. Es ist $\log(e^z) = z$ und $e^{\log(1+z)} = 1+z$.

Die *formale Derivation*

$$\frac{d}{dz} : K[[z]] \longrightarrow K[[z]] \; ; \; f=\sum_{n=0}^{\infty} a_n z^n \longrightarrow \frac{df}{dz} := \sum_{n=0}^{\infty} (n+1)a_{n+1} z^n$$

ist (bezüglich der Bewertungstopologie von $K[[z]]$) ein stetiger Vektorraum-Endomorphismus von $K[[z]]$. Die Funktionalgleichung $\frac{dfg}{dz} = \frac{df}{dz}g+f\frac{dg}{dz}$ wird als *Produktregel* bezeichnet. Die k-fache Iteration von $\frac{d}{dz}$ schreiben wir $\frac{d^k}{dz^k}$.

Es sei K ein Körper der Charakteristik 0, etwa K=C. Das *formale Integral*

$$\int : \begin{cases} C[[z]] \longrightarrow C[[z]] \\ f = \sum_{n=o}^{\infty} a_n z^n \longrightarrow \int f dz := \sum_{n=o}^{\infty} \frac{1}{n+1} a_n z^{n+1} \end{cases}$$

ordnet jeder Potenzreihe $f(z) \in C[[z]]$ eine *Stammfunktion* $\int f(z)dz$ zu. Es ist $\omega(\int f(z)dz) \geq 1$.

Die Integration kehrt die Derivation um: Für je zwei Potenzreihen $f(z), g(z) \in C[[z]]$ gilt $\frac{d}{dz}g(z) = f(z)$ genau dann, wenn es eine Konstante $c \in C$ mit $g(z) = \int f(z)dz + c$ gibt.
Der Potenzreihenkalkül gestattet es uns, ohne auf Hilfsmittel der reellen oder komplexen Analysis zurückgreifen zu müssen, gewisse Differentialgleichungen zu lösen. Es sei beispielsweise die formale lineare Differentialgleichung 1. Ordnung

$$\frac{d}{dz}g(z) + g(z)a(z) = b(z)$$

mit $a(z), b(z), g(z) \in C[[z]]$ gegeben. Dann gilt

$$\begin{aligned} \frac{d}{dz}(g(z)e^{\int a(z)dz}) &= (\frac{d}{dz}g(z))e^{\int a(z)dz} + g(z)e^{\int a(z)dz}a(z) \\ &= b(z)e^{\int a(z)dz}. \end{aligned}$$

Nun ist $\omega(e^{\int a(z)dz}) = 0$, deswegen ist $e^{\int a(z)dz}$ in $C[[z]]$ eine Einheit. Wir erhalten

$$g(z) = \frac{\int (b(z)e^{\int a(z)dz})dz + c}{e^{\int a(z)dz}}$$

wobei die Konstante $c \in C$ durch eine Anfangsbedingung $g(0) = a_o$ als $c = a_o$ bestimmt ist.

Wir wenden uns jetzt dem Spezialfall $K=\mathbb{R}$ oder $K=\mathbb{C}$ zu. Jede formale Potenzreihe $f=\sum_{n=0}^{\infty} a_n z^n$ besitzt dann einen *Konvergenzradius* $R \geq 0$, der sich nach der *HADAMARDschen Formel*

$$R = (\overline{\lim}\sqrt[n]{|a_n|})^{-1} \quad {}^{1)}$$

berechnet. Wir wollen nun für die Unbestimmte z in einer formalen Potenzreihe $f=\sum_{n=0}^{\infty} a_n z^n$ reelle bzw. komplexe Zahlen einsetzen, wir wollen f also als reelle bzw. komplexe Funktion $f(z)$ auffassen. Dabei ergibt sich eine Schwierigkeit: Ausdrücke, wie

$$f(z) = \frac{1}{1-z} = \sum_{n=0}^{\infty} z^n$$

sind zunächst äquivok; in diese Gleichung dürfen wir offenbar $z=2$ nicht einsetzen. Bei einer geeigneten Einschränkung des Definitionsbereichs der als Funktion aufgefassten Potenzreihe $f(z)$ verschwinden diese Unstimmigkeiten: Ist nämlich R der Konvergenzradius der Potenzreihe $f(z)$, so konvergiert diese in der Kreisscheibe $|z|<R$ absolut, in jeder kompakten Kreisscheibe $|z| \leq R' < R$ sogar gleichmäßig. Für $|z|>R$ divergiert $f(z)$. Die (formal) abgeleitete Reihe $\frac{df}{dz}$ hat denselben Konvergenzradius wie f. Sind f,g zwei Potenzreihen mit einem positiven Konvergenzradius, so haben auch die Reihen $f+g$ und fg einen positiven Konvergenzradius, und im gemeinsamen Konvergenzgebiet gilt $(f+g)(z) = f(z)+g(z)$ sowie $(fg)(z) = f(z)g(z)$. Ist überdies $\omega(g) \geq 1$, so hat auch die durch Substitution hervorgegangene Potenzreihe $f(g)$ einen positiven Konvergenzradius und in dem Konvergenzgebiet gilt $(f(g))(z) = f(g(z))$. Auch die Umkehrreihe einer Potenzreihe f mit $\omega(f)=1$ hat mit f einen positiven Konvergenzradius.

Es sei $(f_i)_{i\in\mathbb{N}}$ eine summierbare Familie von Potenzreihen, die für $|z|<R$ konvergieren. Wenn die unendliche Reihe $\sum_{i=1}^{\infty} |f_i(z)|$ auf jeder kompakten Teilmenge der Kreisscheibe

---

1) Wir bezeichnen mit $\overline{\lim}\, a_n$ das Supremum der Häufungspunkte einer Folge $(a_n)_{n\in\mathbb{N}}$.

$|z|<R$ gleichmäßig konvergiert (was z.B. der Fall ist, wenn f_i für alle $i\in\mathbb{N}$ jeweils nur nicht-negative reelle Koeffizienten hat), so konvergiert die Potenzreihe $\prod_{i=1}^{\infty}(1+f_i)$ in der Kreisscheibe $|z|<R$. Beispielsweise konvergiert das in (6.6) betrachtete Produkt $\prod_{i=1}^{\infty}(1-z^i)^{-1}$ für $|z|<1$, denn für $i\in\mathbb{N}$ ist die geometrische Reihe $(1-z^i)^{-1}=\sum_{n=0}^{\infty} z^{in}$ für $|z|<1$ konvergent. Die Familie $(\sum_{n=1}^{\infty} z^{in})_{i\in\mathbb{N}}$ ist summierbar. Der Koeffizient $n-\varphi(n)+1$ von z^n in der Reihe $\sum_{i=1}^{\infty}\sum_{n=1}^{\infty} z^{in}$ (φ ist die EULERsche Funktion, vgl. (3.2)) gibt die Anzahl der Teiler von n an, wegen $n>n-\varphi(n)+1$ konvergiert die Reihe $\sum_{i=1}^{\infty}\sum_{n=1}^{\infty} z^{in}$ nach der HADAMARDschen Formel für $|z|<1$.

Entsprechende Betrachtungen können für den Ring $K[[z_1,z_2,\ldots,z_r]]$ der formalen Potenzreihen in mehreren Unbestimmten über einem kommutativen Körper K durchgeführt werden. Insbesondere lassen sich analog ein Summierbarkeits- und ein Multiplizierbarkeitsbegriff einführen. Es gelten entsprechende Sätze für Substitutionen. Die *i-te partielle Ableitung* $\frac{\partial}{\partial z_i}$: $K[[z_1,z_2,\ldots,z_r]] \longrightarrow K[[z_1,z_2,\ldots,z_r]]$;

$$\sum_{n_1,n_2,\ldots,n_r=0}^{\infty} a_{n_1,n_2,\ldots,n_r} z_1^{n_1} z_2^{n_2}\ldots z_r^{n_r} \longrightarrow \sum_{n_1,n_2,\ldots,n_r=0}^{\infty} n_i a_{n_1,n_2,\ldots,n_r} z_1^{n_1} z_2^{n_2}\ldots z_i^{n_i-1}\ldots z_r^{n_r}$$

ist ein Endomorphismus des K-Vektorraumes $K[[z_1,z_2,\ldots,z_r]]$.

Ist $K=\mathbb{R}$ oder $K=\mathbb{C}$, so konvergieren die als Funktionen $f(z_1,z_2,\ldots,z_r)$ aufgefaßten formalen Potenzreihen in mehreren Variablen in Polyzylindern

$$\{(z_1,z_2,\ldots,z_r)\in \bigtimes_{i=1}^{r} K; |z_i|<R_i\},$$

wobei $R_1,R_2,\ldots,R_r$ nicht-negative reelle Zahlen sind. Im Äußeren ihres Konvergenz-Polyzylinders divergieren die Potenzreihen.

Literatur

Hier ordnen wir den einzelnen Kapiteln und Abschnitten weiterführende, ergänzende oder vertiefende Lehrbücher, Enchiridien, Übersichtsartikel und Bibliographien zu.

Allgemeine Lehrbücher über Kombinatorik

AIGNER, M., *Kombinatorik. I. Grundlagen und Zähltheorie.* Springer,Berlin-Heidelberg-New York 1975.

BERGE, C. , *Principles of Combinatorics.* Acad. Press, New York-London 1971.

COMTET, L. , *Advanced Combinatorics.* Reidel, Dordrecht 1974.

DEMBOWSKI, P. , *Kombinatorik.* Bibl. Inst., Mannheim 1970.

EVEN, S., *Algorithmic Combinatorics.* Macmillan, New York 1973.

FLACHSMEYER, J., *Kombinatorik.* Deutscher Verlag der Wissenschaften, Berlin 1972.

HALL, M., *Combinatorial Theory.* Blaisdell, Waltham/Mass. 1967.

KAUFMANN, A., *Introduction à la Combinatorique en Vue des Applications.* Dunod, Paris 1968.

LIU, C. L., *Introduction to Combinatorial Mathematics.* McGraw-Hill, New York 1968.

LÜNEBURG, H., *Kombinatorik.* Birkhäuser, Basel 1971.

MACMAHON, P. A., *Combinatory Analysis.* Cambridge University Press 1915-16. Nachdruck von Chelsea. New York 1960.

NETTO, E., *Lehrbuch der Combinatorik.* Teubner, Leipzig 1927. Nachdruck von Chelsea. New York 1958.

PERCUS, J. K., *Combinatorial Methods.* Springer, New York-Heidelberg-Berlin 1971.

RIORDAN, J., *An Introduction to Combinatorial Analysis.* Wiley, New York 1958.

RYSER, H. J., *Combinatorial Mathematics.* Wiley, New York 1963.

VILENKIN, N.J., *Kombinatorika.* Moskau 1972.

Kapitel 1

RIORDAN, J., *Combinatorial Identities.* Wiley, New York 1968.

Kapitel 7

DE BRUIJN, N., *Pólya's Theory of Counting.* In : E. F. BECKENBACH (Hrsg.), *Applied Combinatorial Mathematics.* Wiley, New York 1964, 144-184.

POLYA, G., *Kombinatorische Anzahlbestimmungen für Gruppen, Graphen und chemische Verbindungen.* Acta Math. 68, (1937) 145-254.

Kapitel 8

BERGE, C., *Théorie des Graphes et ses Applications.* Dunod, Paris 1958.

HARARY, F., *Graph Theory.* Addison-Wesley, New York 1969.

KÖNIG, D., *Theorie der endlichen und unendlichen Graphen.* Akad. Verlagsges., Leipzig 1936. Nachdruck von Chelsea. New York 1950.

ORE, O., *Theory of Graphs.* Amer. Math. Soc., Providence 1962.

SACHS, H., *Einführung in die Theorie der endlichen Graphen, I + II.* Teubner, Leipzig 1970/1972 und Band I Hanser, München 1971.

WAGNER, K., *Graphentheorie.* Bibl. Inst., Mannheim 1970.

WALTER, H., H.-J. VOSS, *Über Kreise in Graphen.* Deutscher Verlag der Wissenschaften, Berlin 1974.

8.1

HARARY, F. und E. PALMER, *Graphical Enumeration.* Acad. Press, New York 1973.

Kapitel 10

MIRSKY, L., *Transversal Theory.* Acad. Press, New York 1971.

Kapitel 11

DENES, J. und A. D. KEEDWELL, *Latin Squares and their Applications.* English Universities Press, London 1974.

Kapitel 12

DEMBOWSKI, P., *Finite Geometries.* Springer, Berlin-Heidelberg-New York 1968.

12.1

BAER, R., *Linear Algebra and Projective Geometry.* Acad. Press, New York 1952.

HUGHES, D. R. und F. C. PIPER, *Projective Planes.* Springer, New York-Heidelberg-Berlin 1973.

LENZ, H., *Vorlesungen über projektive Geometrie.* Akad. Verlagsges., Leipzig 1965.

PICKERT, G., *Projektive Ebenen.* Springer, Berlin-Heidelberg-New York 1975.

SEGRE, B., *Lectures on Modern Geometry.* Cremonese, Roma 1960.

12.2

BARLOTTI, A., *Some Topics in Finite Geometrical Structures.* Lecture Notes. Univ. of N. Carolina, Chapel Hill 1965.

12.3

BENZ, W., *Vorlesungen über Geometrie der Algebren.* Springer, Berlin-Heidelberg-New York 1973.

HEISE, W. und H. SEYBOLD, *Über das Existenzproblem der Möbius-, Laguerre- und Minkowski-Erweiterungen endlicher affiner Ebenen.* Sitzungsber. Bayr. Akad. d. Wiss., Math.-Nat. Kl. 1975, 43-58.

12.4

BUMCROT, R. J., *Finite Hyperbolic Spaces.* In : BARLOTTI, A. (Hrsg.), *Atti del Convegno di Geometria Combinatoria e sue Applicazioni.* Perugia 1971, 113-130.

12.5

DOYEN, J. und A. ROSA, *A Bibliography and Survey of Steiner Systems.* Boll. Un. Mat. Ital. 7, (1973) 392-419.

WITT, E., *Über Steinersche Systeme.* Abh. Math. Sem. Univ. Hamburg 12, (1938) 265-275.

Kapitel 13

ASSMUS, E. F. und H. F. MATTSON, *Coding and Combinatorics.* SIAM Review 16, (1974) 349-388.

BERLEKAMP, E., *Algebraic Coding Theory.* McGraw-Hill, New York 1968.

BLAKE, I. F. (Hrsg.), *Algebraic Coding Theory. History and Development.* Dowden, Hutchinson & Ross, Stroudsberg 1973.

BLAKE, I. F. und R. C. MULLIN, *The Mathematical Theory of Coding.* Acad. Press, New York-San Francisco-London 1975.

VAN LINT, J. H., *Coding Theory.* Springer Lecture Notes in Mathematics 201, Berlin-Heidelberg-New York 1973.

PETERSON, W. W., *Prüfbare und korrigierbare Codes.* Oldenbourg, München 1973.

PETERSON, W. W. und E. J. WELDON, *Error Correcting Codes.* MIT Press, Cambridge/Mass. 1972.

Anhang

ZARISKI, O. und P. SAMUEL, *Commutative Algebra.* van Norstrand, Princeton 1958-60.

Für die Rand- und Hilfsdisziplinen der Kombinatorik, wie Algebra, Analysis, Geometrie und Zahlentheorie verweisen wir auf die folgenden Standardwerke.

AHLFORS, L., *Complex Analysis*. McGraw-Hill, New York 1966.

DIEUDONNE, J., *Grundzüge der modernen Analysis*. Vieweg, Braunschweig 1971 und Deutscher Verlag der Wissenschaften, Berlin 1971.

HARDY, G. H. und E. M. WRIGHT, *Einführung in die Zahlentheorie*. Oldenbourg, München 1958.

KARZEL, H., K. SÖRENSEN und D. WINDELBERG, *Einführung in die Geometrie*. Vandenhoeck & Ruprecht, Göttingen 1973.

KOCHENDÖRFER, R., *Einführung in die Algebra*. Deutscher Verlag der Wissenschaften, Berlin 1974.

LÜNEBURG, H., *Einführung in die Algebra*. Springer, Berlin-Heidelberg-New York 1973.

LUGOWSKI, H., H.-J. WEINERT, *Grundzüge der Algebra I - III*. Teubner, Leipzig 1967.

MEYBERG, K., *Algebra I, II*. Hanser, München 1975-76.

SYMBOLVERZEICHNIS

Weil für IBM-Schreibmaschinen kein Kugelkopf mit gotischen Typen zur Verfügung steht, sind in diesem Buch mathematische Symbole, wie Vektoren und Mengensysteme, die üblicherweise mit deutschen Buchstaben bezeichnet werden, in *Skript-Buchstaben* wiedergegeben. In einigen Fällen unterscheidet sich diese Schriftart leider nur wenig von der "normalen" (Advocate-) Schrift. Zum Vergleich dienen die folgenden Alphabete:

a b c d e f g h i j k l m n o p q r s t u v w x y z
a b c d e f g h i j k l m n o p q r s t u v w x y z

A B C D E F G H I J K L M N O P Q R S T U V W X Y Z
A B C D E F G H I J K L M N O P Q R S T U V W X Y Z

Für Definitionen haben wir die *kursive* Schriftart (Light Italic) gewählt.

Das Buch gliedert sich in Kapitel und Abschnitte. Die Fußnoten und Sätze sind kapitelweise numeriert. Mit dem Symbol □ kennzeichnen wir das Ende eines Beweises oder das Ende eines Satzes, sofern dessen Beweis vorweggenommen ist oder übergangen wird.

Als Abkürzungen und Bezeichnungen benutzen wir die folgenden Symbole:

$\forall$	für alle
$\exists$	es gibt mindestens ein
$\nexists$	es gibt kein
$\exists!$	es gibt höchstens ein
$\exists_n$	es gibt genau n
$\Rightarrow$	impliziert
$\Leftrightarrow$	ist gleichbedeutend mit
$:=$	wird definiert durch
$:\Leftrightarrow$	gilt per definitionem genau dann, wenn
$\in$	ist Element aus
$\notin$	ist nicht Element aus
$\ni$	enthält (als Element)
$\subset$	ist Teilmenge von
$\supset$	enthält (als Teilmenge)

$\not\subset$	ist nicht Teilmenge von
$\|M\|$	Kardinalzahl (Mächtigkeit) einer Menge M
$\{a_1,a_2,\ldots,a_v\}$	Menge der Elemente $a_1,a_2,\ldots,a_v$
$\{x\in M;\ E(x)\}$	Menge der Elemente aus M mit der Eigenschaft E
$\emptyset$	leere Menge
$P(M)$	Potenzmenge (Menge aller Teilmengen) von M
$P_k(M)$	Menge aller k-Teilmengen von M, 8
$M\setminus N$	Differenzmenge $\{x\in M;\ x\notin N\}$
$M\cup N$	Vereinigungsmenge von M und N
$\bigcup_{i\in I} M_i$	$\{x;\ \exists i\in I: x\in M_i\}$
$\cup M$	$\{x;\ \exists M\in M: x\in M\}$
$M\cap N$	Durchschnittsmenge von M und N
$\bigcap_{i\in I} M_i$	$\{x;\ \forall i\in I: x\in M_i\}$
$\cap M$	$\{x;\ \forall M\in M: x\in M\}$; für $\emptyset\subset P(M)$ gilt $\cap\emptyset=M$
$M\Delta N$	symmetrische Differenz $(M\cup N)\setminus(M\cap N)$
$f:\begin{cases} M \longrightarrow N \\ x \longrightarrow y \end{cases}$	f ist eine Abbildung mit Definitionsbereich M und Wertebereich N, es ist $f(x)=y$
$M\times N$	Cartesisches Produkt $\{(x,y);\ x\in M, y\in N\}$
$\times_{i\in I} M_i$	Cartesisches Produkt $\{f: I\longrightarrow \bigcup_{i\in I} M_i;\ \forall i\in I: f(i)\in M_i\}$
M^n	Cartesisches Produkt $\times_{i\in Z_n} M$
N^M	Menge aller Abbildungen von M nach N
$res_T(f)$	Restriktion einer Abbildung f auf eine Teilmenge T ihres Definitionsbereiches
N	Menge der natürlichen Zahlen $1,2,3,\ldots$
N_0	$N\cup\{0\}$
Z	Menge der ganzen Zahlen $\ldots,-2,-1,0,1,2,\ldots$
Z_k	$\{1,2,\ldots,k\}$
Q	Körper der rationalen Zahlen
R	Körper der reellen Zahlen
C	Körper der komplexen Zahlen
$GF(n)$	Körper der Ordnung n (GALOIS-Feld)

$\sum_{i\in I} a_i$	Summe der a_i über alle $i\in I$; es ist $\sum_{i\in\emptyset} a_i = 0$
$\prod_{i\in I} a_i$	Produkt der a_i über alle $i\in I$; es ist $\prod_{i\in\emptyset} a_i = 1$
$n!$	n-Fakultät $\prod_{i=1}^{n} i$
$[x]$	$\max\{n\in Z;\ n\le x\}$
$K[z]$	Polynomring, 272
$K[z_1,z_2,\ldots,z_n]$	Polynomring
$K[[z]]$	Ring der formalen Potenzreihen, 271
$K[[z_1,z_2,\ldots,z_n]]$	Ring der formalen Potenzreihen, 278
$\omega(f)$	Untergrad einer formalen Potenzreihe f, 272
$\mathrm{grad}(f)$	Grad eines Polynoms f, 272
$f(g)$, $f(z)\big\|_{z:=g(z)}$	Substitution, 275
$\frac{df}{dz}$, $\frac{\partial f}{\partial z_i}$	formale Derivation, 275, 278
$\int f(z)dz$	formales Integral, 276
$(z)_k$	$\prod_{i=o}^{k-1} (z-i)$
$\binom{z}{k}$	Binomialkoeffizient $\frac{(z)_k}{k!}$, 8
e^z, $\exp(z)$	formale Exponentialfunktion, 275
$\log(z)$	formaler Logarithmus, 275
$\mathcal{A}_v$	alternierende Gruppe, 30
$\mathrm{Aut}_K L$	Gruppe der K-Automorphismen von L, 28
$\mathcal{D}_v$	Diedergruppe, 70
$\Gamma L(d,n)$	Gruppe der semilinearen Abbildungen, 200
$GL(d,n)$	Gruppe der linearen Transformationen, 201
$\mathcal{M}_v$	MATHIEUsche Gruppe, 32
$P\Gamma L(d,n)$	Kollineationsgruppe, 201
$PGL(d,n)$	projektive lineare Gruppe, 201
$PSL(d,n)$	projektive unimodulare Gruppe, 201
$\mathcal{S}_v$, $\mathcal{S}_P$	symmetrische Gruppe, 24
$\mathcal{S}_k(v)$, $\mathcal{S}_k(P)$	Menge der k-Anordnungen
$SL(d,n)$	unimodulare Gruppe, 201
$\mathcal{Z}_v$	zyklische Gruppe, 69

$\Pi\times\Phi$	direktes Produkt, 27
$\Pi\oplus\Phi$	direkte Summe, 28
Φ^{Π}	Exponentiationsgruppe, 28
$\Gamma(p)$	Bahn von p, 24
Γ_p, Γ_M	Stabilisator, 26
$Z(\Gamma;z_1,z_2,\dots,z_v)$	Zyklenzeiger, 66
$h(\Gamma;\lambda_1,\lambda_2,\dots,\lambda_v)$	Koeffizienten im Zyklenzeiger, 66
$\langle\gamma\rangle$	von γ erzeugte Untergruppe
$F\varphi$	Menge der Fehlstände von φ, 29
$\mathrm{sign}(\gamma)$	Signum von γ, 30
$\chi(\gamma)$	Permutationscharakter von γ, 33
$a\equiv b(\mathrm{mod}\ c)$	a ist kongruent zu b modulo c
$a\mid b$	a teilt b
φ	EULERsche φ-Funtion, 37
μ	zahlentheoretische μ-Funktion, 23
V^*	der zu V duale Vektorraum
$K^\times$	$K\setminus\{0\}$
$V^\times$	$V\setminus\{o\}$
π_i	i-te Projektion, 250
α	HAMMING-Abstandsfunktion, 250
γ	HAMMING-Gewichtsfunktion, 250
A^T	die zu A transponierte Matrix
$\det(A)$	Determinante von A
$\mathrm{per}(A)$	Permanente von A, 50
$\rho(A)$	Termrang von A, 154
$(1\lambda_1+2\lambda_2+\dots+v\lambda_v)$	Partitionstyp, Zykeltyp, 13, 25
$(v=1\lambda_1+2\lambda_2+\dots+v\lambda_v)$	Partition, 72
$(v=\beta_1+\beta_2+\dots+\beta_k)$	Partition, 72
$(v=\beta_1+\beta_2+\dots+\beta_k)^*$	die zu $(v=\beta_1+\beta_2+\dots+\beta_k)$ konjugierte Partition, 76
$V(M)$	Menge der Vertretersysteme von M, 145
K_v	vollständiger Graph, 110

$p(v,k)$ Anzahl von Partitionen, 72
$P(v)$ Anzahl von Partitionen, 72
$P(v,k)$ Anzahl von Partitionen, 72
$P(t,d,n)$ Anzahl projektiver Teilräume, 204
$\rho(r,m_1,m_2,\ldots,m_n)$ RAMSEY-Zahlen, 135, 141
R_n Anzahl der Strukturisomere des Alkohols, 105
$R(1\lambda_1+2\lambda_2+\ldots+v\lambda_v,1\mu_1+2\mu_2+\ldots+k\mu_k)$ Anzahl von Belegungen, 87
$R_{sur}(1\lambda_1+2\lambda_2+\ldots+v\lambda_v,1\mu_1+2\mu_2+\ldots+k\mu_k)$ Anzahl von Belegungen,87
$s(v,k)$ STIRLING-Zahlen 1. Art, 64
S_n Anzahl der Stereoisomere des Alkohols, 107
$S(v,k)$ STIRLING-Zahlen 2. Art, 56
$\mathfrak{s}(v,k)$ vorzeichenlose STIRLING-Zahlen 1. Art, 63
$t(v)$ Anzahl freier Bäume, 115
$T(v)$ Anzahl von Wurzelbäumen, 112
$T(v,n)$ Anzahl von Wurzelbäumen, 112
$U(v)$ vgl. Ménage-Zahlen, 45
$\zeta(G)$ zyklomatische Zahl eines Graphen, 110

NAMENVERZEICHNIS

STICHWORTVERZEICHNIS

Dr. rer. nat. WERNER RICHARD HEISE

wurde am 12. Mai 1944 in Łodz geboren. Er studierte von 1963 bis 1968 an der Universität Hamburg die Fächer Mathematik, Geographie und Philosophie. 1968 legte er die wissenschaftliche Prüfung für das Lehramt an Gymnasien in Hamburg ab. 1969 wurde er Assistent am Institut für Mathematik der Technischen Universität Hannover und promovierte bei seinem Doktorvater Professor Dr. Helmut Karzel mit einer Dissertation über 'Topologische Möbiusräume'. 1971 erwarb er an der Technischen Universität Hannover die venia legendi für das Fach Mathematik mit einer Habilitationsschrift über 'κ-affine Räume'. 1972 wurde Dr. Heise zunächst zum Universitätsdozenten und dann zum Abteilungsvorsteher und Professor an der Technischen Universität Hannover ernannt. Seit April 1973 ist er am Institut für Mathematik der Technischen Universität München tätig. Er arbeitet hauptsächlich auf den Gebieten Grundlagen der Geometrie und Kombinatorik. Dr. Heise ist Mitherausgeber des Journal of Geometry.

Dr. rer. nat. HEINZ-RICHARD HALDER

wurde am 19. Dezember 1945 in Rosenheim/Inn geboren. Er studierte von 1967 bis 1971 an der Universität Tübingen die Fächer Mathematik, Physik und Volkswirtschaftslehre. 1971 legte er in Tübingen die Diplom-Prüfung ab. Von 1971 bis 1972 war er Stipendiat der Universität Trier/Kaiserslautern. 1972 wurde er Assistent am Institut für Mathematik der Technischen Universität Hannover. Seit Oktober 1972 ist er Assistent am Institut für Mathematik der Technischen Universität München, wo er 1973 mit einer Dissertation über 'Eine Verallgemeinerung der klassischen Großkreisgeometrie' promovierte. Referenten waren die Professoren Dr. Helmut Karzel, Dr. Karl Strambach und Dr. Werner Heise. Dr. Halder hat Arbeiten über topologische Transformationsgruppen, Grundlagen der Geometrie und Kombinatorik veröffentlicht.

MIX
Papier | Fördert gute Waldnutzung
FSC® C083411

Zeitfracht Medien GmbH
Ferdinand-Jühlke-Straße 7
99095 Erfurt, Deutschland
produktsicherheit@kolibri360.de